도시계획·도시설계 패러다임

모더니즘 · 포스트모더니즘
73개 도시패러다임

원제무 · 원홍식

Urban Planning·Urban Design Paradigms

박영사

머리말

과거의 야구와 지금의 야구는 본질적으로 다르다. 전통적으로 투수는 '팔을 높이 들어 던져야 한다'는 게 올바른 방식이라고 여겨졌다. 보다 더 높은 곳에서 던져야 볼 낙하 시 '큰 각도'가 생겨서 타자가 치기 어렵다는 논리이다. 최근 미국의 메이저리그 야구 구단에서는 슬라이더를 던지는 투수들의 팔 높이를 모두 낮추고 있다. 슬라이더의 특성상 수평적 회전량을 강하게 가함으로써 좌우 움직임의 폭을 크게 만들기 위한 기법이 요즘의 대세이다. 옛날 야구는 떨어지는 공이 기준이자 지향점이었다면 지금은 '많이 도망가는 공'이 뉴 노멀이 된 것이다. 이처럼 야구의 패러다임이 바뀌고 있다. 도시는 더 빠르게 변하고 있고 세계도시도 옷을 갈아입고 있다. 그 이면에는 세계적인 건축가, 도시설계가, 도시계획가가 있다. 이들 전문가들이 도시에 독창적인 패러다임을 입혀 변화를 유도해 오고 있는 것이다.

도시도 생존하기 위해서는 새로운 조류, 즉 패러다임을 받아들여야 한다. 도시 역사가 우리에게 주는 교훈은 어떤 패러다임도 영원하지 않다는 것이다. 모더니즘 속의 도시사상들도 현재까지 도시계획 철학의 강한 발판을 제공했지만 시대에 따라 새로운 패러다임으로 대처되고 있다. 예컨대 20세기 전반 모더니즘 시기를 풍미했던 Howard의 「가든시티」(전원도시, 1898), Le Corbusier의 「빛나는 도시」(1922), Wright의 「Broad acre City」(1934)라는 모더니즘 패러다임은 뉴 어바니즘, 압축도시, 복합용도 개발, TOD라는 포스트모던 패러다임에 설 자리를 내주고 있는 것이다. 포스트모던 시기의 지속가능성 패러다임은 기존의 기능주의 도시, 자동차위주의 도시, 대형주택단지 중심의 신도시 등 기존 패러다임을 바꾸어 놓고 있다. 도시재생 사조 역시 도시의 커다란 변화를 초래한다. 우리나라를 포함한 세계의 주요도시들이 도시재생이라는 도시계획 패러다임으로 옷을 갈아입고 있다.

이러한 관점에서 이 책은 모더니즘과 포스트모더니즘을 씨줄로, 도시계획, 도시설계, 건축, 도시교통을 날줄로 삼아 19세기 후반부터 현대에 이르는 패러다임의 여정을 통합적으로 살피고자 한다. 19세기 후반 이래 도시계획과 도시설계의 대 전환기를 관통하는 사상을 패러다임이라는 연결고리에서 찾으려는 시도이다.

패러다임은 그 시대의 보편적인 큰 사고의 틀 혹은 얼개, 틀을 의미한다. 토마스 쿤(Kuhn)이 과학혁명의 구조에서 밝혔다. 패러다임을 시대를 대변하는 이론적 토대, 가치체계의 틀로 이해한다면 도시계획, 도시설계, 도시교통을 연구하거나 실무를 하는 전문가들은 이런 패러다임을 통해 도시라는 세상을 보는 관점을 정립할 수 있게 된다. 즉 패러다임이란 도시 분야의 연구자들의 세상을 바라보는 창으로서의 역할을 한다고 할 수 있다.

과학적 이론과 방법론으로 무장된 서양 도시계획 패러다임이 우리나라에 속속 들어오면서 서양식 도시계획을 거부하기는 힘들었다. 즉 모더니즘 태동 시기에는 우리나라에선 실학이 대세였다. 실학이란 패러다임으로 서양 도시계획에 접근하기 시작한 것이다. 당시 우리가 보기엔 서양이 과학성, 합리성으로 뭉쳐진 실용적인 어바니즘(Urbanism)을 추구하는 것으로 보였던 것이다. 서양 도시계획 원리에 올라타야 도시의 번성을 보장받을 수 있을 것 같은 분위기였다. 이런 도시의 서양화 과정을 겪으면서 도시계획도 당연히 서양도시계획방법과 패러다임을 수용하게 된다. 서양 도시계획 철학과 원리 속에 숨어 있는 모순과 부적절성이 수없이 존재하는데도 말이다.

우리 도시가 정체성과 영혼을 찾기 위해서는 서양 도시에 대한 선입견을 걷어내고 차분하고 날카로운 시각으로 지금의 도시를 바라보아야 한다. 그러기 위해서는 우선 모더니즘과 포스트모더니즘이라는 거대 담론이 우리 도시에 주는 함의를 살펴보아야 한다. 그래야 우리 도시도 반성과 성찰 속에서 새로운 비전과 가치를 찾아낼 수 있기 때문이다.

안팎으로 부는 새로운 도시계획 및 도시설계 패러다임 물결 속에 도시를 위해 우리에게 부여된 시대적 화두를 지켜가야 하는 전문가적 용트림이 요구되는 것이다. 우선 모더니즘 도시부터 살펴보자. 모더니즘은 19세기 도시를 성격 지었던 계몽주의와 근대주의에 대한 반발로 일어났다. 19세기 도시는 무질서하고 오염된 도시를 상징하고 있었다. 당시 유럽 도시는 주택난, 위생난, 인프라의 부족 등이 대표적인 문제로 등장했다. 19세기 후반에는 당시 이런 도시문제의 치유책으로 하워드(Howard)의 전원도시와 같은 이상 도시형 대안 도시가 태어나기도 했다.

1920년대는 모더니즘의 개화기였다. 기능주의는 모더니즘을 떠받치는 기둥이 되었다. 1922년 르 코르뷔지에(Le Corbusier)의 '빛나는 도시', 발터 그로피우스(Walter Gropius)와 아돌프 마이어(Adolf Meyer)의 1926년 '바우하우스 정신' 미스 반 데어 로에(Mies van der Rohe)의 "Less is More"('적을수록 풍부하다') 등은 모더니즘을 대표하는 패러다임이었다. 르 코르뷔지의 인구 300만 명을 위한 마천루 도시는 기계 시대를 위한 도시계획 사상이라 할 수 있다. 모더니즘 속의 도시는 기능주의 건축과 도시 기능을 담을 수 있는 넓은 도로나 기념비적 건물이 지배적으로 자리 잡는다. 모더니즘 도시계획의 또 하나의 핵심은 도시의 상업, 주거, 공업, 녹지 등의 용도를 공간적으로 분리시키는 용도지역제(Zoning)이다.

도시에 포스트모더니즘이 접목된 시기는 1960년대 이후로 보아야 할 것이다. 1960년대 로버트 벤투리(Robert Venturi)는 모더니즘 건축을

보면서 "의미와 상징에 취약하다"면서 공격한다. 그는 모더니즘 건축이 사회와 소통 수단으로서의 건축의 미흡성과 컨텍스트에 대한 무관심, 일반대중의 소외를 질타한 바 있다. 제이콥스(Jane Jacobs)는 도시와 거리에 있어서 포스트모더니즘의 인본주의 사상을 일깨워 준 인물이다. 그는 "도시의 진정한 가치는 다양성 있는 건물 군, 걷고 싶은 거리, 살고 싶은 장소에 있다"면서 기존의 모더니즘 도시계획은 이런 사람중심의 가치를 도외시했다고 주장한다. 그의 사상은 후에 뉴어바니즘, 도시마을이란 포스트모던적 도시계획 패러다임에 영향을 주게 된다.

포스트모던 도시계획은 계획 이론 측면에서 볼 때 기존의 종합적, 합리적, 계획이 지닌 일방적, 하향적 계획 과정에 한계를 느낀 계획이론가들이 다원주의와 인본주의에 입각한 옹호 계획, 교류적 계획, 급진적 계획, 협력적 계획, 정의 계획 등을 탄생시키기에 이른다. 모더니즘의 기조로 작용했던 도구적 합리성은 종합성, 일방성, 몰가치성 등으로 인해 현대 도시계획의 문제해결을 위한 패러다임으로는 점차 설 땅을 잃어 왔다.

포스트 모던 도시계획과 도시설계라는 패러다임의 흐름 속에서 나타난 '도시 마을(Urban Village)' 뉴어바니즘(New Urbanism) 설계원칙에서는 복합화를 통해 밀도를 올리고, 인간적 척도를 지닌 근린주구 중심의 도시로 회귀하고, 장소성을 살리며, 커뮤니티 의식을 제고시키는 등 다양성과 지속가능성의 계획 철학을 내세우고 있다.

이제 총체적 변화가 필요한 시기다. 예컨대 도시문제를 해결하기 위해서는 기존의 대응 방법을 개선할 수 있는 근본적인 변화를 찾아야 한다. 그러기 위해서는 지금까지 우리의 도시적 삶을 너무도 당연하게 굳건히 지지해 왔던 패러다임의 인식적·행태적 기반이 무엇인지 본격적으로 살펴보아야 한다. 도시에서 도시민과 도시 사회가 처한 절박한 문제들에 대한 인식을 공유하고 현상에 대한 원인 규명하기 위해 지나온 패러다임에 초점을 맞추어 통찰할 때 현재와 미래의 도시문제 해결에 실마리를 찾을 수 있으리라고 본다.

이 책은 도시계획과 도시설계 패러다임을 모더니즘 도시계획·도시설계 패러다임, 포스트 모던 도시계획·도시설계 패러다임, 계획 이론의 편으로 구성되어 있다. I편에서는 19세기 후반부터 21세기 초·중반에 이르는 23개 모더니즘 도시패러다임의 여정을 통합적으로 살핀다.

2편의 43개의 포스트 모던 도시패러다임은 포스트모더니즘 도시가 직면한 도시 문제를 극복하면서 도시 자체의 지속 가능한 역량을 키워주는 사조이다. 포스트모던 도시에서는 도시민의 삶의 결을 살펴보면서 모더니즘에 대한 대안적인 패러다임인 포스트모던 도시계획, 도시설계, 도시교통에 주목하고 각 패러다임이 추구하는 양식과 가치, 철학에 대해 논의한다.

3편의 계획이론이란 용어 자체는 낯설지만 정치사회사상이나 이론을 끌어다 독창적인 도시계획이론을 만들어낸 계획 이론 사상가와 그들의 이론의 밑바탕을 살펴본다. 계획 이론이 도시패러다임 변화에 중요한 계획 철학을 제공해 왔다는 점에서 깊은 이론적·실천적·성찰적 가치가 있다고 본다. 이런 맥락에서 3편에서는 계획 이론 역사에서 7개의 획을 긋는 계획 이론의 배경과 추구하고자 하는 이상과 지향점을 논하고자 한다. 따라서 이 책에서는 모두 73개 패러다임을 1, 2, 4편에 걸쳐 하나하나씩 이야기하며 풀어 간다.

박영사 안종만 회장님 덕택에 이 책이 세상의 빛을 보게 되었다. 양질의 학술서 출간을 통해 출판문화를 향상하고 시대정신에 기여하고 있는 안종만 회장님의 노고와 업적에 격려와 응원을 보내고자 한다. 아울러 열정과 성의를 다해 편집 일을 맡아준 전채린 차장님에게 감사드리며 이후근 대리님에게도 마음 깊은 고마움을 느낀다.

저자　원제무 · 원홍식

차례

모더니즘 도시계획 · 도시설계 패러다임

PART 02

포스트모더니즘 도시계획 · 도시설계 패러다임

차례

계획이론(Planning Theory)

차례

도시계획·도시설계 패러다임

모더니즘 · 포스트모더니즘
73개 도시패러다임

PART

01

모더니즘 도시계획 · 도시설계 패러다임

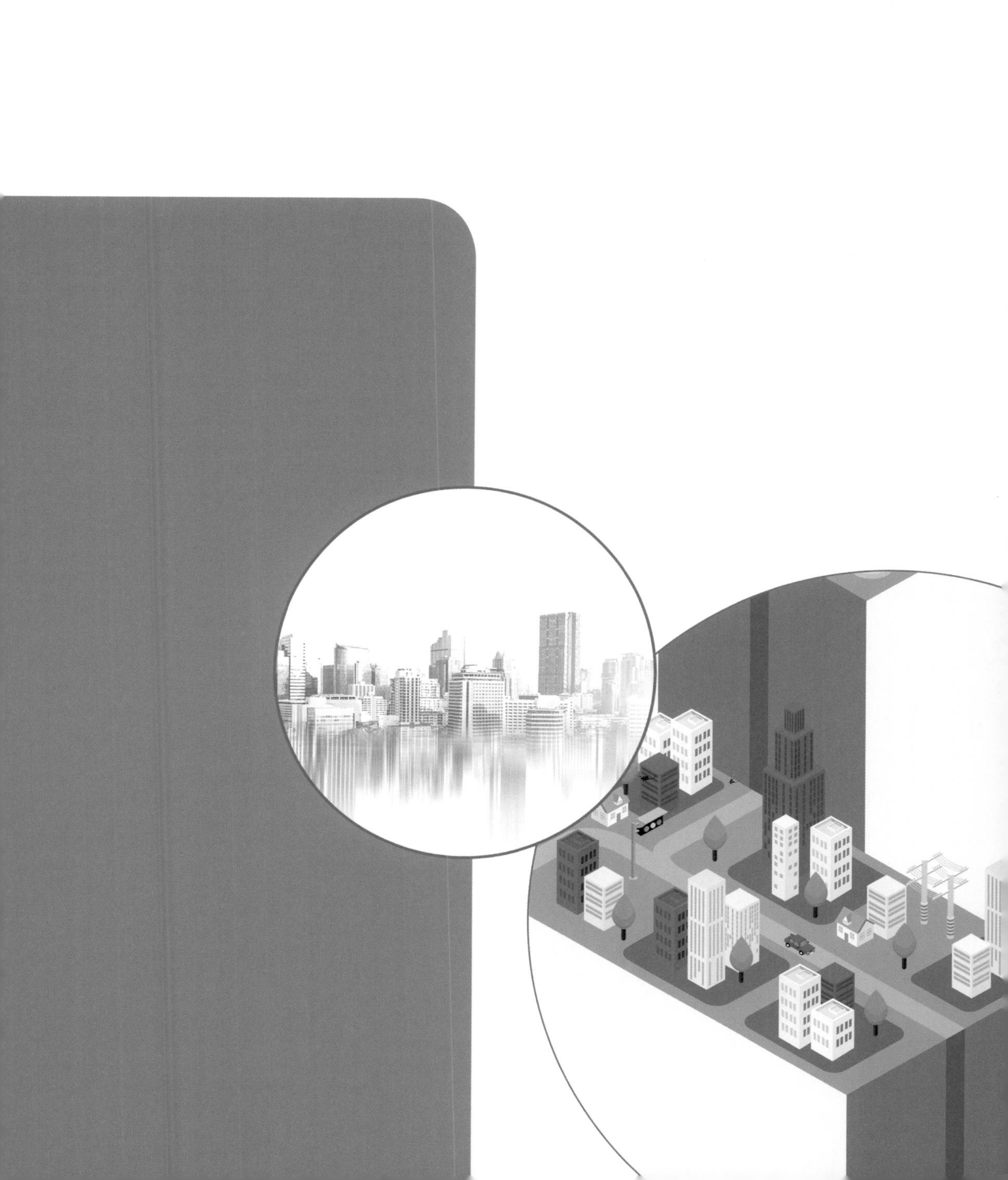

모더니즘 사상

1. 모더니즘은 근대에 오면서 봉건적 사고에서 벗어나 이성과 합리성, 효율성을 중시하는 사고
2. 모더니즘은 예술과 철학, 과학, 건축 등에 영향을 미친 시대정신

01 모더니즘 건축

1) 모더니즘 건축 사조란?

1. 추상미, 기계미, 단순미 등을 추구하는 예술사조
2. 규격화, 보편화를 추구하는 경제실용주의 정신
3. 효율성과기능성을 중시
4. 미국의 건축가 설리반(Louis Sullivan)은 "형태는 기능을 따른다(form follows function)"라고 말함
5. 역사성과 전통성에는 많은 관심을 두지 않았음
6. 철골구조, 유리, 엘리베이터, 에어컨 등의 기술의 발전 → 건축현장에 투입
7. 대량생산체계의 지원으로 초고층 건물과 직선적이고 기하학적인 형태의 건축물이 대거 등장

모더니즘 건축의 핵심 사상

1. 19세기 이전의 전통적 건축양식을 비판하고 시민혁명과 산업혁명 이후의 사회상에 걸맞은 건축을 만들려는 기능주의(Functionalism)에 입각한 건축 사상
2. 건축도 산업제품처럼 유용하고 기능적이어야 한다는 논리
3. 근대 건축은 탁 트이고, 텅 빈 열린 실내 공간을 선호하고 공간 내부의 장식물이나 부착물을 일절 제거

2) 국제주의 건축과 국제주의 양식의 건축가

1. 모더니즘 건축은 합리주의 정신을 토대로 기능을 우선 시 하는 획일화된 국제주의 건축물 건설
2. 모더니즘 건축은 국제주의 양식을 통해 절정에 도달(Hitchcock, 1932)
3. 국제주의 건축을 기능주의 건축이라고 부르기도 함
4. 기능주의를 바탕에 깔고 있는 국제주의 건축은 장식이 필요 없는 건축물을 의미

알바 알토 국제주의 양식의 파이미오 요양소 1933 mblog.naver.com

김중업이 설계한 '국제주의 양식'의 삼일빌딩. [사진 윤광준]

3) 국제주의 건축양식을 정착시킨 건축가

 **국제주의 양식을 형성시킨 3명의 건축가**

1. 발터 그로피우스(Walter Gropius)
2. 미스 반 데어 로에(Mies van der Rohe)
3. 르 코르뷔지에(Le Corbusier)

02 모더니즘 도시설계

1) 모더니즘 도시설계 배경

1. 19세기 말과 20세기 전반에 걸쳐 도시설계 건축분야에서 대두
2. 19세기 공업도시의 열악한 슬럼이 제기하는 사회문제를 해결해야 한다는 생각에서 태동
3. 다른 한편으로는 새로운 '기계의 시대'의 도래에 따라 기술발전과 산업생산으로부터 사회가 편익을 얻을 수 있는 만큼 도시계획과 도시설계가 이에 부응해야 한다는 생각에서 태동
4. 1945년 이후 모더니즘의 이념을 구현할 수 있는 기회의 가시화

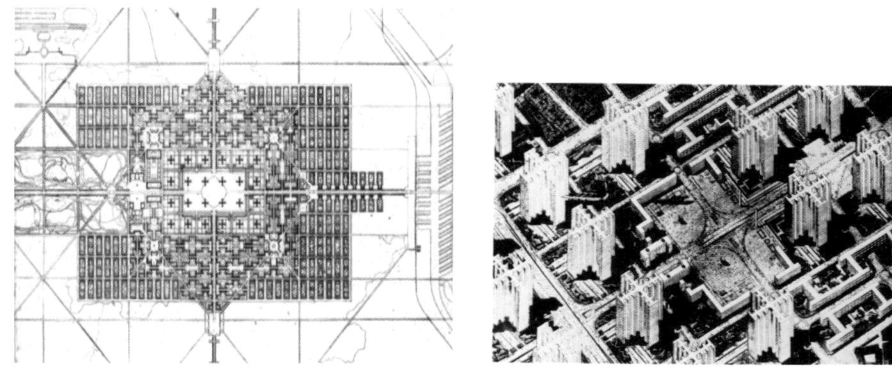

Le Corbusiers Plan of a contemporary city for 3 million people. UKDiss.com

2) 모더니즘 도시설계의 과거에 대한 관점(입장)

1. 19세기 역사주의에 반하는 입장을 취하면서도 당시의 시대정신을 적극 포용
2. 과거와의 과감한 단절과 탈피를 표현
3. 과거를 미래에 대한 장애물로 인식, 과거의 연속성보다는 상이함을 강조

3) 모더니즘 도시설계의 특징

1. 건물의 내부조건을 보다 건강하게 하는 동시에 건물 주변 환경을 창조하기 위해서도 노력
2. 큰 규모의 건축에서는 좋은 환경의 조건으로는 통풍과 채광의 확보, 혼잡을 줄이고 거주밀도를 낮추어 주거와 산업지를 분리, 기능적으로는 토지이용을 구분하자는 아테네 헌장에 따름
3. 자동차와 보행자를 분리하고, 자동차의 속도를 감소시키는 방안을 제시
4. 유럽의 도시재건 노력, 미국의 슬럼지구 재개발프로그램, 대부분 선진국에서 추진된 도로건설 정책 등 수용
5. 이전의 도시형태에 대한 수복과 개량, 점진적 개발 같은 부분적인 개선보다는 전면적인 재개발을 통해 눈에 띄게 물리적인 환경을 개선해야 한다는 주장
6. 제2차 세계대전 이후 도시는 철거와 재개발을 통해 변화의 속도가 가속화, 규모 면에서도 괄목할 만한 물리적인 변화를 보임
7. 전면적인 도시재개발은 도시환경의 질을 높이고 보다 효율적인 교통망을 제공할 것이라는 희망을 낳았으나 동시에 역사적인 가로망패턴과 도시공간에 대한 전통적인 도시설계 원칙과 철학을 파괴
8. 도시재개발을 통해 만들어진 대형 블록은 토지이용 패턴을 단순화함으로써 복합용도와 활동을 담을 수 있는 공간을 없애 버림

03 모더니즘 도시계획

1) 모더니즘 도시계획 배경

1. 모더니즘은 19세기 도시를 정의했던 계몽주의와 근대주의에 대한 반발로 나타남
2. 19세기 도시는 무질서하고 오염된 도시를 상징
3. 주택난과 도로 시설의 부족 등이 대표적인 문제로 등장

4. 모더니즘 도시계획은 영국에서 최초로 출발하여 19세기 후반에 하워드의 전원도시와 코르뷔지에의 국제주의를 통해 자리를 잡음
5. 19세기 후반에는 당시 이런 도시문제에 대한 치유책으로 하워드의 전원도시와 같은 대안도시들이 태어남
6. 모더니즘 도시계획의 원동력은 기능주의

Modern Urban Planing SpringerLink

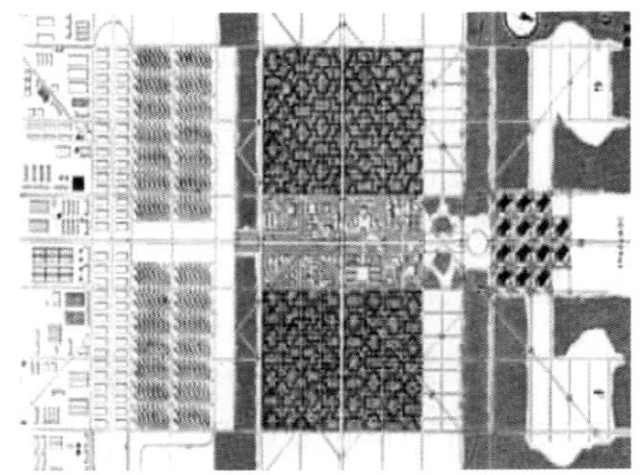

The Radiant City, 1935
- Le Corbusier's vision for a stratified functional grid The Guardian

2) 모더니즘 도시계획 목표

1. 도시에 있어서 모더니즘은 합리주의, 기능주의, 국제주의 조류를 바탕으로 출발
2. 기능주의는 모더니즘 도시계획이 추구하는 사조
3. 도시문제해결을 위한 기능적, 합리적 도시를 추구하는 개발 중심의 계획철학
4. 국제주의 건축양식 속에서 기능주의적 외관 및 공간체계 구축
5. 토지이용 활동을 체계화하고 질서를 부여하는 마스터플랜 작성
6. 도시계획 및 규제에 의한 물리적 측면의 계획이 지배
7. 발터 그로피우스와 아돌프 마이어의 1926년 '바우하우스 정신', 1922년 르 코르뷔지에의 '빛나는 도시', 1930년 미스 반 데어 로에의 '단순한 것이 더 좋은 것이다' 등이 모더니즘을 대표하는 사상

8. 19세기 후반의 이상도시와 1898년 하워드의 전원도시 역시 모더니즘도시 범주에 포함됨
9. 르 코르뷔지에의 인구 300만을 위한 마천루의 도시(빛나는 도시)도 모더니즘 도시계획 기조임
10. 모더니즘 속의 도로는 기능위주 건축과 도시기능을 담을 수 있는 넓은 도로 또는 기념비적인 도로(광로)가 지배적으로 자리 잡게 됨.
11. 모더니즘 도시계획의 특징은 도시의 상업, 주거, 공업, 녹지 등의 용도를 공간적으로 분리시키는 용도지역제(Zoning)임
12. 모더니즘 도시계획스타일은 미국이 도시미화운동과 페리의 근린주구이론 등에 영향을 미침

Revioning Amsterdam Bijlmermeer-Failed Urban Planning and Archtecture Failed Arkitecture

Modernism in Urban Planning opted for the mechanization of the city, the functionality, the order and the zoning Archiobjects

3) 모더니즘 도시계획의 특징

1. 도시를 새로운 사회질서와 조화시키기 위한 공간으로 접근하는 사조
2. 산업혁명 이후 도시의 각종문제의 해결을 위한 전원도시 등 이상주의 도시를 추구
3. 도시의 토지이용을 용도지역제로 체계화시키고 질서를 부여하는 마스터플랜 구축
4. 급속한 도시화와 난개발에 대한 물리적 규제 수단으로 도시계획을 활용
5. 도시계획 및 규제 중심의 물리적 측면의 계획이 중심

4) 모더니즘 도시계획 요소

(1) 도시정부

1. 관료주의적 도시행정
2. 관 주도의 공공서비스의 공급
3. 도시 내 자원의 재분배
4. 시정지도자들 중심의 도시행정체계
5. 하향식(톱다운) 의사결정
6. 합리적 · 종합적 · 장기적 도시계획

(2) 도시공간구조

1. 도심과 일부 부도심 중심의 개발
2. 도심 지배적인 도시공간구조
3. 교외화
4. 도심쇠퇴
5. 도심에서 외곽으로 지가 하락 추세

(3) 도시설계 및 경관

1. 기능주의적 도시설계
2. 대량생산에 의한 도시건축
3. 표준화된 주택 및 건축설계
4. 관주도형의 도시경관창출

(4) 도시계획방식

1. 난개발에 의해 형성된 도시
2. 종합적 · 장기적 마스터플랜
3. 정부주도의 계획신도시(대규모) 개발
4. 자동차 및 도로건설 위주의 도시계획

5. 대규모 주택단지 건설
6. 획일화된 토지이용계획 및 운용

(5) 문화와 사회

1. 역사성 · 장소성의 무시
2. 사회계층의 분화
3. 사회전체보다는 집단내의 동질성 추구
4. 관주도형의 문화서비스 제공

(6) 도시경제

1. 공업위주의 도시경제기반 형성
2. 대량생산방식의 산업입지 개발

5) 모더니즘 도시계획방식

1. 모더니즘 속에서 계획가들은 계획과정을 '바람직한 미래의 상태를 설정하고 이 같은 상태에 도달하기 위해 정책목표를 세우고 정책대안을 찾아가는 과학적이고 합리적인 과정'으로 정립
2. 도로개설과 같은 교통계획에 있어서도 모더니즘은 장래 교통수요를 추정하고 정책대안을 선정해 평가를 통한 대안을 선택하는 종합적, 합리적 계획을 적용

모더니즘 도시계획의 실패원인

1. 자본의 논리와 기업의 이익에 충실한 도시공간 구조 형성 → 도시 속 빌딩의 정글
2. 용도 분리와 거대도시화에 따른 자원소모와 대기오염 →도시환경문제의 발생 및 도심공동화
3. 고층화에 따른 공동체의 붕괴 및 범죄의 증가 → 인간소외 및 주민배제
4. 자동차 의존적 도시구조 → 보차분리, 통행감소 및 도시쇠퇴
5. 도시의 주인인 시민이 계획과정에서 배제 → 전문가 및 관료중심의 도시계획, 시민참여의 부재

▎모더니즘과 포스트모더니즘의 도시계획요소 비교

	모더니즘	포스트모더니즘
도시정부	• 관료주의적 도시행정 • 관 주도 공공서비스의 공급 • 도시 내 자원의 재분배 • 시정지도자들 중심의 도시행정체계 • 하향식(톱다운) 의사결정 • 합리적 · 종합적 · 장기적 계획	• 기업가주의적 도시관리철학 도입 • 국제자본유치 • 관민 파트너십의 강화 • 시민참여형 도시행정체계 • 상향식(버텀업) 의사결정 • 부분적 · 단기적 · 국지적 도시 및 교통 계획
도시공간 구조	• 도심과 일부 부도심 중심의 개발 • 도심 지배적인 도시공간구조 • 교외화 • 도심쇠퇴 • 도심에서 외곽으로 지가하락	• 다핵도시 • 다결절점 도시 • 후기 교외화 • 도심재생 • 불규칙한 지가패턴
도시설계 및 경관	• 기능주의적 도시설계 • 대량생산에 의한 도시건축 • 표준화된 주택 및 건축설계 • 관주도형의 도시경관창출	• 절충 주의적 '꼴라쥬' 건축양식 • 다양한 도시경관 창출 • 문화유산의 보존 및 활용 • 복고주의적 건축 및 도시설계 • 공공예술(Public Art) 도입
도시계획 방식	• 무계획적으로 형성된 도시 • 종합적 · 장기적 마스터플랜 • 계획신도시(대규모) 개발 • 자동차 및 도로건설위주의 도시계획 • 대규모 주택단지 건설 • 획일화된 토지이용계획 및 운용	• 서비스중심 · 단기적 도시계획 • 커뮤니티 중심계획(마을정비계획, 신시가지 등) • 도심재생 및 도시재정비 • 복합용도(Mixed-Use)개발 • 지구단위계획 지향적인 도시계획 • 도시시설물에 미학적 요소 고려 • 워터프론트 정비 • 스마트 도시(Smart City) 계획요소 도입 • 스마트 모빌리티(Smart Mobility) 기반의 도시 및 교통계획
문화와 사회	• 역사성, 장소성의 무시 • 사회계층의 분화 • 사회전체보다는 집단내의 동질성 추구 • 관주도형의 문화서비스 제공	• 생활양식의 다양화 • 도시 공간에 의한 소득계층의 분리 • 전시장 · 공연장 등 문화인프라 구축 • 커뮤니티 중심의 문화형성 • 장소성 부각 • 도시 및 지구의 자산(문화, 전통, 역사)에 관심 고조
도시경제	• 공업위주의 도시경제기반 형성 • 대량생산방식 • 규모의 경제 • 산업클러스터 구축	• 디지털 플랫폼 기반의 도시경제시스템 구축 • 초연결 네트워크 기반의 글로벌 도시경제여건 조성 • 수요자 요구에 맞춘 온디맨드(On-Demand) 도시경제 • 스마트시티형 도시재생으로 도시경제 활성화 • 도시이동성(Urban Mobility) 전략시행

In this aerial view of New York City, the impact of the modernism on built form is clearly visible by the 1930s SPUR

04 포디즘(Fordism)

1) 포디즘(포드주의))이란?

1. 미국 포드자동차 회사에서 처음 개발된 컨베이어 벨트를 도입한 일관 작업방식에서 유래
2. 조립라인 및 연속공정 기술을 이용한 표준화된 제품의 '대량생산과 대량소비'의 축적체제
3. 이러한 포드 모델과 같은 기계화된 대량생산 체제를 '포디즘' 또는 '포드주의'라고 이름
4. 소품종 대량생산체계의 경제체제를 통칭하며, 전후 자본주의의 발전에 포드주의가 크게 공헌

우리 안의 테일러리즘, blog.aladin.co.kr

컨베이어 벨트시스템 포디즘 qlclinic.com

생산혁명을 일으킨 포드주의, m.blog.naver.com

2) 포디즘의 특징

1. 헨리 포드가 'T형 포드' 자동차 생산 공장을 지은 이래, 산업 사회는 컨베이어벨트 시스템이 도입된 공장을 채택
2. 포드의 조립생산라인은 제품의 생산원가를 저하시킴. 이것은 기업의 경쟁력을 가져왔으며 결국 노동자들의 소득수준을 향상
3. 포디즘은 전통적인 생산조립라인기술, 소비재 대량생산과 소비, 노동 조직화와 집단적 교섭, 복지국가, 규제 등에 중요한 역할을 담당
4. 대량생산과 기업규모의 거대화를 가능하게 하였으므로 산업화를 고도화하여 자본주의 체제를 구축하는 데 크게 기여
5. 포디즘을 기반으로 국가 경제성장을 위한 모든 정책의 추진
6. 대형공장, 대규모 노동력, 대규모 도시 위주로 국가 및 도시체계를 계획·관리

3) 포디즘의 부작용

1. 포드주의에 의한 대량생산은 곧 에너지, 자원의 고갈과 대량의 산업폐기물을 배출로 이어짐

2. 대량 소비는 생활폐기물의 엄청난 증가로 이어져 결국 에너지 및 생태환경의 위기가 초래되므로 자본주의 핵심적 위기의 하나로 대두
3. 1960년대 후반에 들어오면서 대량생산체제의 구조적 경직성이 나타남
4. 단순 반복적이며 세분화된 작업에 대한 노동자들의 저항에 직면하면서부터 한계 노출

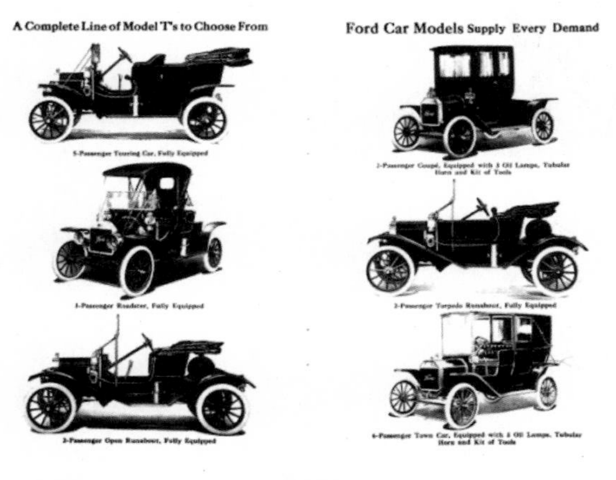

Fordism & Taylorism, 서울문화투데이

05 이상도시(Ideal City)

5.1 르네상스 이상도시: 14~16세기

1) 이상도시 계획철학

1. 외침으로부터 안전하고, 방어할 수 있는 도시를 만들기 위함
2. 중세 이후 인간중심적인 르네상스시대에는 하늘(신)에서 인간도시라는 세상 속으로 전환
3. 신이 창조한 자연과 인체의 원리를 모방함으로써 이상도시도 이상적인 비례와 기하학적인 구성을 통하여 달성된다고 생각하였음

2) 이상 도시의 형태상의 특징

1. 르네상스의 이상도시는 형태적이고 도시방어의 개념이 강조
2. 원과 정방형을 기본적인 도시구성요소로 사용함
3. 이상도시 계획가: 비트루비우스, 알베르티, 아베르니노, 피에트로카타네오, 필라레테, 지오콘다 등
4. 초기의 형태는 단순한 팔각형이었으나 점차 점, 별 모양으로 복잡하게 변화함. 이상도시의 공통적인 형태는 대부분 원형이며, 성곽으로 둘러싸고, 중심에서 방사형이나 격자형 도로가 뻗어나옴
5. 극히 소수의 사례를 제외하면 실제로 건설되지는 못함
6. 기하학적이고 완벽한 비례감을 지닌 도시공간구조

3) 이상도시 유형

(1) 레오나르도 다빈치(Leonardo da Vinci)형 이상도시

1. 다빈치는 왕궁의 건물 및 계단에서부터 도시의 도로망과 하수도망까지, 합리적인 조직, 자연스러운 활력, 상징적인 의미, 기능적인 요구의 설계 원칙을 따름
2. 다빈치는 추상적인 형태를 연구하는 데 만족하지 않고 현실적이고 실용적인 해결책을 제안
3. 도로, 하천은 순환을 보장하고 그것은 효율성, 만족, 위생적인 면에서 최상의 상태를 유지해야 함을 강조

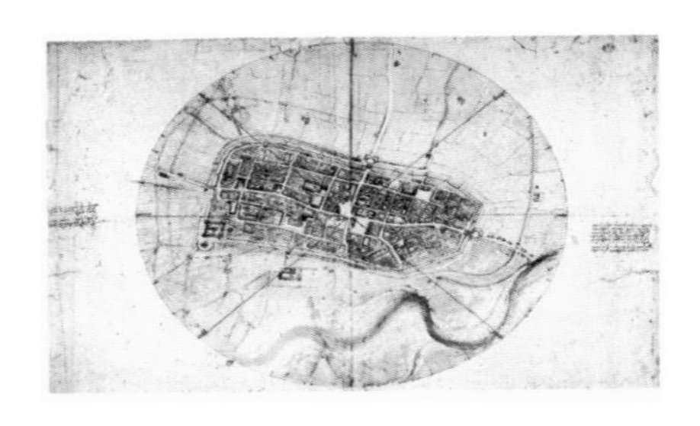

Town Plan of Imola, ca.1502, Pencil, chalk, pen and wash on paper, 440 x 602 mm, Museo Vinciano, by Leonardo da Vinci

Fig. 356. Paris MS. B, f. 36 r (detail).

흑사병과 이상도시, 이데일리

(2) 알베르티(L.B. Alberti)형 이상도시

1. 알베르티는 르네상스 시대에 이상 도시 안을 제출한 최초의 인물로서 초기의 최고의 건축도시 이론가로서 인정받음
2. 그의 저서 「건축론」에서는 미학적인 관점에서 공공건물을 도시의 중심에 위치시키고 도심에서 외곽으로 뻗어나가는 방사상 도로와 성형(별모양) 구조의 이상 도시안을 제안
3. 도시의 지형상의 위치, 조경, 교통의 복합적인 조건 등을 이상도시 패러다임 측면에서 연구하였는데 이런 이상도시는 필라레테(Filarete)에 이르러 구체화됨

알베르티(L.B. Alberti)설계론, Korea Science

4) 건축적 이상도시(Ideal City)

1. 비투루비우스(Vitruvius)식의 이상도시의 제안 및 건설
2. BC 1세기경 로마의 건축가 비트루비우스(Marcus Vitruvis Pollio)의 저서 '건축십서'에 이상도시(Ideal City Plan) 주창
3. 방사상가로의 정팔각형 이상도시. 히포다무스(Hippodamus)의 격자형 원리 도입

4. 귀족 및 종교계의 요구에 의한 종교적 건축설계로서 이런 설계 철학에 걸맞은 공공건축, 주택, 교회 등을 건축
5. 평면 형태는 정방향이나 돌출된 직각부분을 삭제하여 8각형의 공간과 8개의 방사선 도로형태로 계획됨
6. 도시 내의 토지를 신성한 구역(Sacred zone), 공적인 구역(Public zone), 사적인 구역(Private zone)으로 구분

5) 이상도시의 사례

(1) 필라레테(A. Filarete)의 이상도시

1. 필라레테(A. Filarete)는 르네상스시대의 이상도시를 최초로 완벽하게 묘사
2. 45°로 교차하는 2개의 정방향을 원형의 호가 둘러싸고, 4개의 방위에 일치시킨 8개의 직각모서리를 가진 별 모양의 다이어그램
3. 도심 중심광장에 성당과 왕궁, 시장으로 이용되며, 광장 주변부에 은행·조폐소 등 주요 건축물 배치
4. 도심 외곽으로 16개의 소광장을 둠으로써 근린주구의 중심의 역할 수행하며, 교회, 음식점, 식료품점, 유흥가 등이 밀집
5. 필라레테의 이상도시의 특징은 그가 설계한 이상도시 스포르진다(Sforzinda, 1460)에 나타남

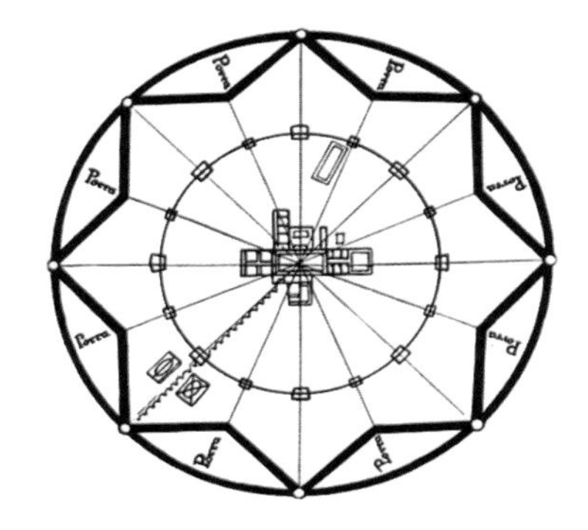

필라레테(A. Filarete) 도시계획

(2) 스카모지(Scamozzi)의 팔마노바(Palma Nova, 1615)

1. 르네상스시대 도시계획은 기존의 도시의 확장이나 부분적 재개발만 시행
2. 스카모치(Vincenzo Scamozzi)가 설계한 팔마노마가 이상도시 중 유일하게 건설됨
3. 5개의 광장과 격자형의 가로망형태를 가진 군사목적의 이상도시를 1615년에 제안
4. 기하학적인 도시 형태는 당시 사회구조나 시민들의 수요나 취향과 동떨어져 지배계층의 의식과 문화를 반영하여 건설됨
5. 상징성 및 권위주의적 성향을 가짐으로써 향후 기념비적 도시공간설계에 계획기법으로 활용
6. 도시의 방어용 가치보다도 예술적 가치를 높게 평가
7. 스카모지는 최초로 팔마노바(Palma Nova)라는 이상 도시를 실현

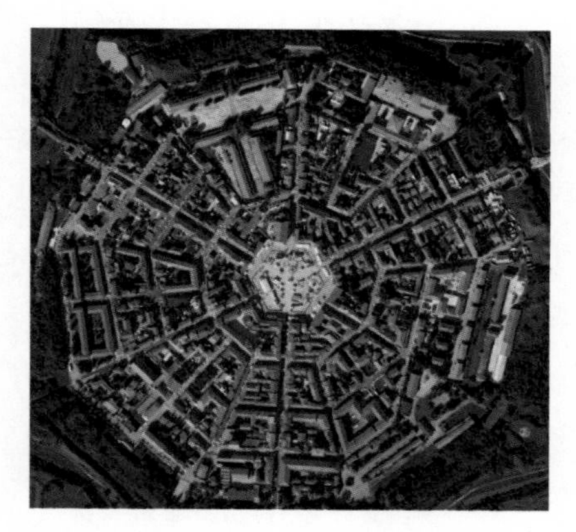

팔마노바(Palma Nova) blog.daum.net

5.2 오언의 이상도시(Robert Owen, 1771~1858)

1) 오언의 이상도시 배경

1. 오언은 자본주의를 탈피한 대안공동체 운동과 대안화폐 운동을 지지

2. 생 시몽, 투리에와 함께 3대 공상적 사회주의자
3. 전 세계 협동조합 설립의 아버지
4. 미국 인디애나주 웨비시 강가 3만 에이커 땅에 800명의 이주민으로 '뉴 하모니'라는 공동체 건설
5. 2년도 안 돼 '뉴 하모니' 공동체 실험은 실패로 끝났고, 전 재산의 80%를 잃음
6. 환경이 인간의 성격, 운명을 결정하는 중요한 요인이라 믿음
7. 지속적인 사회교육기관 형태의 커뮤니티 및 도시가 되어야 함을 강조
8. 사회가 인간의 이기심을 조장함
9. 기존의 도시로부터 벗어나서 새로운 이상향의 도시를 추구

2) 오언의 이상도시 시설

1. 작업장에서 공부와 휴식을 보장
2. 적절한 숙박시설 제공
3. 근로시간을 철저하게 준수
4. 어린이에게 특수한 교육방식(교육에 우선순위) 제공
5. 협동마을조합(village of cooperation) 설립
6. 학교 및 기타 교육시설이 공동체 시설 중 상당한 부분을 차지 (체육관, 도서관, 박물관, 유아학교, 학교)

3) 오언의 이상도시 설계원칙

1. 적정한 토지면적: 800－1,500acres(320－600ha)
2. 적정한 인구규모: 800－1,200명
3. 인구밀도: 1.3－3.75인/ha
4. 최대의 규모: 3,000acres(1,200ha)에 2,000명
5. 최소의 규모: 150acres(60ha)에 300명

오언의 뉴 하모니(New Harmony) 이상도시

▮ 개요

1. '협동마을'에서 기타자산은 모두 공동소유
2. 육아와 식량생산도 공동작업
3. 토지는 공동소유, 노동, 수익을 마을 사람에게 똑같이 배분
4. 위생상 해롭고 불필요한 도로, 골목, courtyard는 배치계획에서 제외
5. 뉴하모니란 공동체는 실패로 막을 내림

▮ 오언의 이상도시가 하워드와 코르뷔지에에 미친 영향

1. 오언(Owen)의 이상적인 공동체에 대한 사상은 후대에 영향을 줌
2. 하워드(Howard)의 '전원도시'의 설계철학에 기여
3. 지역계획협회(RPNA: Regional Planning National Association)에 기여
4. 코르뷔지에(Le Corbusier) 설계철학에 영향을 미침
5. 전 세계 협동조합 설립의 사상을 제공

06 미술공예운동(Arts & Crafts Movement: 영국, 1888~1890년 초반)

1) 미술공예운동의 배경

1. 산업혁명의 산업, 예술, 환경에 대한 피해에 대한 반동으로 시작됨(기계생산, 자연파괴, 대량생산으로 인한 제품의 질 저하와 전통적 수공예 요소가 사라짐)
1. 근대 디자인 개념의 단초를 제공
2. 과거 자연주의 디자인 사상에 기반
3. 산업혁명 이후 19세기 중반의 값싼 기계로 대량 생산된 저속한 상품과 건축물 등에 대한 반발로 시작된 운동

2) 미술공예운동의 목표

1. 근대 건축의 이념(디자인 및 제작)을 확립하는 데 공헌
2. 미술과 공예의 통일로 인해 대량생산과 제품의 예술적 향상을 동시에 추구

3. 예술의 대중성 및 실용성을 추구하고 가격절감을 유도
4. 기계에 의해 생산된 조악한 일상용품 및 건축물이 시장에 범람함에 따른 비판과 성찰
5. 재료의 적합성, 형태의 단순성, 구조의 기능성을 추구

3) 미술공예운동의 이념 및 특징

1. 좋은 예술과 좋은 디자인이 사회를 변화시켜 생산자와 소비자 모두의 삶을 개선시킨다고 믿음
2. 모든 시각 예술과 공예의 교육을 향상시키고 디자인과 장인기술의 표준을 높여 공동체 이익에 기여
3. 재료의 적합성, 형태의 단순성, 구조의 기능성이 추구하는 이념
4. 영국의 산업화와 공업화로 인해 나타난 예술의 사물화 경향에 대한 비판
5. 당시 지배적이었던 기계화된 생활에 대한 예술의 사물화, 역사주의적인 절충과 혼란에 대한 비판
6. 중세에 존재했던 예술과 사회의 조화 및 낭만주의적 예술 이상론을 부활시키는 작업
7. 건축에서는 형태와 꾸밈이 없는 선형을 사용: 형태, 기능, 장식의 자연스러운 일체화와 조화로움 추구
8. 다양한 양식의 절충인 조지아양식을 거부하고 중세 고딕으로의 회귀를 주장

미술공예운동의 대표적인 예

Red House

- 근대건축의 출발점
- 외부: 가파른 붉은 타일 지붕, 납틀을 붙인 창, 아치형 문간은 모두 고딕풍
- 내부: 자연광 수용은 빅토리아 양식의 주택으로부터 결별을 의미
- 철저히 기능적인 면에 충실히 제작된 건축

▮ Blackwell House
- 단순한 초벌칠 벽돌로 만든 벽, 둘레를 사암으로 마감한 여닫이 창
- 단순한 벽과 나무바닥, 베이윈도(Bay Window)가 뒤섞인 거주공간
- 골방과 벽난로를 사용
- 과일과 잎사귀를 모티브로 한 부조 세공으로 장식

(1) 존 러스킨(John Ruskin)

1. 중세 수공예 정신을 찬미하고 기계와 산업에 대한 비난을 주도
2. 예술작품은 도덕관념에서 탄생되며, 기계는 도덕관념이 없으므로 예술작품을 만들지 못함
3. 그의 예술철학은 윌리엄 모리스에게 계승

1882년의 러스킨, 위키백과

Fribourg Suisse, Ruskin

(2) 윌리엄 모리스(William Morris)

1. "잊혀지는 수공예의 가치를 되찾자"고 주장
2. 평범하고 획일적인 제품 거부
3. 회화나 조각만을 예술이라고 간주했던 당시 풍조에 대해 모리스는 공예도 예술의 한 분야라고 주장
4. 모리스는 러스킨의 베니스의 돌을 읽고 '고딕의 본질'이라는 사상에 감동 → 러스킨의 사상을 실현하기 위해 노력
5. 1861년 화가 및 건축가들과 함께 공방 설립 → 모리스 상사로 통합

6. 미술과 공예라는 하나의 운동으로 발전시킴
7. 기계는 추하고 퇴폐적이라는 주장 대신에 반(反)기계라는 주장을 옹호
8. 수공예품이 비싸고 대중에 부응하지 못하는 난관에 봉착
9. 미술공예운동의 힘입어 가장 중요한 건물과 가구 및 모든 생활용품은 모리스와 그의 동료에 의해 디자인
10. 모리스의 출판사는 예술적 활자와 문자를 이용하여 로마자체, 고직자체, 초서 저작집 등 53종 66종의 책을 만듦. 오늘날 인쇄활자와 문자에 커다란 영향을 미침
11. 유럽대륙에 파급하여 이를 바탕으로 이후에 아르누보 예술양식을 탄생시킴
12. 결국 미술공예운동 후반부에는 대중의 수요를 맞추기 위해 대량생산의 당위성이 필요함을 인정

4) 미술공예운동의 의의 및 영향

1. 과거의 양식을 무비판적으로 답습하고 있던 당시의 디자이너들의 성찰과 자성을 가져옴
2. 근대(Modern)로의 문을 열고 미술과 공예, 건축 세 분야의 결합
3. 이를 통해 아르누보, 독일공작연맹 등에 커다란 영향을 미침

윌리엄 모리스의 공예운동, 29STREET

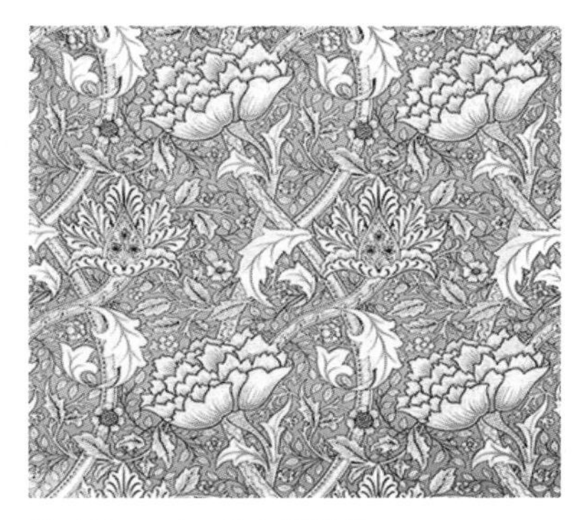

윌리엄 모리스의 공예운동, blog.rightrbrain.co.kr

07 아르누보(Art Nouveau, 1886~1905)

1) 아르누보 예술가

1. 19세기 말 벨기에의 한 화랑(아르누보; L'art Nouveau)에서 시작, 프랑스어로 "신예술"을 의미한다.
2. 아르누보의 대표예술가: 스페인의 안토니오 가우디, 미국의 루이스 설리반, 영국의 맥머드와 맥킨토시, 벨기에의 헨리 반 데 벨데와 빅토르 오르타, 프랑스의 기마르와 가이야르, 이탈리아의 다론코

2) 아르누보의 탄생배경과 목표

1. 새로운 예술양식의 창조를 목적
2. 러스킨과 모리스의 예술공예운동이 아르누보에 영향을 미침
3. 영국 예술공예운동의 사조 속에서 매우 다양한 국가와 도시에서 활발하게 전개

3) 아르누보의 내용

1. 식물의 모방에서 출발한 아르누보 양식은 당초 물결양식, 꽃의 양식 등으로 불렸음
2. 19세기 말부터 20세기 초에 걸쳐 유행한 곡선과 곡면으로 장식된 양식을 말함
3. 19세기를 지배한 고전 양식과의 단절을 시도하면서 새로운 시대상황 속에서 새로운 건축을 향한 사조
4. 건축의 외관이나 일상생활용품에 자연물의 유기적 형태에서 비롯된 곡선적인 장식을 접목
5. 아르누보를 국가에 따라 Modern Style(근대양식), Jugend Stil(청년양식), Secession Stil(분리파 양식), Modernismo(근대주의), Stile Foloreale(꽃의 양식)으로 불려져 국제적인 운동으로 발전

- 영국: 근대양식(Modern Style)
- 벨기에: 채찍 끝선 양식(the coup de fouet)
- 독일: 유겐트 스틸(Jugend Stil; 청춘 양식)
- 프랑스: 국수양식(Style Nouille), 귀마르 양식, 아르누보
- 오스트리아: 세세션 스틸(Secession Stil)
- 이탈리아: 자유양식(Stile Liberty), 꽃양식(Stile Floreale)
- 스페인: 모데르니스모(Modernismo; 근대주의 양식),
  아르테 호벤(Arte Hoven)

아르누보 건축양식, 매일경제

(1) 모데르니스모(Modernismo: 근대주의 양식)

1. 19세기 말부터 20세기 초까지 전개된 스페인과 중남미의 근대 예술 운동
2. 모데르니스모란 용어는 문학이나 예술에서 옛것에 대한 비판과 새로움에 대해 동경하는 태도
3. 이 운동은 시민계급 생활형태에 대한 지루함과 염증을 느낀 데 기인
4. 전설적이고 이단적인 것과 이국적이고 범세계적인 것에 초점
5. 역사적 사상, 문학, 디자인의 절충을 토대로 한 절충주의 시도

(2) 안토니오 가우디(1852~1926)와 모데르니스모

1. 과거의 양식(고딕, 이슬람)을 소화하면서 동시에 건축을 장식화, 자연화, 기하학화
2. 아르누보 건축가 중에서 가장 창조성이 두드러짐
3. 건물의 난간이나 문을 통해 금속성 장식을 많이 사용함
4. 자유롭고 선적인 흐르는 듯한 형태를 3차원의 표현적인 건축형태로 만든 특징을 가짐
5. 독특하며 개성적인 아르누보 양식을 전개
6. 가우디의 건축사상은 아르누보에 카탈루냐 스타일을 융합시킨 모데르니스모 양식임
7. 카탈루냐 지역의 지리적 · 역사적 배경을 토대로 이슬람교와 기독교 예술문화의 융합에서 배태된 무데하르(Mudejan) 양식에 카탈루냐만의 독자적 예술양식을 기반으로 가우디만의 융합적 건축철학을 정립
8. 비올레르-딕(Violeet le-Duc)의 구조합리주의에 기반하여 자유로운 골조를 가지고 곡선과 곡면의 형태를 다채로운 타일, 도자기와 금속 파편으로 장식한 창조적 디자인 양식을 고안해 냄

9. 성 가족성당(Sagrada Familia)에 수곡선 기법 적용으로 가우디만의 모데르니스모 양식 창조
10. 카사밀라(Casa Mila)에는 곡선형과 유동적인 외관을 구축

가우디의 구엘공원

가우디의 사그라다 파밀리아 성당 (근대주의 양식)

08 프리에(Charles Fourier, 1772~1837)의 팔랑스떼르(Phalanster) : 사랑과 배려가 넘치는 이상향을 꿈꾼 몽상가

Charles Fourier, Phalanstery. Oud digischool.nl

1) 프리에의 팔랑스떼르 개요

1. 팔랑스테르는 19세기 초 열정(passion)과 열정계열(serial passions)의 개념과 철학으로 근대문명을 비판하고, 유토피아 사회를 구상

2. 그는 욕구의 충족은 개인으로부터 비롯되는 것이 아니라 반드시 다른 사람과의 열정관계에서만 협동과 경쟁, 조화와 부조화를 통해 충족된다는 사상을 지님. 이런 관점에서 그는 '최대다수의 최대행복을 목적으로 한다'는 홉스의 공리주의를 비판함
3. 프리에는 기존의 사회적 · 경제적 구조를 비판하고 대안적 공동체를 구상
4. 오언의 사상에 매료된 프리에가 공동체 의식을 고취시키기 위해 팔랑스떼르 공동주택을 설계하고 건설
5. 주민들의 사회적 교류목적의 공유공간 조성은 당시로는 파격적인 실험

View of a phalanstery, by Charles-François Daubigny, ca. 19th century, Public Domain Review

2) 프리에의 팔랑스떼르 건축계획

1. 프리에는 자급자족적 유토피아 공동체 건물을 구상하고 직접 건설함
2. 건물은 독립적이고 규칙적인 외관을 가져야 함
3. 건물 간 최소거리 약 6피트, 우진각지붕(눈, 비를 막기 위해 네 면에 모두 지붕변이 만들어진 형태)이어야 하는 등 건물의 형태나 위치까지 제시
4. 사선제한과 도로 전면 건물폭 제한
5. 도로 끝에 기념비적 건물 배치
6. 도로는 구불구불하게 계획

7. 도로폭 절반 이상은 식재
8. 보행자 전용도로 계획
9. 가급적 대규모 집합주택으로 건설

3) 프리에의 팔랑스떼르 도시계획 설계요소

1. 인구규모: 1,600~1,800명 정도가 적당
2. 정방형 토지에 도시주변에 다양한 식물재배 가능
3. 숲과 인접하고 구릉지가 있는 지역에 입지
4. 소음 등 공해시설(목공소, 대장간 등)은 분리배치
5. 복합건물로서 전체 주호는 이열로 구성
6. 집회소, 공공시설, 통신국, 실험실 등의 형태와 위치 설정
7. 건물의 배치형태는 베르사유 궁전을 모델로 하였음

09 기념비적 도시(Monumental City)

1) 기념비적(Monumentalism) 도시계획

(1) 도시 특성

① 권위주의적인 상징성, 권력의 표출
② 도시계획수립 과정에서 민주주의적 절차 무시
③ 좌우대칭 형태, 기하학형태로 도시개조
④ 축과 강한 중심선: 권력의 상징
⑤ 권위적 외향적·미학적 적합성에 대한 관심

(2) 바로크[Baroque]적 도시설계의 도입

① 절대왕정(Monarchy) 체제하의 도시설계방식
② 기하학적인 형태와 전망을 가진 직선형의 도로
③ 격자형과 방사형의 형태를 조합시킨 정원과 원형광장

Facade of the church of the Gesu, via Wikimedia

(3) 기념비적 도시의 구성요소와 설계기법

① 직선적이고 규칙적인 도로 및 가구(Block)배치
② 성곽의 중요성 감소로 개방형 도시 형성
③ 주거와 일터의 공간적 분리
④ 군사기술자에 의해 계획되어 직선적이고 규칙적인 도로 및 가구(block)를 균일하게 적용
⑤ 건물에 돔(dome)이나 탑상의 둥근 지붕을 씌웠고 상인방 및 처마선 사용으로 규칙적인 수평선을 이룸
* 상인방: 창이나 출입구 등 건물 입구의 각 기둥에 수평으로 걸쳐놓음으로써 창문틀의 상하벽 사이에서 윗부분의 무게를 구조적으로 지탱해주는 뼈대의 역할을 함

2) 기념비적 도시(Monumentalism)의 사례

(1) 르 노트르(Le Notre, 1613~1700) 양식: 프랑스 바로크시대의 대표적 조경가, 루이14세의 수석정원사, 베르사유 궁 정원 설계

① 르 노르트 조경설계 기법은 프랑스의 베르사유 정원과 튈레리 정원에 적용되어 기념비적 도시를 만드는 데 기여함
② 베르사유 궁전(루이 14세): 바로크적 도시계획의 표본
③ 바로크적 도시계획: 토지이용이 쐐기 모양, 우산 모양, 조원적 설계

④ 오스만의 파리 대개조 계획(1852년): 르 노트르 공원설계 철학이 일부 도입되어 기념비적 도시조성에 기여

베르사유 궁전(루이 14세), namuwiki

오스만의 파리 대개조, mblog.naver.com

(2) 광장을 기반으로 한 기념비적 도시

① 단경(Terminal Vista)을 조성하는 직선광로와 고전적 격자형 가로망이 출현. 정원설계에 새로운 광장과 광장군의 건축 시작

② 광장(Greece의 Agora → Rome의 Forum → 중세의 Place → Renaissance의 Plaza)이 역사적으로 기념비도시를 만드는 초석이 됨

▎광장의 유형과 실천사례

구 분	내 용
전정광장	로마의 산 피에트로(San Pietro)성당의 전정광장인 산 피에트로(San Pietro)
기념광장	미켈란젤로의 캄피돌리오(Campidoglio)광장, 르네상스-바로크 광장
시장광장	파리의 낭시(Nancy)광장
근린광장	파리의 보쥬(Vosges)광장
교통광장	로마의 포폴로(Popolo)광장

로마의 포폴로(Popolo)광장, blog.daum.net

George Washington Monumental City, Baltimore Sun

10 오스만(Haussmann: 1809~1891)의 파리 개조계획(1852~1870)

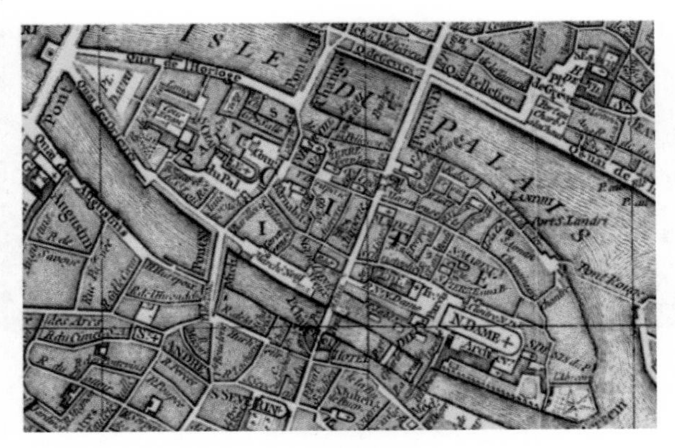

오스만의 파리 개조계획, m.blog.naver.com

1) 오스만 파리 개조계획의 배경

1. 파리개조사업은 1853년부터 1870년까지 진행된 사업임
2. 바로크시대의 절대왕권시기에 이루어진 도시계획으로 권위주의 사조를 바탕으로 도시 대개조 계획
3. 파리의 중심부부터 외곽지역 전체를 포함하였으며, 가로와 대로, 건물, 공원, 배수 및 급수시설, 편의시설과 공공기념물을 대상으로 계획이 이루어짐
4. 19세기 중반까지 파리는 비좁고 꼬불꼬불하며 오물과 악취로 가득 찬 더러운 도시
5. 1836년 인구 100만 명을 넘어선 파리는 중세의 모습을 간직한 채 열악한 도시환경에 시달림. 하층민이 몰리는 뒷골목은 전염병의 소굴
6. 통풍이 안 되는 좁은 골목길이 질병의 원인 → 프랑스는 1841년 5월 3일 파리 재개발법 제정
7. 1851년 황제 자리를 차지한 나폴레옹 3세는 파리 개조 사업을 세느 현지사 오스만(Haussmann)에게 전권을 부여함
8. 나폴레옹 3세는 마차 두 대만 엎어 놓으면 군대의 기동이 불가능한 파리시의 미로를 없애고, 넓고 곧은 방사형 순환도로와 녹지 공간을 구상

파리 재개발 이전의 질병과 혁명의 파리모습, 서울경제

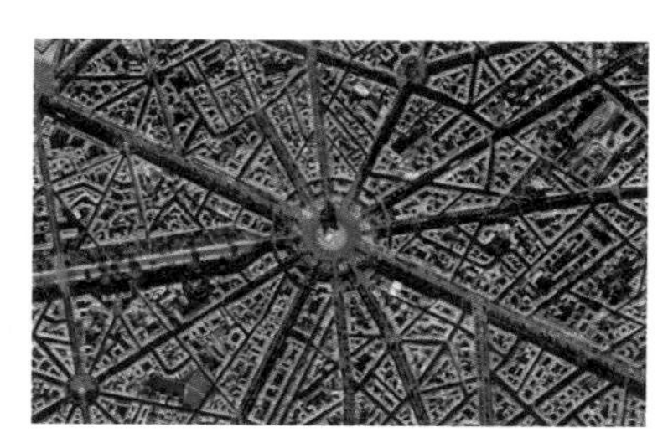

파리 개조 계획으로 이루어진 파리의 공간구조, M.Blog.naver.com

애비뉴 마르소, 샹젤리제, 오스만대로(Boulevard Haussmann)

2) 오스만 파리 개조계획의 목표

1. 폭동 시 도시 반란에 이용되는 장애물과 건물을 없앰과 동시에 치안유지를 목적으로 대대적인 도시 개조 사업 단행
2. 파리 인구 급증에 따른 비위생적인 환경개선을 위한 상하수도 정비(Paris의 건강상태 개선)
3. 도시 미관 증진
4. 스카이라인을 규제
5. 관통 도로 개통으로 상업과 오락중심지에 대한 접근성 강화
6. 군대 이동의 용이성 도모
7. 광역 교통망의 구축으로 도로망의 체계적인 연계(1869년까지 17년간 전쟁기간에 걸쳐 폭 30m의 Boulevard를 개설)
8. 공공시설의 확보

3) 오스만 파리 개조계획 원칙

1. 도시 내 원활한 교통소통을 위해 도시를 관통하는 50개 대로를 건설
2. 가로축에 개선문과 콩코드 광장, 루브르 궁 같은 거대한 상징물의 설치
3. 도로와 주요 공공시설은 파리시가 직접 개발하되 일반 부지는 민간에 분양해 간접 개발하는 혼합 방식을 활용
4. 상 · 하수도와 학교, 병원 등 도시기반시설을 확보
5. 파리 시내 전역에 풍부한 녹지 공간 확충(주요 건물 500m 범위 안에 반드시 공원을 유치)

오스만의 상하수도 분리 시스템, m.blog.naver.com

4) 오스만 파리 개조계획의 효과

1. 1852년 오스만에 의한 도시계획으로 도로, 상하수도, 스카이라인 등 현대 파리의 모습을 완성
2. 유럽을 포함한 세계적인 대도시 개조에 크게 영향을 미침

5) 오스만 파리 개조계획의 부작용

1. 강제적 방법으로 전 시가지의 3/7을 파괴, 빈민들의 거주지를 중심으로 가옥 2만 5,000동이 철거되어 불만이 고조
2. 사회적 불만이 팽배하고 국가 재정은 파탄에 직면(오스만이 물러날 즈음 터진 프로이센과 전쟁에서 패한 프랑스는 전쟁배상금으로 50억 프랑을 지불)

11 가르니에(Tony Garnier: 1869~1948)의 공업도시(Industrial City: 1901)

Tony Garnier의 공업도시 Sketch,
s-media-cache-akO.pinimg.com

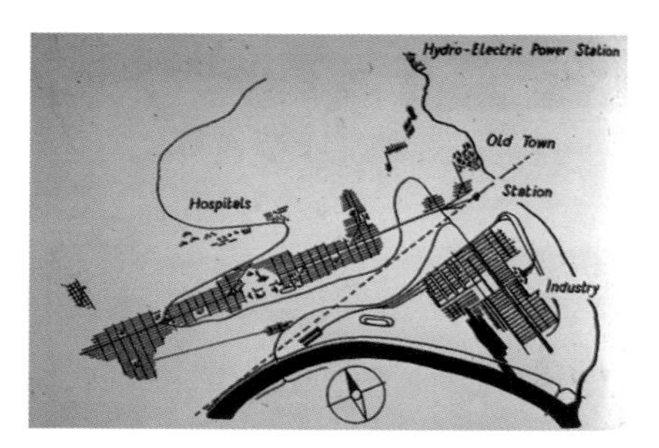

Tony Garnier의 공업도시를 가능하게 한 concepts of zoning,
Community.middlebury.edu

1) 가르니에의 공업도시 탄생 배경

1. 가르니에는 1869년 프랑스 리옹에서 태어나 도시계획가, 건축가로 활동
2. 산업혁명 이후 각종 도시 문제의 발생으로 시민들은 유토피아를 꿈꾸게 되었고, 유토피아적인 이상향 계획이나 기존 도시의 개조 계획 등으로 구체화 됨. 그러나 이러한 노력들은 당시 도시 환경을 근본적으로 해결하기에는 역부족이었음
3. 이에 대한 대안으로 새로운 이상도시 계획안인 마타의 선형도시(1892), 하워드의 전원도시(1898), 가르니에의 공업도시(1901)가 태어남

4. 당시 리용은 19세기 프랑스가 대표하는 견직과 야금 기술을 기반으로 하는 공업도시였음
5. 19세기 중반 철도가 리용을 관통함에 따라 그 이후 급격한 기술 발전
6. 가르니에의 미래의 도시가 기술기반 도시가 될 것이라는 전망은 공업도시 리용에 의해 영향을 받음
7. 가르니에는 공업도시를 통해 당시 산업도시가 갖는 많은 문제점들을 개선하고자 하였음
8. 교통중심의 공업도시 계획안은 당시 사회적 정서와는 동떨어진 획기적인 제안
9. 1904년에서 1914년까지 가르니에는 리용에서 공업도시 계획 철학을 적용한 건물을 설계하고 건설
10. 1849년, 프랑스의 엔지니어 조제프 모니에의 강화 콘크리트 발명을 시작으로 프랑스의 엔네비끄가 오늘날과 같은 철근 콘크리트 구조를 발표. 이것은 가르니에가 콘크리트를 이용하여 공업도시를 만들게 되는 직접적인 동기를 제공

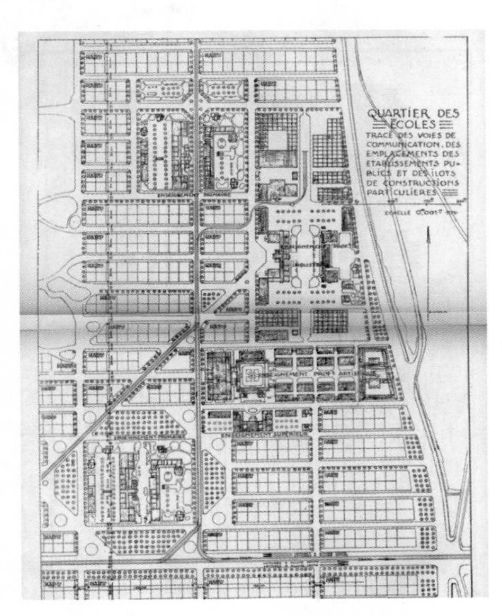

Tony Garnier의 공업도시 구상안, pieriniarchitecttura.it

2) 가르니에의 공업도시 계획 철학

1. 미래의 도시에서는 사람과 물자의 수송을 위한 철도와 같은 교통수단이 필요하다고 주장
2. 공업도시에는 도시의 철도역이 도심에 건설됨
3. 공업도시는 철도 중심의 교통망을 따라 직선적으로 성장한다는 개념을 가짐
4. 기존의 도시나 전원도시 내부의 방사선 도로 구축하는 도시계획방식과 가르니에의 공업도시는 분명한 차이가 있음
5. 가르니에의 교통기반 도시는 1894년 교통 기술자였던 마타(Arturo Soria Mata)에 의해 제시된 스페인 마드리드 확장 계획인 선형도시계획안(Ciudad Lineal)에 반영됨
6. 가르니에의 계획방식이 기존의 도심 중심의 도시형태와는 달리 토지이용이나 도시 시설을 교통 체계와 통합적으로 계획한다는 차별성과 독창성이 있다는 평가를 받음
7. 20세기의 새로운 건축 재료인 콘크리트는 가르니에에게 있어 도시를 구성하는 가장 중요한 요소였음

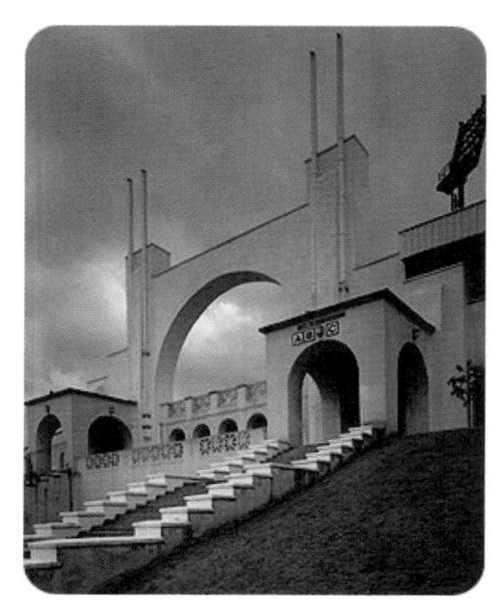

1913년 가르니에가 설계한 리용 국제 엑스포의 Gerland 스타드

3) 가르니에의 공업도시 설계 원칙

1. 가르니에는 도시의 확장성을 고려하여 공업도시를 구상
2. 토지를 효율적으로 이용하기 위해 지역지구제, 즉 조닝(Zoning)의 개념을 적극 도입. 조닝 개념을 바탕으로 주거지와 공업지역을 분리하여 쾌적한 도시환경을 구축
3. 위계에 따라 교통체계를 구성하고 보차 분리에 의한 보행자 전용도로 구축
4. 건물 이외의 오픈스페이스를 공공이 이용할 수 있도록 녹지 지역을 계획하여 공원부지로 할당
5. 다양한 주택 유형을 수용하기 위하여 고밀 개발 계획을 수립(1932년 계획안)
6. 여러 유형의 학교를 배치하면서 기술과 전문 교육을 위한 교육시설을 주거지역과 공업지역 사이에 위치시켜 이용자의 접근성을 고려함
7. 도시 중심부의 3천석의 집회장, 1천 석의 극장 등 도시민의 문화적 욕구를 만족시킬 수 있는 커뮤니티 집회 시설의 배치

공업도시(Citè Industrielle)-Tony Garnier(1899-1977), pieriniarchitecttura.it

12 소리아 마타(Soria Y Mata: 1844~1920)의 선형도시(Linear Town: 1882)

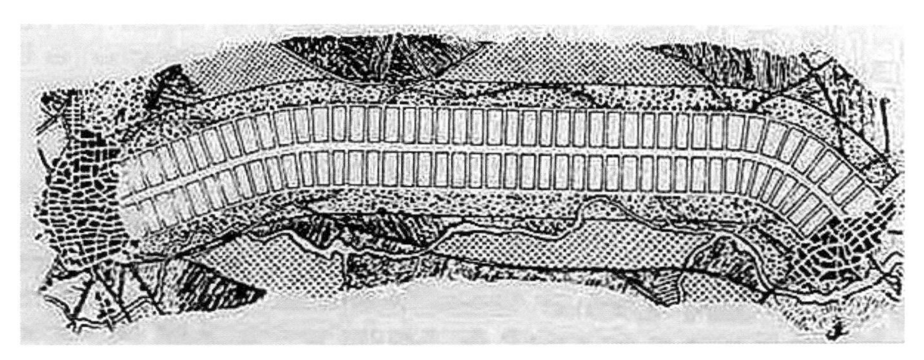

소리아 마타의 선형도시 개념, wikitonghop.com

1) 선형도시의 배경, 목표, 설계원칙

1. 1882년 스페인의 소리아 마타(Soria Y Mata)가 선형도시를 신문에 기고. 선형도시는 간선교통로를 중심으로 노선 양면을 따라 대상으로 뻗어나가는 형태임
2. 선형도시 개념은 1917년 볼셰비키 혁명 이후 소련 공장도시 계획에 영향을 미침
3. 1928년 국제선형도시협회 창설
4. 1933년 독일 폴 울프(Paul Wolf)가 국토재편성 시 주택과 공장을 선형배치할 것을 주장
5. 1937년 아서 콘(Authur Korn)이 선형의 런던개조계획 제안
6. 1945년 코르뷔지에가 장점 제기, 실제 공업도시에 적용, 오늘날 여러 곳에 보다 발전된 형태로 선형도시가 건설
7. 제2차 세계대전 후 프랑스 일부 도시재건 시 적용

2) 선형도시의 목표

1. 도시의 집중과 과밀로 인한 피해의 감소
2. 전원도시적인 분위기를 조성
3. 도시를 선형화함으로써 교통체증의 해소

3) 선형도시의 정의

1. 간선도로를 끼고 그 양쪽에 상업 및 문화적 기능을 배치하는 도시형태
2. 간선도로나 철도망을 따라 상업, 주거, 문화 등의 토지이용이 형성되면서 선형으로 지속적으로 확장되는 도시

4) 선형도시의 설계원칙

1. 도로나 철도를 따라 도시를 선형으로 배치
2. 동심원적인 도시에서 발생하는 도심 집중 및 교통혼잡을 방지하고자 공공기관, 극장, 학교 등 공공시설을 선형으로 배치된 주거지역에 다집점형으로 배치
3. 신공업도시 건설 시 기존도시와 연결하는 선형의 철도, 수로, 고속도로 등의 교통망을 따라 녹지 속에 도시를 배치

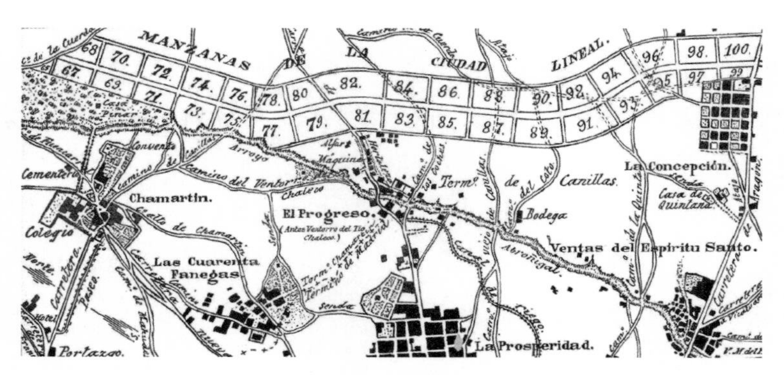

The planning of Ciudad Lineal(1895-1910) published by Madrid Urbanization Company.

5) 선형도시의 장 · 단점

1. 노면측에 상가, 업무 등 서비스 기능을 배치하고, 그 뒤편에 주택지를 배치함으로써 횡단교차 감소 및 서비스 지구 등에 대한 자동차 교통처리에 효율화 도모
2. 도시성장에 따라 얼마든지 선형도시 설계원칙이 적용 가능
3. 도시규모의 과대화 방지
4. 도시가 선형화됨으로써 고밀도심으로 인한 도시 환경 악화를 방지
5. 특수한 지형 여건(부산과 같은 배산임해 도시 등)에만 유리한 형태
6. 교통 수요를 유발한다는 단점이 있음

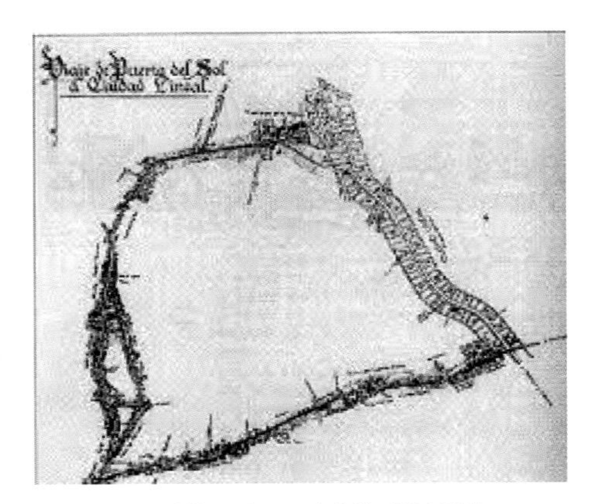

마드리드의 선형도시, 도시계획 용어사전

6) 선형도시의 적용 사례

1. 마드리드시에 적용: 1894년 양쪽의 기존도시를 선상연결하여 선형도시를 형성.
2. 1919년 Belgium의 Brussel 재건계획에 적용됨

(1) 스페인의 호세 루이스 세트(Jose Louis Sert)의 선형공업도시

1. 6~8개의 근린주구로 구성, 인구 6~8만 명
2. 각 주구에는 초등학교를 입지시키고, 도심에는 고등학교와 주요상업 시설을 배치

(2) 루드윅 힐버세이머(Ludwig Hilberseimer)의 선형도시

1. 1964년 저서 『신도시』에서 제안
2. 도시전체를 숲속에 입지, 주간선도로의 편측은 공업지역과 반대쪽에 상업·공공건물 등이 그린벨트 내에 입지

Corbusier가 알제리의 수도 알제를 위하여 제안한 선형도시. 집합주택 위로 고속도로가 지나가고 있다. (Brunch.cd.kr)

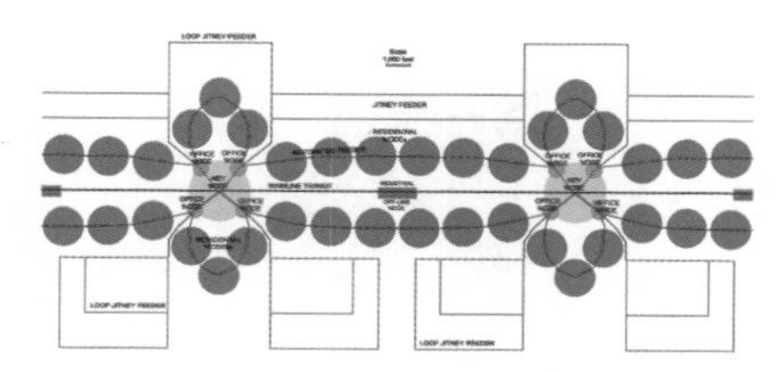

Polycentric Linear City Concept, linearcity.org

13 아버크롬비(Patrick Abercrombie: 1879~1957)의 신도시

Abercrombie, Wikipedia

1) '아버크롬비'의 대런던 계획(Greater London Plan: 1943)

(1) 대런던 계획의 개요

1. 대런던 계획의 근간은 1943년 Abercrombie와 Forshaw가 공동으로 작업한 런던구 계획(London County Plan)
2. 대런던 계획의 특징은 토지이용계획을 비롯하여 교통, 산업, 생활공간, 그리고 도시개발제도개선 등을 포함한 종합계획
3. 대런던 계획은 그린벨트의 개념을 실현한 계획으로, 런던의 분산화에 초점을 두고 있음
4. 대런던 계획은 그린벨트와 신도시 사상의 실현을 가져와 세계 여러 나라에 영향을 미침

대런던계획

Milton Keynes 신도시, blog.naver.com

(2) 8개의 신도시 제안: 1944

1. 1944년 아버크롬비(Abercrombie)가 하워드의 도시계획개념을 바탕으로 영국 런던의 과밀인구를 분산시키고 도시의 비대화를 예방하는 차원에서 런던개발제한구역(Green belt) 외곽에 10개 신도시를 건설하자는 대런던계획(Greater London Plan)을 제안하면서부터 시작
2. 이 안은 레이스위원회의 검토가 있은 다음 1946년에 세계 최초로 신도시법(New Town Act)이 제정되는 토대가 되었음
3. 이후 1947년과 1950년 사이 14개의 신도시가 계획되었고, 그 후 지속적으로 다수의 신도시가 개발되었음

(3) 대런던 계획의 교통계획

1. 신도시 간 연계성과 신도시 중심부의 접근성을 향상시키기 위한 교통기반시설계획
2. 새로운 순환체계와 철도체계를 계획에 반영

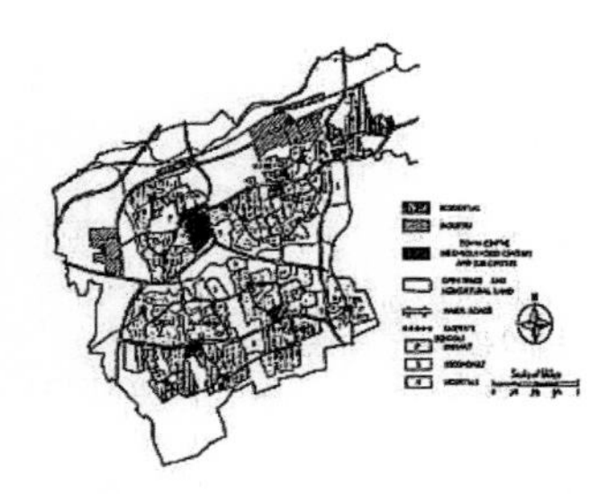

할로우(Harlow: 1947), 신도시

2) 아버크롬비의 신도시 계획 원리

(1) 아버크롬비의 신도시 계획원리

1. 대런던 계획에서의 도심부 분산에 대한 대책으로 하워드의 전원도시 설계원리를 접목한 신도시 건설
2. 도심의 분산화를 위해 건설된 신도시의 가장 중요한 목적은 자족성
3. 아버크롬비의 그린벨트를 활용하여 신도시를 계획
4. 도시내부에 집중되어 있는 산업시설과 인구를 외곽농촌지역의 신도시로 분산

(2) 아버크롬비의 신도시의 계획 내용

1. 계획인구 2~6만 명, 토지이용은 중심지구·주거·공업 3개의 지구와 녹지로 구성
2. 계획인구 10만 명 이상, 런던의 인구흡인력에 대항하여 100㎞권 내에 기존도시를 중핵으로 하여 인구 수십만 명의 신도시를 개발
3. 대대적으로 산업을 유치하여 대규모의 흡인력을 가진 자족도시를 건설
4. 런던시가지의 인구분산과 팽창을 방지하기 위한 방안을 모색

5. 런던 주위에 폭 8km의 그린벨트 설정
6. 8개의 신도시를 런던 주위에 건설하고, 공업시설을 배치하여 125만 명을 분산 수용

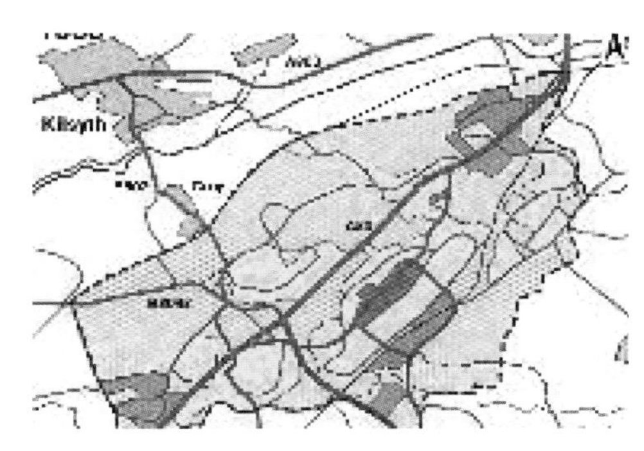

Cumbernauld(1955), 신도시

14 도시미화운동(The City Beautiful Movement: 1893)

1) 도시미화운동의 배경

1. 도시미화운동은 Memorial City를 만들고자 하는 노력
2. 19세기 유럽의 수도에 등장한 불바드와 프로메나드(Promenade)에서 근원
3. 나폴레옹 3세 이래 오스만의 파리대개조, 비엔나의 환상도로인 링 스트라쎄(Ring Strasse)를 모방
4. 도시미화운동은 기존 도시설계방식의 개선과 미학성을 강조
5. 다니엘 번햄(Burnham)의 '시카고계획'(Plan for Chicago, 1909)에서 출발
6. 1902년 옴스테드는 랑팡계획을 수정해서 워싱턴계획안을 작성
7. 역사적 공간에 오픈 스페이스를 확보하고 건축예술의 강조, 가로광장 등의 문화적 조형과 도시공원의 건설 추구

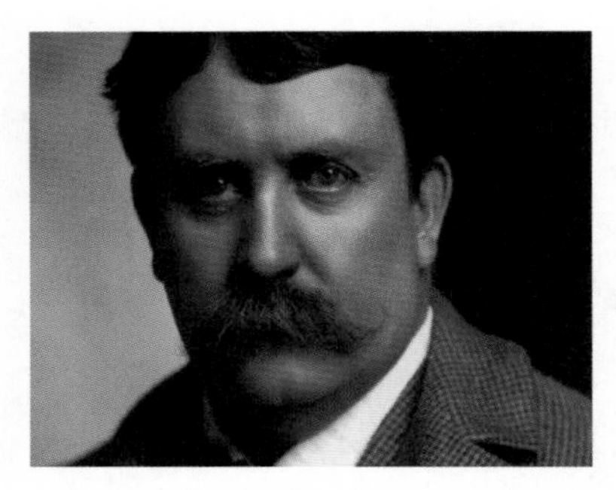

시카고계획을 주도한 다니엘 번헴(Daniel Burnham), Terms.naver.com

2) 도시미화운동의 근원(모방한 대상)

1. 19세기 유럽수도에 등장한 불바드(Boulevard)와 프로메나드(Promenade)
2. 나폴레옹 3세의 오스만의 파리대개조
3. 비엔나의 링 스트라쎄(Ring Strasse)

3) 도시미화운동의 목표

1. 유사한 토지이용기능과 도시서비스를 집중시킴
2. 편리하고 쾌적한 상업지역과 도심지의 조성
3. 주거지역의 도시환경 개선
4. 경관을 이용하여 마을의 독특한 정체성 표현
5. 단일건축물보다는 기능적이고 미적인 건물군 구성
6. 도시의 시각적 통일을 위해 거리에 Focal Point 조성
7. 오픈스페이스 강조
8. 역사적 장소, 건물, 공원, 공공시설의 보존
9. 마천루와 같은 랜드마크 건물 및 시설의 조성

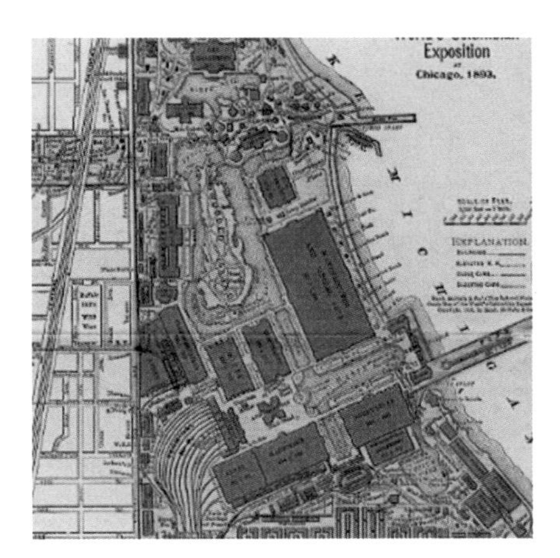

시카고박람회 배치도, m.blog.naver.com

4) 도시미화운동의 내용

1. 1893년 시카고 세계무역 박람회에서 다니엘 번햄(Daniel Burnham, 1846~1912)이 주도한 '도시미화운동'
2. 번헴은 시카고 계획에서 도시설계를 위해서는 계획적인 개발규제(development control)가 필요하다고 지적
3. 도시미화운동은 기존 도시의 개조와 도시미학을 강조하는 데 역점
4. 중심지역에 대규모 광장을 갖는 중심센터(Civic Center) 건설이 계획의 초점
5. 도시미화운동은 종합계획(Comprehensive Planning)의 시작
6. 시 청사를 건립하고, 공원과 넓은 대로를 건설하며, 통과도로를 건설하는 것이 중요한 도시 설계적 요소가 됨

도시미화운동의 영향을 받은 McMiilan Plan이라 불리는 워싱턴 DC몰 개발계획, wikidepia

5) 도시미화운동의 의의

1. 도시를 정교하고 아름다운 예술작품으로 구체화시킬 수 있다는 가능성을 보여줌
2. 도시미화운동은 도시계획에서 지역지구제에 의한 기능적 도시에 관한 관심을 고조시킴
3. 도시계획과정에서 문제해결을 위한 분석기법과 방법론들이 등장하게 된 계기 마련
4. 도시조사, 계획, 건설하는 전문가 그룹인 '도시계획전문가' 탄생에 기여
5. 지방정부에 계획전문가로 구성된 도시계획위원회와 도시정책자문위원회가 구성되는 계기 마련
6. 번햄의 시카고계획(Plan for Chicago, 1909)을 수립하는 기회 제공
7. 대표적인 계획가 번햄(Daniel Burnham)이 19세기 말부터 20세기 초까지 도시미화운동을 주도, 미국 도시설계의 기원을 이루었음
8. 미국의 현대 도시계획의 출발점
9. 도시미화운동에 힘입어 미국도시에 고풍스럽고 아름다운 경관, 랜드마크, 공원, 시빅센터, 광장, 광로, 산책로 등이 조성되었다는 공감대가 형성되는 계기가 됨

6) 도시미화운동에 대한 비판

1. 역사적인 건축물들이 아름다움과 중후라는 도시미화운동의 목표에 따라 획일적인 형태로 변하는 모순이 나타남
2. 도시의 근본을 개선하기보다 "도시의 화장술에 그친다"는 비평을 받음
3. 제이콥스(Jocobs): 도시미화운동의 뿌리가 되는 시카고만국박람회를 르네상스 스타일의 '퇴행적 모조품'으로 평가절하, 도심의 환경은 개선했어도 도시전체의 침체적 분위기는 그대로 존속되었다는 비판
4. 도시미화운동이라는 명목하에 슬럼과 열악한 주거지 철거과정에서 추방당한 원주민들에게 주택공급을 적기에 제공하지 못해서 발생되는 부작용이 심각했음

15 독일공작연맹(German Werkbund: 1907~1919년)

1) 독일의 공작 연맹 설립배경과 의의

1. 독일은 영국이나 프랑스보다 뒤늦게 산업혁명을 경험 → 19세기 후반 급속한 공업화 → 건축과 공예는 기술혁신의 영향을 받음 → 그 과정에서 많은 충격과 혼란
2. 영국의 미술공예운동의 영향을 크게 받음
3. 기계생산의 적극적 도입에 의해 제품의 국제 경쟁력을 강화하는 정책을 우선 시함
4. 곡선을 많이 사용한 복잡한 조형 → 기계생산에 적합한 형태를 추구함으로써 해결
5. 1907년 10월 5일 뮌헨에서 설립된 독일공작연맹은 건축가, 디자이너, 장인, 산업가, 교육자들로 구성
6. 1907년 독일의 예술가 헤르만 무테지우스가 제창하여 독일 뮌헨에서 결성되어 활동을 시작한 단체

2) 독일공작연맹의 설립 목표

1. 독일공작연맹의 핵심사상은 "디자인은 용도에 맞게"라는 것임
2. 예술과 산업의 조화로 산업을 극대화시킴
3. 1907년 독일의 예술, 산업, 공예, 상업 등 각계의 대표자를 선발하여 모든 노력을 경주하여 독일에서 생산되는 제품의 향상을 목적으로 설립
4. 전통적인 수공예 산업을 대량생산이 가능한 기계공작 산업으로 변경할 수 있도록 추진
5. 독일의 미술, 예술, 공업 분야의 인물들이 수공예 공업 대신 대량생산의 공예산업 추진과 활성화
6. 대량생산과 대량소비를 위한 디자인 산업과 예술의 통합이라는 이념을 가지고 출발

(1) 독일공작연맹의 설립 철학

1. 영국의 미술공예운동이 가졌던 가치관을 계승: 생산품의 질적 향상은 수공예 디자인정신의 추종에 의해서 달성될 수 있음
2. 유물론적 입장: 최고의 형태는 건축물의 새로운 재료와 논리적 사용에 의해 달성 → 기능주의적 견해
3. 공작연맹의 주관심사는 '품질'에서 '형태'로 변함

영국의 미술공예운동(윌리엄 모리스)과 독일공작연맹의 비교

1. 미술공예운동: 산업수단에 의해 생산된 제품은 추하고, 천박하며, 몰개성적인 것이라는 비판과 성찰
2. 독일공작연맹: 대량생산 시대에 대응하여 공업제품의 양, 질적 생산을 위해 산업적 수단을 사용해야 함 → 수작업을 통한 생산품의 질적 성취와 함께 공업화에 의한 대량 추구 → 디자이너가 공업생산과정에 참여

(2) 무테지우스(Hermann Muthesius): 공작연맹의 지도자

1. 디자인 대상물의 규격화된 기계 생산의 적절성에 대한 기본적이며 미래지향적 철학
2. 기계 기술의 발전에 발맞추어 새로운 용품, 생활, 그리고 사고와 감각적인 영역에서 변혁을 시도하려는 입장
3. "보편적인 가치가 좋은 취향의 발전을 가능케 한다."는 철학을 지님
4. 무테지우스와 반 데 벨레의 대립: 무테지우스는 규격화 주장(기계화 시대의 입장), 반면에 반 데 벨레는 개성화 주장(예술적 입장) → 발터 그로피우스가 무테지우스 입장에 동조

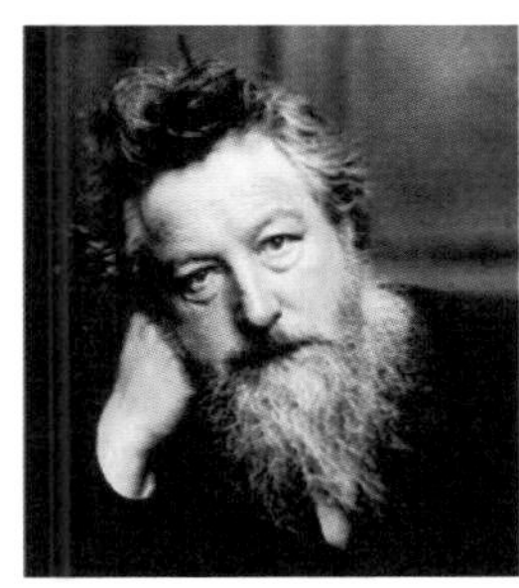

'디자인은 용도에 맞게', 대량생산 표준화 기계미학, 헤르만 무테지우스, blog.righrbrain.co.kr

헤르만 무테지우스(Hermann Muthesius, 1861.4.20 ~ 1927.10.26.), Wikimedia Commons

1914년 독일 공작연맹의 쾰른 전시회 포스터, Wikimedia Commons

반 데 벨레(Van de Velde)

1. 세기말 아르누보 건축의 창시자
2. 모리스의 작업과 미술공예운동에서 영향을 받아 1890년대 초 공예와 건축으로 전환 → 1902년 사설 공예학교의 설립 → 1908년 공립미술공예학교가 됨
3. 예술의 자유에 관한 의견(1922년 이후 무테지우스 지지)
4. "예술가는 유형이나 규범을 강요하는 원리에는 복종하지 않는다."(자유로운 창작 활동의 입장을 옹호)

5. 혼란 상태에 있는 장식의 확산 시에 새로운 양식을 창출함으로서 새로운 생활 환경을 창출하려는 입장
6. 예술가란 본질적으로 정열적이며 자유의지를 가진 창조자
7. 예술가는 일정한 틀이나 기준을 강요하는 원리를 결코 자발적으로 따르지 않음

아르누보 양식을 가구디자인에 접목한 건축가 헨리 반 데 빌데, SAVER

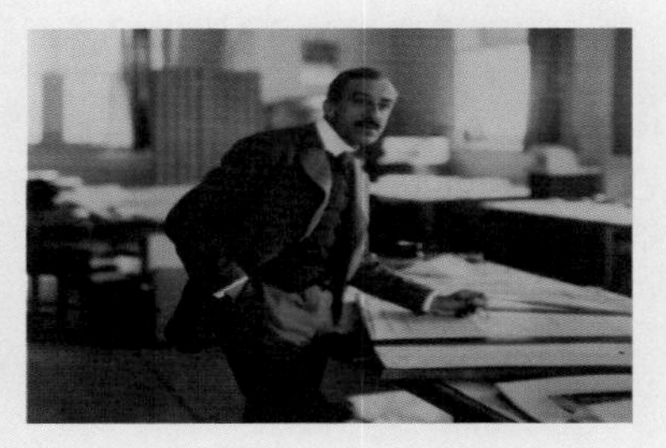

건축가 헨리 반 데 빌데, jmagazine.joins.com

▮ 바우하우스 창립의 초석을 깔다

1. 제1차 세계대전으로 해체의 위기를 넘김
2. 1918년 전쟁이 끝날 무렵 분열 상태에서 → 산업 생산을 옹호했던 사람들의 승리로 돌아감
3. 독일공작연맹의 규격화 개념 → 1919년 바우하우스의 조형 이념으로 연결

(3) 발터 그로피우스(Walter Gropius, 1883~1969): 공작연맹의 건축가

1. 예술적 디자인보다는 기능에 관심이 많음
2. 예술과 근대 공업의 융합을 모색
3. 예술성보다 기능적 합리성에 중점을 둔 기능주의 설계 방법을 취함
4. 파구스 공장(1911): 아돌프 마이어와 공동설계 → 커튼월 공법의 결과를 낳음
5. 새로운 영역의 건축: 공장건축
6. 19세기 유명 건축가들이 회피했던 공장 건축의 디자인을 집중적으로 다룸
7. 1920년대 전개될 근대건축의 방향성을 제시하는 중요한 이정표 역할

왼쪽부터 바이마르 바우하우스, 발터 그로피우스,
주요 마스터들/벨기에 건축가인 앙리 반 데 벨데(Henry van de)가 설립해 현대까지 바우하우스 창립자로 알려진 그로피우스를 마스터로 임명. 그가 책임자가 되어 학교를 운영하게 된다.

▮ 그로피우스의 건축적 형태

1. 건축을 산업화로 연결
2. 철과 유리를 통해 전통과 현대라는 형태 언어로 전환 → 기계미학 추구의 조형 의지 표출
3. 형태란 생명에 다시 질서와 규율을 갖추는 정형적인 건축형태 창출 → 건축은 정형적인 것을 목적으로 하는 행위
4. 바우하우스의 발아에 커다란 역할을 함

발터 크로피우스가 설계한 파구스 제화공장, Daum Blog

16 바우하우스(Bauhaus: 1919~1933)

1. Bauhaus = "건축의 집"
2. 발터 그로피우스(Walter Gropius) 설립을 주도
3. 1919년 독일 바이마르 시에 설립

바우하우스 포스터, ©bauhaus100.com

1) 바우하우스 설립 목표

1. 종합조형예술학교로 새로운 예술 형식과 교육 방법의 실험장을 목표
2. 조각, 회화, 건축 등 3가지 조형 예술을 건축 속에 재통일을 목표로 함
3. 테크놀로지를 배경으로 하여 새로운 환경을 창출한다는 발상의 확산
4. 기계적인 합리주의, 즉 기능주의 디자인을 확립하고자 함
5. "완벽한 건축물이 모든 시각 예술의 궁극적 목표다"라는 설립정신을 발표

Bauhaus 창립자 Walter Gropius, freeland

발터 크로피우스의 바우하우스, 매일경제

6. 1923년 이후 기계의 사용이 보편화되자 예술과 공업기술의 통합을 목표로 합리주의적인 모던디자인을 위한 목표 속에서 교육이념 정립
7. 예술의 공작적 성격을 다시 확인하고, 순수미술과 응용미술의 차이를 철폐하며, 건축을 통한 조형예술의 통합을 목표로 함

2) 바우하우스 교육내용

1. 1915년 그로피우스는 바이마르(Weimar) 미술공예학교장에 앙리 반 데 벨레의 후임으로 취임
2. 1925년 정치적 압박으로 인해 데사우(Dessau)로 이전하여 새로운 수업의 시작 → 기능주의 사상을 교육의 이념으로 설정

〈김정운 '창조의 본고장' 바우하우스를 가다〉
앙리 반 데 벨데가 설계하고 건축한 바이마르 미술학교 교사. 1919년 이후에는 바이마르 바우하우스의 본관으로 사용된다. 현재는 바이마르 바우하우스 대학의 본관이다.

3. 초기 표현주의(이상적, 부정형의 건축)의 전위적인 예술가를 교수로 초빙 → 수공예가 추가되는 형태와 제작 이념의 재창출 노력
4. 교육과정은 기초과정, 공방과정, 건축교육의 순서로 실시
5. 교육철학은 중세의 공방과 근대의 조형개념을 새롭게 접목
6. 바우하우스 선언 제1조: "시각 예술의 모든 궁극적인 목적은 완전한 건축이다."
7. 공작기술, 공학적 훈련을 건축적으로 재통일하는 신조형 교육 시스템 실시
8. 예술가가 수공예로 돌아감으로써 중세의 장인조직과 유사한 생산 공동체를 구성하고 공방에서의 제작 활동을 통해 교육을 수행하도록 함

〈김정운 '창조의 본고장' 바우하우스를 가다〉
바우하우스의 역사는 앙리 반 데 벨데(Henry Van de Velde)로부터 시작한다고 봐야 한다.

9. 교육적 배경: 독일공작연맹의 이념과 예술공예운동의 정신을 새롭게 해석하여 계승
10. 예술가나 건축가는 동시에 기술인이 되어야 한다고 주장

(1) 바우하우스의 수업방식

1. 실제의 수작업을 통해 재료의 본질을 체험하여 습득하고 형태나 디자인이론을 학습 → 건축물은 이러한 노력의 결정체
2. 종합적이고 효율적인 작업과정을 위해 작업의 목적을 충분히 인식한 뒤 작업에 들어가야 한다는 교육방식

(2) 바우하우스는 1914년 4월 공작교육과 형태교육으로 이원화

1. 공방: 실기 및 공작 교육 – 형태교육: 관찰법, 표현법, 조형론 등의 탐구활동
2. 건축을 가장 높은 위치의 예술행위로 설정
3. 학생들에게 수공예와 기술을 습득하고 충분한 조형 훈련을 쌓을 것을 요구
4. 당시의 전위 예술가들을 초빙하여 교육에 참여시킴
5. 예술의 추상화 운동이 바우하우스에 영향을 미침
6. 공예적 수련이나 창조성 등을 강조한 교육이 공작연맹의 교육과정으로 자리매김함
7. 소련의 구성주의, 네덜란드의 데 스틸 그룹과 교류 → 바우하우스에

많은 영향을 미침

8. 기능은 형태를, 형태는 기능을 수용하는 간결하면서 기능적이고 경제적인 조형물과 건축디자인을 추구

미술과 산업의 규격화, mblog.naver.com

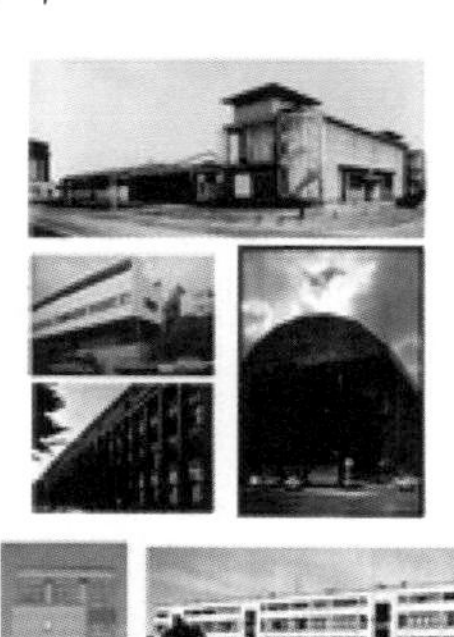

독일공작연맹 건축, blog.daum.net

(3) 바우하우스의 국제 건축 개념의 주장

1. 조형으로서 비례의 중요성 → 개인과 민족을 초월하여 인류와 공통적인 건축디자인사상을 정립 → 세계적으로 통일된 건축문화 형성에 이바지한다는 신념 구축
2. 국제적인 조형과 건축의 신경향을 파악하고 보편적인 건축 조형의 지침으로 보급하려는 시도

1928년 한네스 마이어(Hannes Meyer, 1889~1954)의 교장 취임

1. 최초의 본격적인 건축교육과정을 설치 → 체제의 정비
2. 공산주의자였던 그는 조형활동에 있어 과학적 측면과 사회적 측면을 중시
3. 예술성의 부정 → 기능성과 경제성에 의해 정의

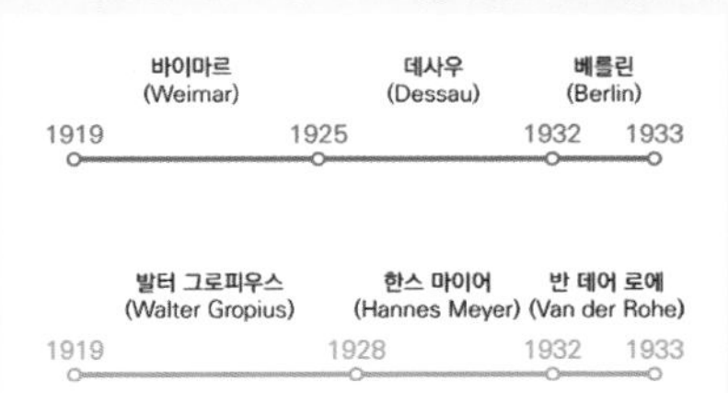

Hannes Meyer, mblog.naver.com

3) 바우하우스의 디자인과 건축

1. 일반 디자인: 다양한 분야에서 이루어짐 → 실제 생활용품에서 무대디자인, 가구, 의자에 이르기까지 다양
2. 대단위 교외주택단지 디자인 → 바우하우스의 디자인 철학인 조직적인 디자인 정신을 반영
3. 1920년대 노동자에게 값싸고, 위생적인 주택을 제공하기 위해 대단위 집합주거의 건설 시도 → 대중을 위한 주택 건설에 적극적으로 참여(특히 베를린, 프랑크푸르트)
4. 1930년 마이어가 교장자리에서 내려오고 후임으로 미스 반 데어 로에가 교장으로 취임
5. 1932년 9월 정부의 압력으로 바우하우스 폐쇄 → 베를린으로 옮겨 사립학교 바우하우스로 재출발 → 1933년 3월 나찌에 의해 문화 볼세비즘의 소굴 및 퇴폐 예술로 간주 → 폐쇄

4) 힐버자이머(Hilverseimer)의 고층도시

1. 바우하우스의 힐버자이머는 현대도시계획의 주요 이론가로서 "기계도시"와 "고층도시"를 주장
2. 고층도시는 두 가지 레벨로 층을 이룬 것으로 저층부는 공방, 경공업, 시장, 차고 등으로 사용되며 상층부는 도시근로자의 아파트로 사용됨
3. 실내공간, 가구, 설비의 표준화 덕택에 도시생활자들은 한 장소에서 다른 장소로 쉽게 이전
4. 포스트모더니즘 시기에 들어서 많은 평론가들로부터 비판과 혹평을 받음
5. 1955년 미국 일리노이 공대(ITT)에 신설된 도시계획과의 학과장 및 교수로 취임

5) 바우하우스가 모더니즘에 미친 영향

1. 오늘날 건축과 디자인양식 교육의 근간이 바로 바우하우스에서 탄생됨

2. 바우하우스의 학생들은 디자인 실기와 함께 예술사, 재료역학, 해부학, 물리 및 화학적 색채론 등의 학문적 이론교육은 물론 회계, 계약체결, 조직 인사 등 기업관리 이론까지 학습
3. 예술, 건축, 도시디자인, 그래픽 디자인, 실내 디자인, 공업 디자인, 타이포그래피의 발전에 깊은 영향
4. 평지붕, 노출 콘크리트, 철, 유리 재료의 사용을 시작하여 근대건축재료로 보편화시킴
5. 기하학적 구조 건물 설계 및 시공에도 영향을 줌
6. '애플 아이폰' 디자인도 바우하우스의 영향 받음
7. 라슬로 모호이너지(Laszlo Moholy Nogy): 시카고에서 '뉴바우하우스' 운동을 펼침
8. 요셉 알버스(Josef Albers): 독일태생 예술가로서 바우하우스에서 강의하다 미국의 예일대학 디자인과를 맡아 미국 자본주의 토양에 바우하우스의 모더니즘 패러다임을 전파시킴
9. 교수진으로 참여한 칸딘스키: 1923년 바우하우스 내부에 제시한 삼각형, 사각형, 원의 세 가지 형태와 원색들의 상관성에 대한 기본 등식이 모더니즘 디자인과 건축에 영향을 줌
10. 한네스 마이어의 기능주의는 1930년대 미국에서 '국제주의 양식'으로 재탄생하여 1980년대 이후 포스트모더니즘의 저항과 비판을 받기도 했음
11. 폐교 이후 유럽과 미국으로 이주해 간 바우하우스인들에 의해 바우하우스의 이념, 사상, 교육과정이 전 세계적으로 전파됨

바실리 칸딘스키, 나무위키

바실리 칸딘스키, 무제(최초의 추상 수체화), IBK Magazine

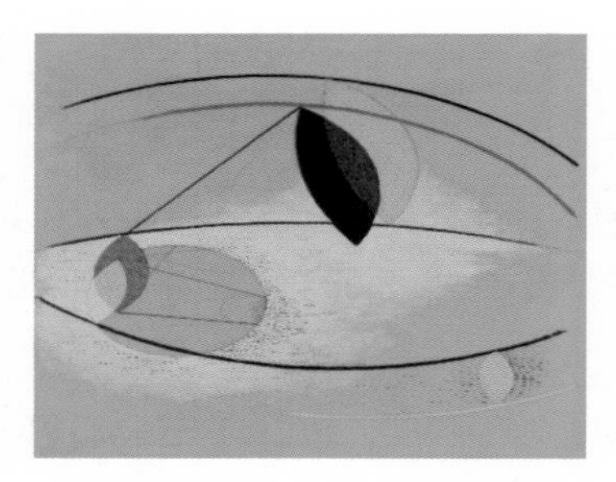

Laszlo Moholy Nagy GAL AB1,
m.blog.naver.com

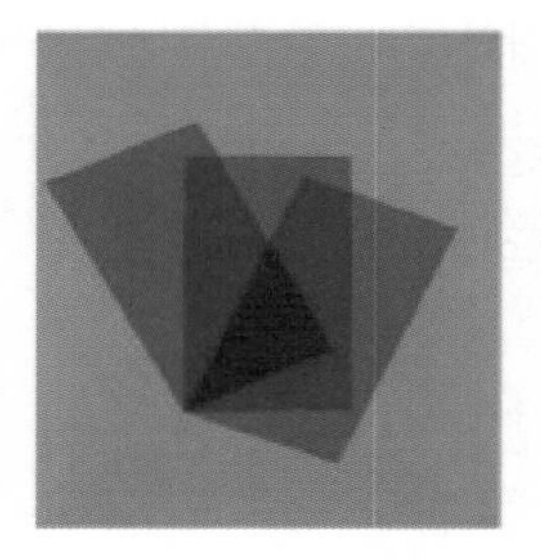

Josef Albers, mblog.naver.com

* 라슬로 모호이너지(Laszlo Moholy Nagy): 헝가리의 화가. 1917년 러시아의 구성주의의 영향을 받음. 1920년에 베를린으로 이주. 이 시기에 그의 작품에는 몬드리안의 영향을 읽을 수 있음. 1923년 바우하우스에 초빙되어 1928년까지 이곳에서 강의와 연구에 전념함. 구성주의에서 신조형주의의 흐름에 따른 그의 합리적인 이론과 제작은 표현주의라는 사상을 바탕으로 하여 바우하우스의 교육이념을 정립하는 데 강력한 원동력이 되었음

17 국제주의 양식(International Style: 1925~1950)

1) 국제주의 양식의 시대적 배경

1. 19세기 말 건축가들은 여러 양식을 융합한 건물이 계속 반복하면서 나타난 것에 대하여 비평을 시작함. 즉 건물기능과 관계없는 여러 시대의 혼합적 건축양식에 대해 불만을 표출하게 됨
2. 철과 강철, 철근 콘크리트, 유리를 사용하는 건축기술이 개발됨
3. 유리와 강철의 대량생산이 가능해지고, 도시가 급속히 외연적으로 확산됨에 따라 새로운 사무실 건물, 상업, 공공건물에 대한 수요가 증가
4. 기존의 절충적 건축에 대한 불신감이 확대되면서 장식을 배제하고 직선적, 평면적, 경제적, 합리적인 건물이 유행 → 이런 건축적 양상을 국제주의 양식이라 부름

2) 국제주의 양식의 전개과정

1. 국제주의란 1920년대 근대 건축 양식을 나타내는 용어 가운데 하나임
2. 국제주의라는 말은 1932년 헬리러셀 히치콕과 필립 존슨이 <국제주의 양식: 1922년 이후의 건축>에서 처음 사용
3. Hitchcock(큐레이터)와 Johnson(건축가)이 정의한 “International Style”은 네덜란드 데스틸(De Stijl) 운동, 르코르뷔지에(Le Corbusier), 독일공작연맹(Deutscher Werkbund) 및 바우하우스(Bauhaus)의 활동에 의해 형성되어 1920년대 서유럽에서 발전
4. 1925년 그로피우스가 바우하우스 간행물 “국제주의 건축” 출간 → 국제양식이라는 건축 양식의 성립을 주장
5. 국제주의란 양식은 모더니즘 패러다임뿐 아니라 디자인에 대한 기능주의적 접근으로 파생된 모더니즘 미학을 대변함
6. 근대건축의 국제적인 전개의 지배적 이념으로 자리매김

바우하우스: 신축된 교사가 ‘국제주의 양식(The International Style)’의 도래를 예고했다.
건축사신문(http://www.ancnews.kr)

3) 국제주의 양식의 목표

1. 국제주의라는 건축양식의 미학적 원리를 보여주고자 시도
2. 20세기초 유럽건축 양식의 유형에 합리주의적 경향을 구체적으로 접목한 건축 스타일임
3. 새로운 경향의 단순화된 메스와 표면의 질감 강조

4. 기존의 절충적 건축에 대한 불신감이 확대되면서 장식을 배제하고 직선적, 평면적, 경제적, 합리적인 건물의 추구
5. 과거의 건축 양식과는 차별화, 크기보다 볼륨과 평면을 강조
6. 장식을 피하고 기계를 예술 도구로 사용하여 기술적인 미학을 창출
7. 국제적이란 말은 당시 사회적, 정치적 이념과 융합하는 용어로 자리매김

4) 국제주의 양식의 특징(인터내셔널 스타일: 기능주의+합리주의)

1. 이전 시대의 장식적 건축은 수공예적(art and craft) 성향으로 인해 대량생산이 불가능 → 국제주의 양식은 새로운 사회의 요구를 충족(값싸고 신속한 대량생산)시키는 것이 가능하였기 때문에 빠르게 건축계와 건설시장에 수용됨
2. 이 시대에 대표적인 건축가는 독일의 발터 그로피우스, 미국의 루드비히 미스 반 데어 로에, 리처드 노이트라, 필립 존슨, 프랑스의 르 코르뷔지에 등임
3. 그로피우스와 미스는 유리와 강철 재료를 사용한 커튼월 시스템으로 유명세를 얻음
4. 볼륨의 강조, 규칙성, 장식의 배제와 자유로운 평면을 가진 미학적 원리를 배경으로 함
5. 코르뷔지에는 모듈의 개념을 도입한 철근 콘크리트 구조로 국제주의 양식의 대표자가 됨

* 모듈(Module): 공업제품이나 건축물의 설계나 조립 시에 적용하는 기준이 되는 치수 및 단위임. 모듈을 사용하여 건축 전반에 사용하는 재료를 규격화함. 모듈을 사용하면 설계작업이 단순해지고, 대량생산이 용이할 뿐 아니라 생산단가가 낮아지고 질이 향상될 수 있음

국제주의의 설계원리

1. 매스(mass)보다는 볼륨(volume)으로서의 건축(볼륨에 기반한 건축: 석조, 벽돌과 같은 중후한 벽에 의한 매스의 표현에서 벗어나 경쾌한 피막과 같은 벽으로 둘러싸인 공간 위주)

2. 규칙성이 디자인 결정에서 중요한 수단
3. 조악한 장식의 사용을 금지
4. 금속, 유리, 등 산업 소재의 사용과 실용적이고 탈 장식적인 접근
5. 규칙성을 지닌 건축: 전통적인 대칭 구성을 부정하고 합리적인 구조와 균질한 내부 질서를 반영한 리듬에 근거한 조형
6. 무장식의 건축: 장식을 부정하고 그 대신 디테일의 처리를 중요시함
7. 1927년 르 코르뷔지에가 자신의 디자인 방법을 정리하여 〈새로운 건축 5원칙〉 발표 → 널리 공유되면서 공통된 조형 수법으로 사용
8. 국제주의 양식은 현대 사회의 요구에 부응했던 건축적 성향이었지만 → 이와 대조적으로 건물이 들어서는 지역의 특수성을 무시하고 천편일률적인 건축물이 들어서게 했던 건축사조로 비판을 받음

인터네셔널 스타일(기능주의 +합리주의))의 바우하우스

국제주의 양식/필립 존슨, Grass house

국제주의 양식/필립 존슨, chingusai.net

18 르 코르뷔지에(Le Corbusier: 1887~1965)의 빛나는 도시(The Radian City)

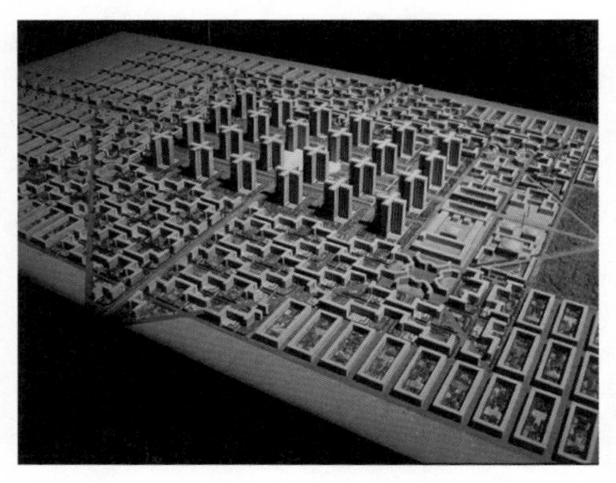

Le Corbusier's Ville Radieuse, the theoretical Functional City_©Archdaily

1) 르 코르뷔지에의 설계철학

1. 스위스인 건축가로서 20세기 모더니즘에 가장 영향력이 컸던 건축가
2. 르 코르뷔지에의 언어: “집이란 생활을 위한 기계이다”
3. ”건축은 빛 아래 모인 매스들의 훌륭하고 정확하며, 장엄한 유희이다”
4. 1920년대 국제주의 건축양식의 창시자로서만이 아니라 건축이론가, 도시설계가, 화가, 조각가, 가구디자이너로서 다양한 예술 분야를 영역을 넘나들며 활동
5. 그의 작품 중 16건이 유네스코 세계문화유산으로 등재
6. 코르뷔지에는 전후 파리 재개발 계획 ‘플랜 보이신(Plan Voisin)’ 프로젝트와 파리 외곽 푸아시(Poissy)의 ‘빌라 사부아(Villa Savoye)’, 그리고 마르세이유(Marseille)의 서민용 집합 주거 건물 ‘유니테 다비타시옹(Unite d’Habitation)’ 등을 통해 ‘현대 건축의 5원칙’을 구체화 → 오늘날 고층 아파트의 원형이자 주상복합 건물의 효시
7. 1918년 오장팡과 함께 최초의 회화전: 큐비즘의 표방
8. 1914년부터 철근콘크리트 골조와 대량생산주택의 연구를 발전시킴

2) 코르뷔지에의 '건축의 5원칙'

① 필로티

② 옥상정원

③ 자유로운 평면

④ 가로로 긴 창

⑤ 자유로운 입면

– 빌라 사보아에는 다섯 가지 요소가 빠짐없이 적용됐다.

사보아 저택 전경, Flickr 무료 이미지

코르뷔지에의 파리 계획안, mblog.naver.com

Nature Morte © Le Corbusier

3) 코르뷔지에–빛나는 도시(Ville Radieuse)

1. 코르뷔지에(Le Corbusier)가 주장한 도시는 광대한 오픈 스페이스에 둘러싸인 장대한 마천루(고층빌딩) 중심의 도시
2. 도심에는 3,000명/ha의 인구를 수용하는 60층의 사무소 건물이 숲을 이루고 그 건폐율(대지면적에 대한 건축면적의 비율)은 5%임. 철도나 비행기를 위한 교통센터 배치

3. 빛나는 도시에서는 거주, 여가, 노동, 교통을 도시의 4가지 중요한 기능이 자리를 잡고 주거단위를 기반으로 이 네 가지 기능을 배분
4. 코르뷔지에(Le Corbusier)는 현대생활에 있어서 교통의 중요성을 강조하고 3층으로 구성된 입체적 교통환승센터를 계획

르 코르뷔지에의 후기작인 롱샹성당, flicker (CC BY 2.0)

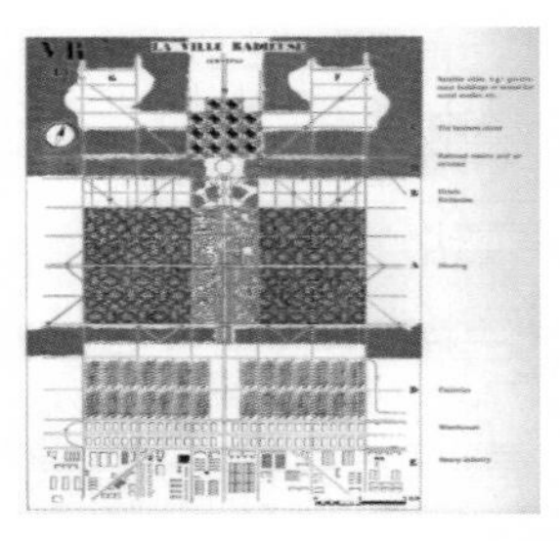
From Le Corbusier's "The Radiant City"(1933)

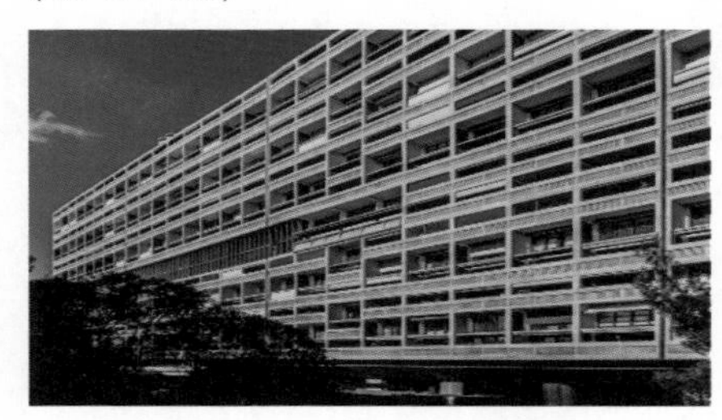
세계 최초의 아파트로 평가받는 유니테 다비타시옹. 공동주택 '유니테 다비타시옹(주택 집합)'은 337채의 아파트로 구성된 12층짜리 단일 건물로 슬래브가 지상에서 7미터 높이에 있음. 5층 건물 내부에는 주민들이 사용하는 상점가와 르 코르뷔지에 호텔이 배치되어 있고, 옥상 또한 유치원과 놀이터 정원이 설치되어 편리함과 유용함을 한꺼번에 추구한 최초의 주상 복합 건물임, flicker(CC BY 2.0)

4) 코르뷔지에의 도시계획 4원칙

1. 도시 중심부 과밀은 완화시켜도 좋다.
2. 중심부의 고밀도는 높여도 좋다.
3. 중심부에는 교통수단을 집중시켜야 한다.
4. 공지와 공원을 충분히 확보하여야 한다.

19 라이트의 평원 도시

(Frank Lloyd Wright: 1867~1959, Broadacre City: 1932)

1) 라이트의 평원 도시 배경

1. 라이트는 지나친 도시집중으로 인해 많은 해악을 가진 대도시는 사라지고, 전혀 새로운 형태의 도시 출현이 불가피하다고 선언
2. 1935년 당시 '새로운 도시가 가져야 할 형태는 무엇인가'와 '도래하는 신문명이 가져다줄 새로운 기회는 어떠한 것들인가'라는 고민과 질문
3. Broadacre City는 1932년에 그의 책 "The Disappearing City"에 처음 등장. Broadacre City는 "Usonian" 또는 "이상적인 도시"라고도 불렸음
4. 그는 오랜 세월 구상하던 이상 도시 계획안을 '브로드 에이커 시티: 새로운 공동체 계획안(Broadacre City: A New Community Plan)'이라는 제목으로 1935년 발표
5. 당시로서는 상상을 초월하는 미래지향적인 도시를 제안

2) 라이트의 평원 도시 사상

1. 브로드 에이커 시티가 추구하는 기본 사상은 도시의 외연적 확산
2. 인간의 자유로운 이동을 돕는 자동차와 사람 사이의 완벽한 의사소통을 가능케 하는 통신수단이 도시분산을 촉진. 공공의 복지를 위해 새로운 과학기술을 평원 도시에 접목하려는 시도가 라이트 사상의 근저
3. 브로드 에이커 시티는 밀도가 매우 낮은 저밀도 도시임
4. 도시를 지배하는 중심(도심 또는 부도심 등)이 없으며, 자연환경을 훼손하지 않고 보전
5. 도시와 농촌을 구별하지 않음
6. 철저하게 분산된 도시는 자동차나 모노레일과 같은 고속 교통 체계로 이동이 가능
7. 입체화된 간선도로에 의해 몇 개의 층의 교통시설구조물로 구성되어 있

고, 각 층을 따라 철도, 화물 수송차, 모노레일 등의 이동이 가능

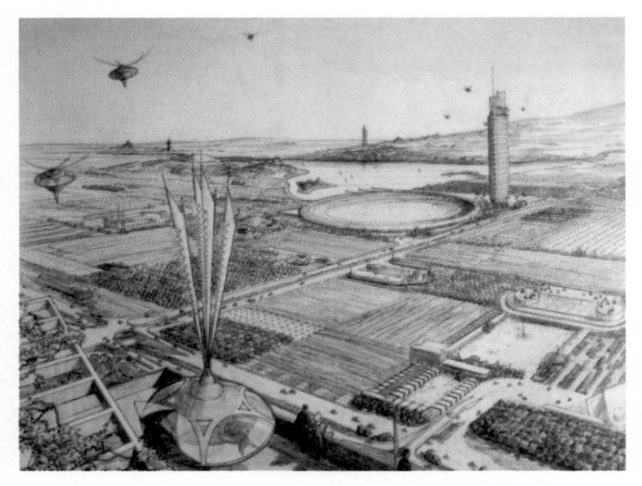

라이트가 1935년에 제시한 Broadacre City구상도, Courtesy the Frank Lloyd Wright Foundation Archives

3) 라이트의 평원 도시 구상안(설계 원리)

1. 현대의 교외화된 도시와 여러 측면에서 유사한 유토피아 도시에 대한 비전 제시
2. 인구와 기능이 집중된 거대 도시를 거부
3. 평원 도시 적용 대상지역은 도시와 도시교외지역
4. 거대한 복합체인 대도시로부터 사람들을 해방시키는 사상
5. 타운과 농촌의 통합
6. 유토피아 도시인 평원 도시 → 개인이 사적으로 소유한 거대한 토지로 구성
7. 경영주체에 의한 토지사유를 인정하지 않는 전원도시의 주창자인 하워드의 계획 철학인 토지의 공유개념과는 상반된 사상
8. 분산되어 있는 취락과 취락간의 접근은 개인 자동차와 넓은 도로 폭에 조경이 잘 된 고속도로에 의해 연결
9. 이 도시의 주민들은 작물을 기르고 즐길 수 있는 1에이커 이상의 넓은 토지를 소유

10. 직장 통근을 위한 주요 교통수단은 자동차임
11. 도시 전체의 면적은 넓어야 함
12. 쇼핑 지역과 공장 지역이 주거지와 10~20마일 거리에 위치
   (현대도시의 교외 지역과 매우 유사)
13. 상호배타적인 용도지역(Zoning) 지정, 에지(Edge: 가장 자리)시티 개발,
   자동차 의존적 도시

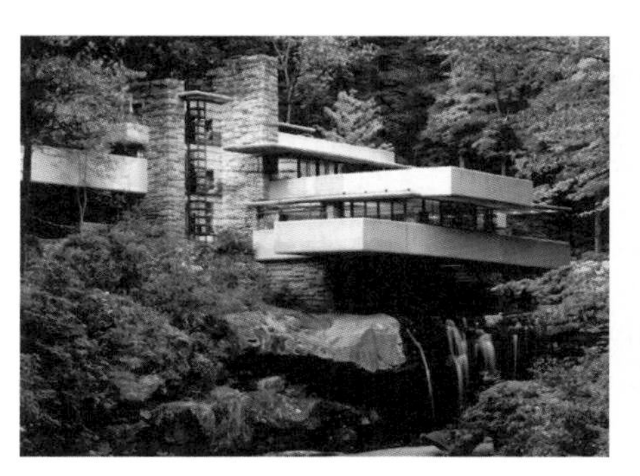

낙수장, 프랭크 로이드 라이트는 근대건축의 3대 거장(코르뷔지에, 미스 반 데어 로에) 중 한 사람, Mommamia.net

Frank Lloyd Wright's Broadacre City

20 미스 반 데어 로에(Mies van der Rohe: 1886~1969)

1) 미스 반 데어 로에의 설계철학

1. "적을수록 많다. 적을수록 풍부하다"(Less is more)
2. "God is in the Detail: 신은 디테일에 있다"
3. 미국은 국제주의 양식과는 무관 → 미국: 형태적인 중요성 → 유럽: 기능적인 중요성에 각각 초점을 맞춤
4. 새로운 건축은 필연적으로 국제주의 양식을 현대 건축의 패러다임에 위치시킴
5. 입체파 예술 운동에 의해 많은 영향을 받음 → 바우하우스의 기계에서 얻은 세련된 기능주의와 새로운 재료의 사용에 의한 예술적 표현이 강해짐
6. 로에는 국제건축과 기능주의 건축의 아버지
7. '유리마천루계획안' → 고층건물 외관 전체를 균일한 유리의 피막으로 덮음 → 유리에 반사된 외관의 시각적 효과 → 커튼월의 원형
8. 유니버설 스페이스(Universal Space): 각 실의 칸막이를 필요에 따라 자유롭게 설치함으로써 모든 기능을 허용하는 유연성과 보편성을 공간개념을 구축
9. 공업화라는 디자인 환경적 요인에 의해 등장한 철골과 그에 따른 구성방식을 새로운 건축적 요인으로 인식함
10. 투명성에 대해 관심을 가지고 프로세스를 진행함
11. 공간 및 디자인에 대한 단순화는 불필요한 장식 요소를 배제하고 한정된 디자인요소를 사용하여 풍부한 효과를 낸다는 사상으로부터 출발
12. 단순화와 간결성에 따라 공간과 면, 그리고 구조의 통합을 시도

2) 미스 반 데어 로에 건축의 다섯 가지 설계 철학

1. 건축적 요인으로서의 구조, 그 가능성과 한계
2. 공간의 건축적 문제
3. 건축표현의 수단으로서의 비례
4. 재료의 표현가치
5. 회화와 조각과 건축과의 관계

3) 미스 반 데어 로에의 1930년대 후반 이후 활동

1. 1938년 나치에 쫓겨 미국으로 건너감
2. 크라운 홀(1956): 장 스팬(Span)의 무주 공간
3. 판스워드 하우스(1950): 철과 유리로 덮인 상자형 주택, 단순한 디테일에 의해 정적이면서 투명성 있는 공간의 형성
4. 레이크 쇼어 드라이브 아파트(1951): 세계 최초의 철과 유리에 의한 초고층 빌딩건설
5. 구조적 측면과 더불어 유리, 벽돌, 철, 콘크리트 등에 의한 재료를 통해 구축주의인 'Tectonic'을 Schema로 확장

미스 반 데어 로에. 시그램 빌딩

미스 반 데어 로에 레이크쇼어 아파트, mblog.naver.com

현대 마천루의 원형으로 꼽히는 미스 반데어로에의 뉴욕 시그램 빌딩(왼쪽)과 그의 제자 김종성 건축가(교수)가 설계한 서울 서린동 SK 사옥(오른쪽), 위키피디아 · 서울건축 mblog.naver.co.kr

21 C.I.A.M.(Congres Internationaux d'Architecture Modern)과 도시설계(1928~제2차 세계대전 이후까지)

1) CIAM 설립 배경

1. 1928년 각지에서 행해진 건축의 창조적인 활동에 새로운 국제적인 질서를 가져 와야 된다는 의도로 만도로 부인에 의하여 라 사라 성(La Sarraz)에 초대된 건축가, 도시계획가 회의에서 출발
2. 건축의 토양인 경제, 사회로 피드백(되돌아감)함으로써 사회와 조화로운 건축을 추구
3. 기성화한 아카데미즘에 대항
4. 제1회의 성명은 건축비평가인 지그프리트 기디온(Sigfried Giedion)의 주도로 진행

르 코르뷔지에 주도로 진행된 1차 회의, 필디스터디

CIAM10, 위키백과

2) CIAM 설립 목표와 특징

1. 근대 건축과 도시 계획 이론을 세계 각국에 전파
2. 국제적인 성격이 강한 기능주의 및 합리주의 건축을 세계 각국에 보급
3. 현대건축의 문제를 규명하면서 근대건축 사상을 제시 → 건축 사상을 기반으로 경제적이고 사회적인 측면에서 건축의 문제를 접근하면서 실천 방안을 제시

4. CIAM 활동이 활발했던(1930~1940, 1950~1955) 시기에는 근대 건축과 근대 도시계획에 관한 개념과 패러다임을 세상에 깨우쳐준 계몽적 역할을 함
5. 진보적 성향의 건축가들 사이의 국제적 전달매체로서의 기능을 발휘

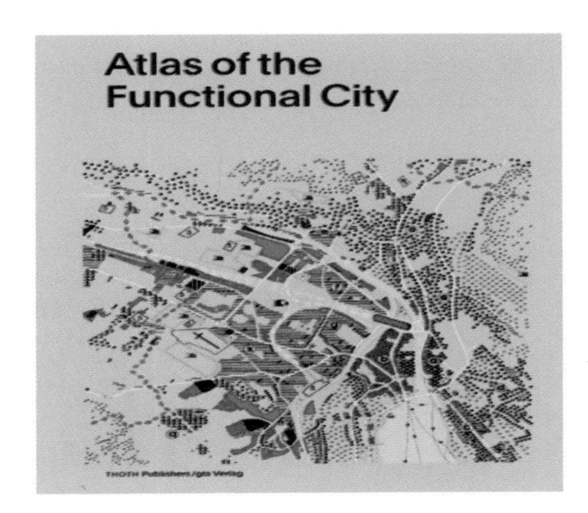

CIAM 4, Functional City, ArchDaily

3) CIAM 회차별 주요 의제

- 1928년 – 제1차 회의: 스위스 라사르; CIAM 설립 → 라사르 선언 → 도시환경에 대한 아이디어 정리
- 1929년 – 제2차 회의: 프랑크푸르트; 최소주택(logis minimum: 미니멈 하우징)에 관한 논의 → 서민들을 위한 싸고 기능적인 주택
- 1930년 – 제3차 회의: 브뤼셀; 합리적인 부지계획에 관한 연구 → 대지의 합리적 활용 및 타운 플래닝
- 1933년 – 제4차 회의: 아테네; 33개의 도시 분석, 도시계획 헌장을 선포 → 도시문제와 기능적 도시에 대한 논의
- 1937년 – 제5차 회의: 파리; 건축의 공업화 및 주택과 여가 문제에 관한 연구
- 1947년 – 제6차 회의: 영국 브리지워터; 유럽의 부흥 및 CIAM 설립목적의 재확인
- 1949년 – 제7차 회의: 이탈리아 베르가모; 아테네 헌장을 실천에 옮김, 도시계획의 CIAM 일람표 탄생(GRILL), 주택의 연대성

- 1951년 – 제8차 회의: 영국 호데스돈; 도시의 중심(Core), 도시의 핵에 관한 논의
- 1953년 – 제9차 회의: 프랄스 엑상 프로방스; 주택의 헌장 발표, 인간의 정주조건(HABITAT)에 관한 연구
- 1956년 – 제10차 회의: 크로아티아 드브로브니크; 해비타트(HABITAT)와 인간의 거주조건에 관한 논의

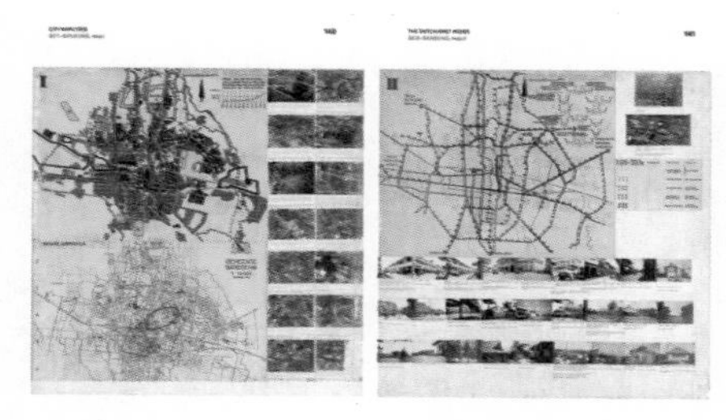

CIAM 4, Origins of Modernist Urban Planning, ArchDaily

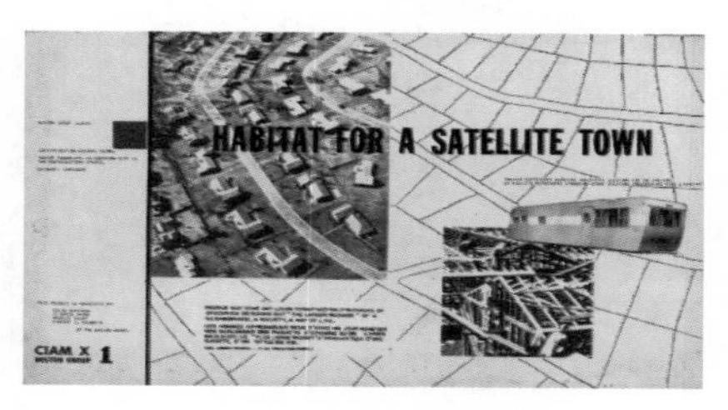

IAM 9 회의에서 발표된 HABITAT, Pinterest

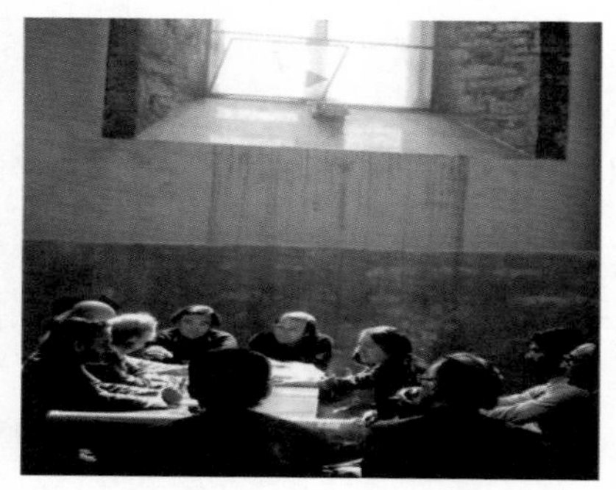

CIAM 해산 후 Team10이라고 지칭하고 국제활동을 지속, 필디스터디

4) CIAM의 설계 철학

1. 1928년 스위스에서 근대 건축가들 가운데 일부가 모여 근대 건축의 "학술적" 측면을 다루는 모임에서 시작 → 르 코르뷔지에의 자문을 통해 구체화
2. 당시 활발했던 근대건축에 대한 맹신과 열망을 구체화시킴
3. 현실적인 계획과 사회, 경제적인 계획 아래 진행되는 건축을 통해서만이 가능

4. 규모, 표현방법, 도식적인 기법 등을 표준화하는 작업에 착수
5. 주거의 단일 형태라는 표현은 고밀도 인구를 위한 주거지를 필요로 하는 곳에 높고 넓은 공간을 확보한 아파트 블록을 의미함

CIAM을 회생시키려는 도시건축가들의 10차 회의(Team 10)를 통해 주장한 내용 (훗날 Team X 시작)

1. 도시 및 건축은 살아있는 것이다. 도시 및 건축은 자연히 발전하고 결합하여 전체를 이루어 인간이 자신의 희망을 실현할 수 있는 장을 만들어내는 것, 도시를 생태계와 같이 생각, 장소와 생활의 패턴을 밀착시킴
2. 모든 시민들을 위한 여러 가지 장소 및 거주할 수 있는 장소를 만드는 것이 건축가의 일
3. 대도시에 있어서 장소성 및 아이덴티티의 결여
4. 독단에 빠지는 일 없이, 조직화된 공간을 창조하는 것이 계획가의 기본적인 임무
5. 인간적이고 개별적인 욕구를 도시계획에 반영하고자 노력
6. CIAM은 1956년 팀 텐(Team, 10)이 주축이 되어, 개최한 10차 대회에서 팀 텐을 비롯한 젊은 건축가들과 그로피우스, 르 코르뷔지에, 기디온 등의 원로 건축가들의 의견 대립이 심화되면서 해체됨
7. CIAM의 해체는 양식의 혼란과 더불어 사실상 근대 건축의 종말을 의미
8. 근대건축과 도시계획의 개념을 온 세계에 보급시킨 공적은 매우 큼

아테네 헌장

지중해의 선상에서 개최된 1933년의 제4회 CIAM에서는 유명한 〈아테네 헌장〉이 기초가 되어 주거, 레크리에이션, 작업장, 교통, 역사적인 건축의 5항목에 대하여 하나의 헌법을 수립하였다.

▌아테네 헌장의 기본원칙(1933년)

환경과의 관계	주변도시와의 관계
• 물리적 환경의 중요성 • 자연보전 • 녹지확보(고층화를 통한) • 고층화를 통한 녹지 · 일조 확보	• 도시와 주변지역 관리 (도시를 지역의 일부로 간주) • 도 · 농 통합계획 수립 촉구 • 타 계획과 연계

기술	주거 및 커뮤니티
• 기존 도시체제가 기술발전에 적응하지 못함을 비판 • 기술의 최대한 활용 촉구 • 기능분리 • 휴먼스케일 강조	• 좋은 입지에 도시를 위치 (지형, 기후, 밀도, 녹지, 공중위생 감안) • 밀도 통제(주거유형별) • 직주근접 • 고층화를 통한 공공시설 확보
교통	**제도 및 주민참여**
• 보차분리/교차로 입체화 • 도로확장 및 특성에 따른 도로 구분 (도로기능 구분 기법 도입) • 과학적 교통계획 설계의 필요성 강조	• 가치 있는 건축물 보전 • 공익은 사익에 우선 • 전문가에 의한 과학적 계획 • 도시계획제도 확립 추구

22 하워드의 전원도시(Ebenezer Howard: 1850~1928, Garden City: 1898)

Ebenezer Howard Alchetron

Ebenezer Howard's Garden City of Tomorrow Amazon UK

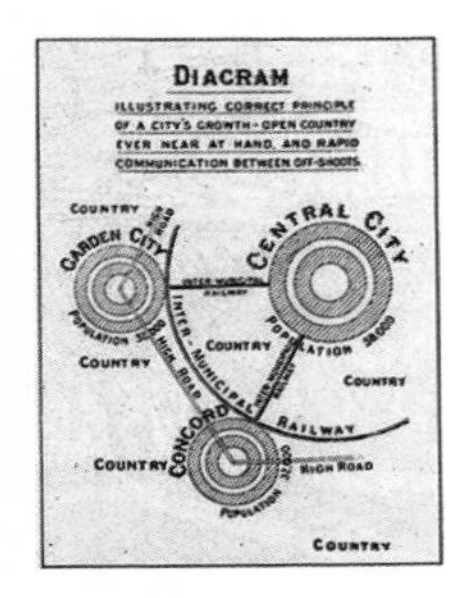

Garden City Diagram, 위키백과

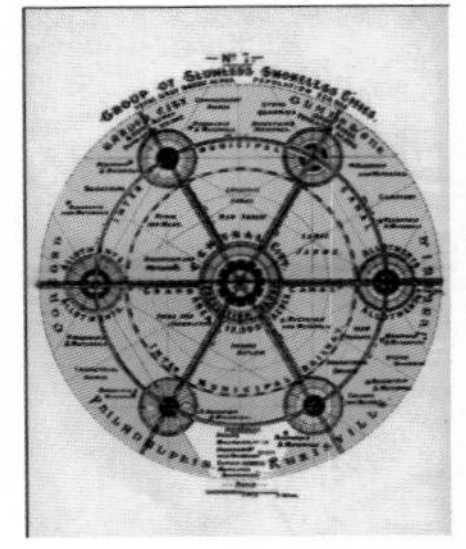

Courtesy of the Town and Country, Planning Association

1) 전원도시의 배경

1. 1898년 Ebenezer Howard의 저서 『Garden Cities of Tomorrow』에서 전원도시(Garden City)를 제안
2. 도시·농촌의 장단점을 현상적으로 분석하여 장점만 구비한 '도시－농촌(Town－Country)'이라는 새로운 도시 유형 창조
3. 산업혁명 이후 도시 환경 악화와 도시로 집중된 인구의 분산을 위한 대안으로 제시
4. 이념적 배경은 토머스 모어(Thomas More)의 유토피아(Utopia) 사상
5. 자족기능을 갖춘 계획도시로서, 주변에는 그린벨트로 둘러싸여 있고, 주거, 산업, 농업 기능이 균형을 갖춘 도시를 주창
6. 하워드의 세 자석(Magnet) 모양의 그림에서 '도시(Town)', 전원(Country)' '도시－전원(Town－Country)' 중에서 "사람들이 어디에서 살 것인가?"를 정하도록 유도
7. 전원도시는 인구, 면적, 주거밀도가 제한되고, 상업, 공업, 행정, 교육 등 도시의 기본적 기능이 수행되도록 조직되고, 건강한 삶을 누릴 수 있도록 녹지를 갖춘 도시임. 도농의 통합을 위해 신도시 주변에 영구적인 농업지대를 설치함
8. [전원도시 사상의 흐름]

계획가	토마스 모어	로버트 오언	E. 하워드	아버크롬비	라이스
사상	유토피아	공장촌 계획	전원도시	대런던 계획	신도시 계획

2) 전원도시의 설계원리

1. 건강하고 쾌적한 도시생활과 산업을 위하여 설계된 도시
2. 전원녹지대로 둘러싸인 도시
3. 모든 토지가 지역사회를 위하여 사용되고 공동으로 소유되는 도시

3) 전원도시의 설계요소

1. 인구 면적: 32,000인을 6,000acre(약 400ha)에 수용, 30,000인은 1,000 acre의 도심부에 거주, 2,000인은 5,000acre의 농촌에 거주
2. 도시확장: 전원도시에 32,000명 수용하여 하나의 도시가 계획인구로 성장하면, 또 하나의 전원도시를 건설, 이것들을 연결하여 최대 25만명의 대도시집단 형성
3. 도시구성: 중심부는 중앙공원을 기점으로 주거와 녹지공간을 조성하여 쾌적한 주거환경을 도모
4. 농촌생활: 도시주변부에서는 농장과 축사를 기반으로 농촌생활권을 구축하여 경제적 자족성을 강조
5. 교통수단: 각 도시는 철도·도로·운하 등의 교통수단을 활용하여 연결

4) 전원도시의 토지, 조합, 개발 이익 측면

1. 조합결성: 강한 공동체 의식과 민주주의를 토대로 자유와 협동을 강조(주민의 자유결합권리를 최대한 보장)
2. 토지소유: 토지는 조합에서 소유·관리, 10년 단위의 임대계약으로 사용료만 지불
3. 개발이익: 토지에 대한 소유권이 없어 재산분쟁의 원인근절, 개발이익의 사회환원

5) 전원도시의 평과

1. 인구 분산 효과 미미, 건설 비용 과다, 모도시로의 종속 등으로 미완성 계획으로 평가받음
2. 하워드의 전원도시운동은 당시의 대도시 인구집중에 따른 도시병폐를 해소하고 인구분산을 해결하는 대안으로 미흡하다는 공감대 형성
3. 철도 위주의 대중교통 중심으로 도시를 계획하였으나 자동차의 보급에 따른 도시지역의 확대로 궁극적으로 자동차 중심의 도시로 형성됨

▮ 전원도시의 개발목적, 토지소유, 도시기능, 인구규모

구분	전원도시
개발목적	쾌적하고 자족적인 전원도시 건설과 인구 분산
도시 확장	녹지로 둘러싸여 있으며, 필요시 원거리에 추가 개발
토지 소유	토지 소유는 경영주체, 개인은 임대 사용
도시 기능	토지공유, 식량자급, 경제적 자족도시
인구 규모	전원도시의 규모 • 면적 6,000acre, 인구 32,000인 • 30,000인은 1,000acre의 도심부에 거주 • 2,000인은 5,000acre의 농촌에 거주 • acre = 약 4,000m^2, 1,000acre = 약 400ha

전원도시협회

▮ 건축가 및 계획가 선정(언윈, 파커)

1. 1899: 전원도시협회 결성
2. 1902: 전원도시개발회사 설립(자본금 2만 파운드)
3. 도시선정 기준 마련: 접근성(양호한 철도노선), 용수확보(원활한 용수 공급 및 배수), 평탄한 지형(400~6,000acre토지)
4. 1903: 레치워스 토지 매입
5. 제1기 전원도시회사 등록(30만파운드 자본금, 5% 배당금)

▮ 레치워스 전원도시 운영

1. 관리 경험 및 자금부족으로 변질되기 시작
2. 초기 2년 1,000명 이주, 이상주의자와 예술적인 중산층
3. 오랫동안 주택, 상점, 공장, 공공건물 건설 지연으로 불편

6) 전원도시 이념의 실천도시-레치워스(Letchworth: 1904)

1. 1904년, 레치워스(Letchworth) 전원도시를 건축도시 설계가인 언윈(Raymond Unwin)과 파커(B. Parker)에 의해 건설
2. 런던에서 54km 떨어진 지역인 레치워스는 계획인구 3만 5,000명에 약 3,800에이커의 부지에 조성

3. 산업과 주거가 통합되고 철도를 중심으로 산업시설이 입지하게 되고, 시민회관과 상가를 중심으로 도시가 형성됨
4. 레치워스(Letchworth)계획에서 언윈－파커는 르네상스와 바로크 스타일을 혼합해 광장과 가로를 설계하여 배치
5. 민간주도하에 이루어진 혁신적 계획이며 현대 영국 도시계획의 중요한 초석을 다져놓았음
6. 1920년에 두 번째의 전원도시인 웰윈(Welwyn)이 런던 북쪽 36km 지점에 건설됨

레치 워스(Letchworth), educalingo

7) 전원도시의 영향

1. 전원도시풍의 레치워스는 전세계 도시계획 패러다임에 커다란 영향을 미침
2. 하워드의 이러한 전원도시계획안은 20세기에 접어들면서 세계 여러 나라의 근대적 도시계획사조에 광범위한 영향을 미침
3. 전원도시 계획철학이 세계의 위성도시 및 신도시의 개발에 방향타를 제공

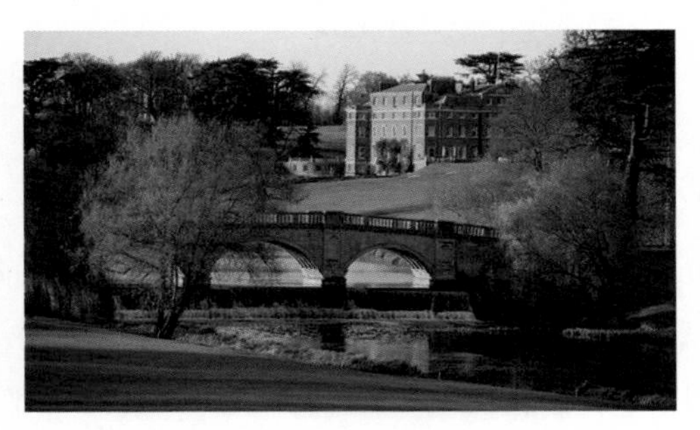
웰윈(Welwyn), educalingo

23 페리(C. A. Perry)의 근린주구(Neighborhood Unit Formular: 1929)

C.A. Perry

근린지구 제안 당시의 미국 도시의 모습, Miseoldang Design Lab

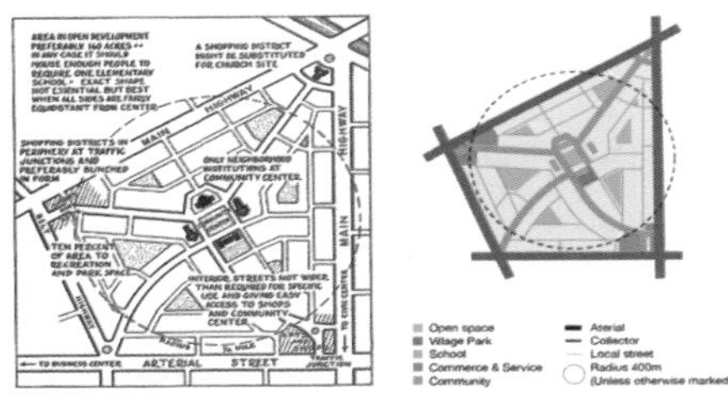

페리의 근린주구 이론의 모델, Miseoldang Design Lab

1) 근린주구 이론의 탄생배경

1. 근린주구 이론은 근대 도시계획이 본격적으로 태동하던 시기에 '자동차로부터 우리 동네를 보호하자'라는 인식이 나타나면서 탄생
2. 대도시 팽창을 억제하기 위하여 미국의 대도시 주변에 계획적으로 배치한 소도시를 건설하는 시대
3. 도시화로 전통적 도시인 타운(Town)의 생활 스타일(Life Style)이 급속히 상실됨
4. 도시근교에 교외주택단지를 기반으로 중산층이 미국적 커뮤니티 재건을 주창하던 시기

2) 근린주구의 정의

1. 1929년 C.A. Perry가 초등학교를 중심으로 인구와 면적 단위를 기반으로 근린주구이론을 제안
2. 근린주구이론은 커뮤니티라는 공동체 이념을 실천할 수 있는 물리적 규모의 주택단지계획 이론임
3. 근린주구란 어린 아동들이 위험한 큰 도로를 건너지 않고서 멀지 않은 곳에 있는 초등학교에 통학할 수 있는 단지규모의 물리적 주거생활 환경을 의미
4. 근린주구란 생활의 편리성과 쾌적성, 주민들 간의 사회적 교류 등을 도모할 수 있도록 조성된 물리적 환경

3) 페리의 근린주구이론 설계원리

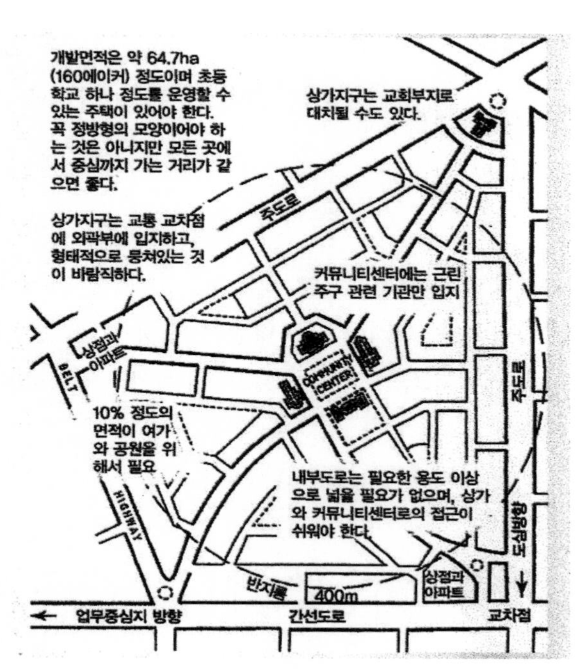

페리(Perry)의 근린지구단위계획, Leccesse and McComick, 2000

1. 규모: 초등학교 1개소가 구성되는 면적과 인구밀도
2. 주구의 경계: 주위를 간선도로로 둘러싸고 통과교통을 배제. 차량을 우회시킬 수 있는 충분한 폭원의 간선도로 확보
3. 오픈 스페이스: 주민의 욕구를 충족시킬 수 있도록 소공원과 Recreation 용지를 체계화
4. 공공시설: 학교 및 공공시설은 지구중심에 배치
5. 상업시설: 1개소 이상의 상점지구를 주구 내 교차지점에 배치하고 인접 상점지구와 연계
6. 내부 가로 체계: 가로망은 순환교통을 촉진하고, 통과교통은 배제하면서 지구내 교통을 용이하게 함

4) 근린주구 이론의 특징

(1) 물적계획 측면의 특징

1. 첫째, 친밀한 사회적 교류가 어린이들 간의 친근감을 통하여 시작된다는 전제하에서 초등학교를 일상생활권의 단위로 하고 초등학교를 근린생활의 중심으로 설정
2. 둘째, 통과교통이 주구내부로 진입하지 않고 주구외곽으로 우회하도록 내부는 쿨데삭으로 계획하고 외곽부는 충분한 폭원의 간선도로로 계획. 주구내부는 차량동선과 보행동선의 조화를 유도
3. 셋째, 오픈스페이스와 소공원 등 녹지면적을 확보토록 하여 환경보전을 도모
4. 넷째, 주구면적이나 주구내부의 최대거리에 대한 계획기준이 보행권이라는 측면에서 인간중심의 계획임

(2) 사회계획적 측면의 특징

1. 첫째, 커뮤니티센터를 통하여 사회적 교류를 촉진시키고 공동체 의식의 회복을 시도
2. 둘째, 인간의 일차적 교류를 촉진하는 주구계획을 통하여 익명성과

유동성으로 인한 도시사회문제를 해결하려는 시도

3. 셋째, 커뮤니티 구성원 간의 교류를 통하여 자연스럽게 마을에 대한 주민의 관심을 끌어내고 적극적인 정치 참여를 유도하여 풀뿌리 민주주의의 기반을 마련함

5) 근린주구 이론에 대한 비판

1. 근린생활권의 적정규모에 대한 논란
2. 자족 생활권의 형성 가능성에 대한 회의적 시간
3. 학교라는 근린생활권의 구심점에 대한 부정적 견해
4. 근린주구가 오히려 계층간·인종 간 분리를 유도한다는 비판
5. 유기체적인 도시성장의 관점에서 신축성의 결여
6. 도시적 특성이나 문화적 차이, 다양한 사회활동의 무시
7. 폐쇄적이고 배타적인 공동체
8. 전통적 가로 기능의 축소
9. 경관의 훼손을 초래할 우려

▌페리의 근린주구 주요계획 원리

목표	주요 내용
커뮤니티형성을 위한 요소	교통유형 및 강도, 생활편의시설의 서비스 제공 수준, 주택유형 및 주거밀도, 거주기간, 직장과의 거리, 자녀수
주요계획 원리	• 규모: 초등학교 1개소가 구성되는 면적과 인구밀도 • 경계: 주위를 간선도로로 둘러싸고 통과교통을 배제 • 공지: 소공원과 Recreation 용지를 체계화 • 공공용지: 학교 및 공공시설은 지구중심에 일단으로 배치 • 지구점포: 1개소 이상의 상점지구를 교차지점에 배치하고 인접상점지구와 근접 • 내부가로체계: 가로망은 차량교통량을 억제하고, 내부는 쿨데삭으로 처리

6) 근린주구 이론의 영향

1. 서구에 비해 근대적 도시계획이 상대적으로 뒤늦게 시작된 아시아 도시에서 근린주구 이론이 폭넓게 적용됨

2. 1960년대부터 압축 성장과 도시화를 경험한 한국과 싱가포르에서 근린주구이론을 도입(잠실주공단지와 둔촌주거단지에 근린지구이론을 적용)
3. 한국은 1960대에서 현재까지 이어지는 신도시 계획에 근린주구의 사상과 원리를 활용함
4. 서울의 잠실 아파트 단지와 싱가포르의 Tampines는 페리의 근린주구이론의 설계원리들이 직접적으로 반영된 첫 사례로 간주됨

PART

02

포스트모더니즘 도시계획 · 도시설계 패러다임

01 토요티즘(Toyotism: 1970년대 이후)

1) 토요티즘이 생겨난 배경

1. 기존 포디즘에 의한 사고와 철학의 붕괴 시작
2. 대량생산 위주의 기존 자본주의에 대한 비판이 대두
3. 기존 포디즘적인 정치, 경제, 문화, 사회질서에 대한 대안적인 패러다임 추구
4. 포디즘의 약점에 대한 대응 모색

토요타 생산방식, 교보문고

토요타: 자동화와 JIT=원가절감과 품질개선, 온돌뉴스

2) 토요티즘의 정의

1. 근대를 풍미했던 포디즘(Fordism)이 지닌 문제와 한계에 대응하는 경영철학임
2. 토요타의 일과 경영에 대한 철학, 일하는 방식과 업무구조, 기업문화 등을 통틀어 지칭하는 조류 또는 패러다임
3. 네트워크 하청, JIT(적시생산체계)의 채택으로 유연성과 기업간 수평적 협업관계
4. 자동화, JIT(Just in time, 적기납기), 일인공 추구, 비용절감이라는 세 가지

기업 경영의 과제를 모두 해결하는 기업만이 살아남게 된다는 생산방식

5. 컨베이어 철거로 상징되는 토요타만의 경영방식
6. 인력과 설비 등의 생산능력을 필요한 만큼만 유지하면서도 효율을 극대화할 수 있도록 작업 정보를 긴밀하게 교환하는 협동적인 도요타의 생산 시스템
7. 포드의 대량생산방식으로부터 탈피하여 변화하는 환경에 적응하면서 소비자의 욕구를 만족시키며, 높은 질의 제품을 비교적 낮은 가격으로, 빠르게 반응할 수 있는 새로운 생산 방식의 'Lean' 생산 방식

토요타 생산방식, 조선비즈

02 포스트포디즘(Post-Fordism: 1970년대 이후)

1) 포스트포디즘의 배경

1. 소품종 대량생산의 포디즘의 획일성, 경직성, 중앙집권성은 70년대 오일쇼크로 인하여 위기 도래. 이러한 문제를 해결하고자 하는 과정에서 다품종 소량생산, 상황변화에 따른 유연한 생산체계(도요타의 lean system)로 변화하게 됨
2. 다양한 사회변화에 대응하여 탈조직화, 탈규제화, 인간성 회복을 추구한 사회, 경제, 행정적 운영 방식으로 전환됨

2) 포스트포디즘의 특징

1. 다품종 소량생산
2. 범위의 경제
3. 소비자의 욕구 만족
4. 색상과 재질에 따라 수십 종 생산
5. 소비자의 수요특성, 수요패턴의 변화를 생산전략에 포함시킴
6. 수평적 시스템 조직 구축과 팀·서클 중심의 작업편성·관리
7. 생산에 관한 의사결정을 고도로 분화시킴

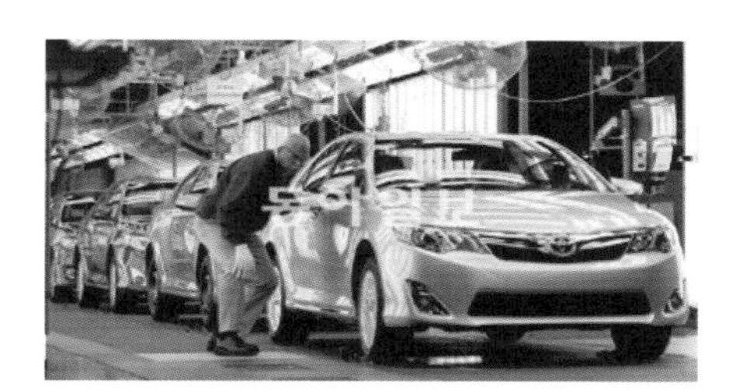

토요다 다품종 소량생산, 동아일보

3) 포스트포디즘의 국가, 지역, 도시에 영향

1. 유연적 전문화 시대 도래
2. 다극화된 생산입지와 신산업지구 등장

스마트 유연생산시스템, 인더스트리뉴스

3. 민영화, 탈규제화
4. 민관 파트너십 형성 및 중앙정부의 분권화
5. 컴퓨터, ICT기술, 소량생산, 탈규제
6. 분권화, 기업가적 국가
7. 소수 부유층과 다수 노동자간의 빈부격차
8. 집단교섭과 노조의 약화
9. 도시 및 지역 계획철학과 사고의 변화
10. 복합용도개발, 다양한 개발 형태, 민영화, 민·관 파트너십, 생산입지의 다극화, 균형발전, 시민 참여를 요구하는 사회적 분위기로 전환

▎포디즘과 포스트포디즘의 생산소비양식 비교

구분	포디즘	포스트포디즘
생산 · 소비 양식	규격화, 표준화를 통한 동질상품의 대량생산 · 소비	탈규격화, 차별화를 통한 다품종 소량 생산 · 소비
노동 과정	분업화, 전문화	다기능화(여러 가지 작업의 동시 수행)

▎포디즘과 포스트포디즘의 생산, 소비, 기업, 조직 비교

구분	포디즘	포스트포디즘
생산방식	규격화, 표준화, 소품종, 대량생산	탈규격화, 비표준화, 다품종, 소량생산
소비방식	한정 선택, 대량 소비	다양한 선택, 적정 소비
작업방식	분업화	협업화
기업운영	기능주의, 내부화	자율주의, 컨소시엄
조직체계	경직성, 획일성, 수직체계	유연성, 다양성, 수평적 협업(네트워크)
공간구조	교외화, 분산화, 도심 공동화	도시 재생, 다핵구조, 컴팩트시티
국가정책	국가 개입, 강력한 정부	민관협치, 민영화, 작은 정부
국정운영	중앙집중화, 하향식 체제	균형발전지향, 거버넌스, 수평식 체계

❙ 포디즘과 포스트포디즘 도시계획 특성 비교

구분	포디즘	포스트포디즘
도시계획	• 무계획적 도시 확산 • 종합적이고 장기적인 계획 • 대규모 에너지 소비형 도시 • 도로 건설, 주택 · 공장 위주 개발 • 경직적이고 획일적인 토지 이용 • 중앙집권적 하향식 계획	• 계획적, 체계적 도시개발, 계획신도시 • 단 · 중 · 장기의 단계별 도시계획 • 에너지절약적, 지속가능형 도시 • 스마트도시 설계요소 도입 • 복합용도, 환경친화적 도시계획 • 환경과 개발의 조화 • 민관협치, 수평적 계획 • 지속가능한 이동성 중심의 교통체계 • 도시마케팅
도시경제	• 대량생산적인 공업화에 의존 • 화석에너지의 무분별한 소비 • 규모의 경제를 지향 • 도시 중심의 집중화된 경제체계	• 3차 · 4차산업 위주의 산업구조 재편 • 사이버물리시스템의 확산 • 재생, 재활용, 절약 등 3R 체제 확산 • 초연결기반 도시경제 • 스마트도시 중심의 도시경제 • 플랫폼 경제, 온디멘드 경제, 이커머스 경제, 구독경제
도시자원 및 도시자산	• 자원의 고갈, 대량의 산업폐기물 발생 • 공공과 민간의 사회적 비용 지출	• 자연환경 보전 • 도시자산 보존 • 사회적 자산 확충 • 원인자 부담, 사회적 비용 감소 • 자본과 기술의 효율적 운용
도시공간 구조	• 무분별한 개발공간의 확장 • 획일적인 단핵도시 • 도시 중심의 공간구조 • 교외화, 분산화, 도심 공동화 • 도시 쇠퇴, 슬럼화, 개별 입지	• 초연결네트워크 도시공간 • 다핵, 다결절, 분산된 집중 • 도시재생, 여가공간 · 수변공간 개발 • 오픈 스페이스, 보행 중심 가로체계, 소규모 블럭 • 장소성 제고, 복합용도지구 • 대중교통중심(TOD) 개발 • 컴팩트 도시

▌포디즘과 포스트포디즘의 지향점, 가치, 설계요소

구분	모더니즘	포스트모더니즘
지향점, 가치	공동체 주의, 공간결정론에 근거한 유토피아주의, 계몽주의, 상징주의, 이성주의	탈이성적 사고, 복고주의, 해체, 분산화, 특수성, 다원성, 역동성
계획 및 설계요소	전면적 재개발, 대형블록, 격자형 가로체계, 토지이용, 패턴의 단순화	신전통주의, 혼합용도, 직주근접, 고밀개발, 대중교통과 보행중심, 환경중시, 역사적 보전, 커뮤니티계획(주민요구 청취 및 주민참여), 대중교통 중심 개발(TOD)
경관적 특성	기능주의도시, 대형주거단지, 관주도 도시경관창출	다양성, 절충주의, 복고주의, 문화보존 및 활용

03 포스트모더니즘 건축

(Post-Modernism Architecture: 1960~2000년대)

1) 포스트모더니즘의 사조

1. 모더니즘은 근대에 오면서 봉건적 사고에서 벗어나 이성과 합리성, 효율성을 중시하는 사고
2. 모더니즘은 예술과 철학, 과학, 건축 등에 영향을 미친 시대정신
3. 20세기 초 등장한 모더니즘 건축은 장식을 배제한 기계 미학과 기능주의로 근대사회의 이상향을 구현하고자 시도
4. 모더니즘은 근대주의라고 말하며 1920년대에 일어난 운동 → 포스트모더니즘은 1960년대에 일어난 운동
5. 포스트모더니즘은 모더니즘의 이성중심주의에 반대
6. 포스트모더니즘은 효율성을 우선 시 한 시스템과 집단주의에 반대
7. 포스트모더니즘은 개별성과 자율성을 중시
8. 포스트모더니즘은 규칙이나 제도 같은 질서에 얽매이는 것을 거부
9. 현대미술 작품 → 포트모더니즘에 속함 → "현대미술 작품을 보면 이해하기 힘들다"와 같은 맥락

2) 포스트모더니즘 건축이란?

1. 1950년대 말, 근대건축운동의 핵심적 추진체였던 C.I.A.M이 붕괴한 후 현대건축의 사조는 다양하게 전개됨
2. 포스트모더니즘 건축은 1960~2000년대 사이에 발생한 탈이성, 해체, 분산, 다원성, 역동성 사조
3. 현대의 기술과 함께 건축을 획기적으로 발전시킴으로써 새로운 하이테크 미학을 창조하려는 사조(젠크스)
4. 탈근대주의(Post-modernism): 근대건축이 간과하여 온 형태의미론적 측면과 지역문화와의 연속성 등을 녹여서 역사와 전통을 참조하여 새로운 방향을 모색하는 사조(젠크스)
5. 근대건축이 추구한 단순성과 순수성의 허구를 지적하면서 "역사성과 문화가 반영된 복합성과 다양성을 내포한 건축이 새로운 시대의 건축이 되어야 한다"는 로버트 벤추리(Robert Venturi) → 포스트모던 건축가들에게 이론적·사상적 준거를 제공

포스트모더니즘의 상징, 로버트 밴투리 & 데니스 브라운 어머니의 집(Vanna Venturi House), wikimedia

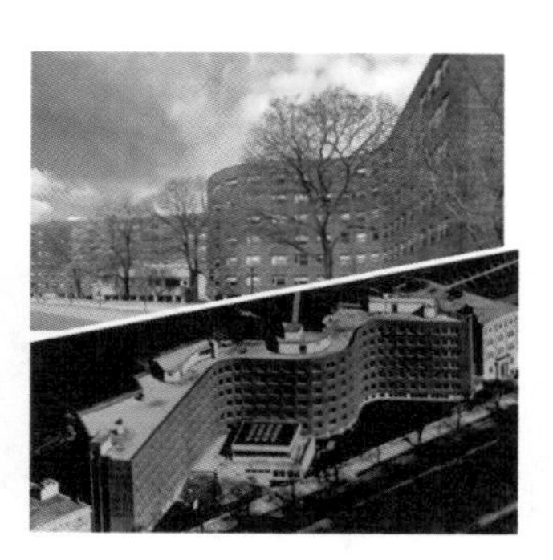

알바 알토, MIT기숙사 베이커 하우스(1947~1948), danggan

3) 포스트모더니즘 건축을 이끈 양식

1. 60년대부터 이미 미국과 유럽에서는 모더니즘의 획일성과 비인간성을 비판하고 → 도시공간의 다의성 회복과 역사적 문맥으로의 회귀를 주장하는 경향이 등장
2. 이념과 이분법적 사고에서 탈피하여 분산, 특수성, 다원성, 역동성을 추구
3. 모더니즘 건축에서 탈피한 절충주의 및 복고주의 건축양식을 추구
4. 해체주의나 브루탈리즘 같은 모더니즘 이후 탄생한 다양한 양식을 포함
5. 필립 존슨, 로버트 벤추리 등의 건축가들의 양식(Style)이 포스트모더니즘 건축에 영향
6. 포스트모더니즘은 투명성에서 불투명성으로 → 유동적 공간에서 정적인 공간으로 → 비대칭에서 대칭으로 → 불분명한 입구처리에서 분명한 입구처리로 → 중심성의 부정에서 중심성의 회복 등으로 그 관심의 초점이 변화
7. 역사성의 회복, 즉 단절된 역사를 회복하고, 역사를 총체적으로 파악하면서 문화의 다양성과 각각의 문화가 지니는 독자성을 새롭게 인식하고 수용함

550Madison Avenue Philip Johnson, ko.wilidepia.org

포스트모더니즘건축 속의 신현실주의와 신합리주의

1. 건축의 포스트모더니즘은 로버트 벤추리, 찰스 무어(Charles W. Moore), 마이클 그레이브스(Michael Graves) 등 대중문화를 반영하는 대중주의(Populism) 건축을 시도하는 미국의 신현실주의(Neo-Realism)로 볼 수 있음
2. 알도 로시(Aldo Rossi), 레온 크리어(Leon Krier)처럼 기존 도시에서 건축 유형(typology)을 추출해 건축에 적용함으로써 기존 도시의 맥락(context)을 중시하는 신합리주의(Neo-Rationalism)를 주축으로 전개

Portland Building by M. Graves 1892, mblog.naver.com

파운드베리 poundbury 뉴타운을 둘러보는 찰스왕자와 리온 크리어

corner houses by rob krier, blog.naver.com

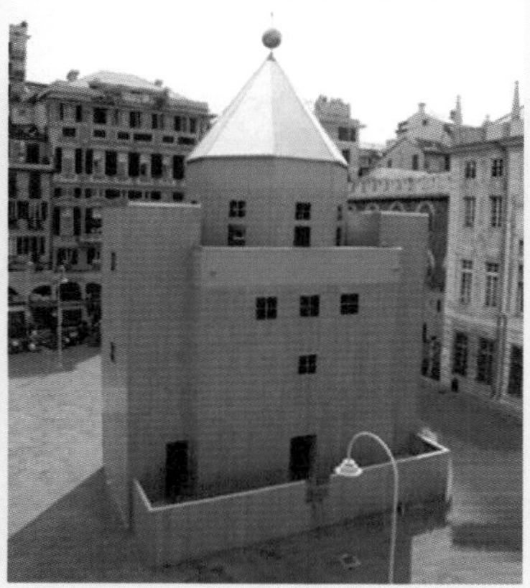

알도 로시, 베니스의 세계극장, blog.daum.net

제이콥스(Jane Jacobs)

1. 미국에서 근대의 기능주의적 도시계획의 문제점을 처음으로 비판한 도시비평가
2. 그는 『위대한 미국 대도시의 죽음』(61년)에서 엄격한 용도구역제를 실시하고 차와 보행자의 동선을 분리하는 거대한 블록 위주의 근대적 도심재개발 방식을 정면으로 비판하며 생명력 있는 장소로서 다양한 기능이 혼합된 작은 블록과 가로의 중요성을 역설

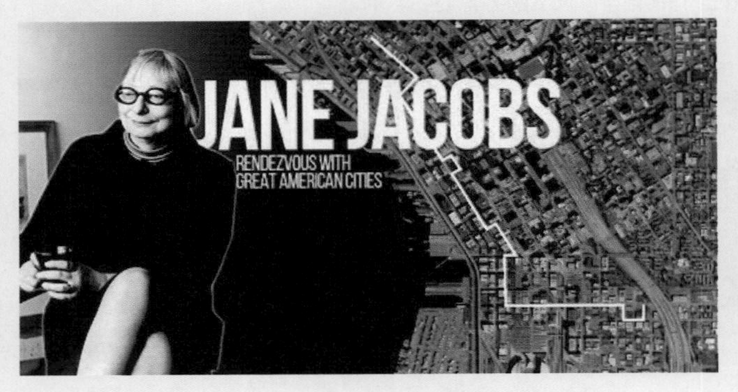

도시사상가 제이콥스(Jane Jacobs), chedulife.com.au

4) 포스트모던의 디자인의 경향

(1) 역사주의적(Historism) 경향

1. 모더니스트: 유토피아의 공상가 → 과거의 것을 완전히 떠나 새로운 세계를 창조하고자 노력 → 역사적 연속을 외면 → 물리적 조건이나 자신의 감각적 근원 이외의 것을 찾지 않음
2. 포스트모더니니스트: 역사의 연속성 → 여러 세대의 생명으로 이어지는 연속이라는 관점에서 건축사를 인식 → 현대는 과거의 필연적 산물 → 건축은 역사와 문화가 반영된 실체라는 견해 → 과거에 대한 명백한 창조물의 포용 → 그 이전의 건축물들로부터 모티브들을 결합(찰스 무어, 로버트 벤츄리) → 역사적 맥락을 만들어 옴

(2) 토속적(Vernacularism) 경향

1. 현대건축의 가장 큰 결핍: 장소성의 상실을 극복하고자 하는 노력
2. 인간 환경을 의도적으로 정주환경 속에서 회복시키고자 하는 반성
3. 지세나 그 지역의 풍부한 재료 등을 이용하는 건축(알바 알토, 요른 웃존, 제임스 스털링)
4. 지역의 토착적 이미지와 전통적 요소를 바탕으로 이미지의 연상기억을 통해 → 건축의 상징성을 지역적 콘텍스트에 대응 → 풍요롭게 만듦

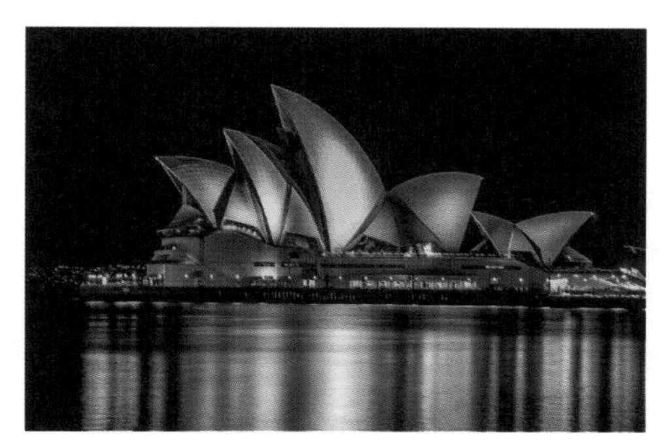

요른 웃존 시드니 오페라하우스, brunch

(3) 맥락주의적(Contextualism) 경향

1. 환경 요소의 조화는 시각적인 측면과 역사적, 지역적 맥락을 중시하는 견해
2. 주변(surrounding)과의 맥락 관계 유지
3. 장소성의 강조 → 지역적 주위 환경의 맥락과 일치함 → 디자인이란 부분적으로 문화적 동화 과정이며 건축은 그 산물 → 물리적 측면의 포괄적 내용을 함축한 개념
4. 장식은 죄악이 아님

(4) 상징성(Symbolism) 경향

1. 예술은 상징적 언어 → 건축을 조형 예술로 인정 → 상징성은 건축의 의미를 전달하는 생명체
2. 근대건축: 기능주의에 매달려 미학적 사색을 거부하고 실용적 측면에 사로잡혀 단순한 형태로만 접근하는 오류를 범했음

4) 포스트 모더니즘 건축의 한계

1. 새로운 건축이 가야 할 방향성, 이론, 미학을 명시적으로 제시하지 못함
2. 역사적 형태를 참조하는 양상이 꼴라쥬의 상태에 머물러 있기 때문에 미학적 원리에 의한 통합적 상태에 도달하지 못함

파리 퐁피두 센터, doopedia.co.kr

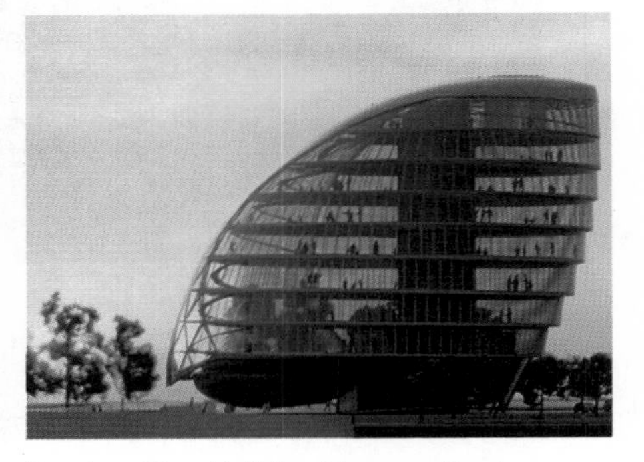

London City Hall by Norman Foster, m.blog.yes24.com

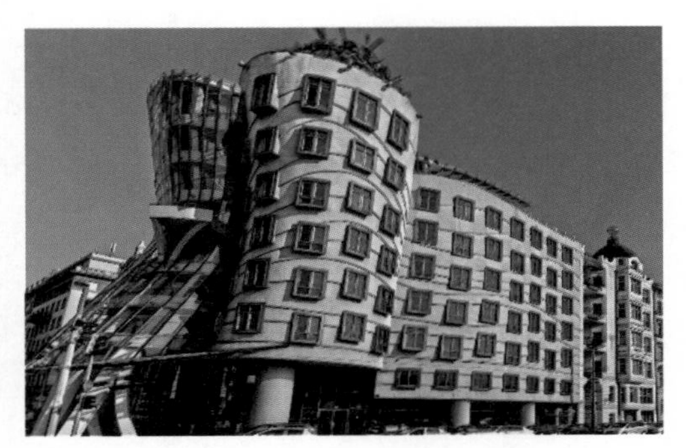

Dancing Building in Praha by Frank Gary -Post-Modern style, HiSoUR

04 포스트모더니즘 도시

1) 모더니즘 도시계획과 도시공간 설계의 특성과 비판

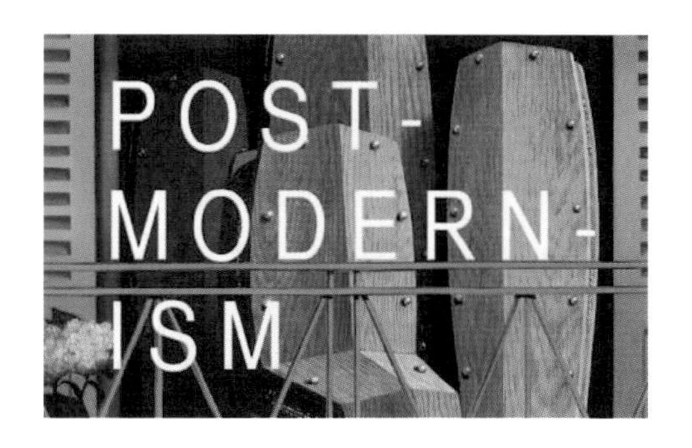

(1) 모더니즘 도시공간 설계의 원칙과 특성

1. 모더니스트들은 역사주의에 반하고, 당대 시대에 적합한 것을 추구
2. 따라서 수복, 개량, 부분적인 개발보다는 전면적인 재개발을 통해 물리적인 환경을 개선해야 한다고 주장했고, 수단(전략)으로 철거형 재개발이 모더니스트의 특징
3. 과거를 미래에 대한 장애물로 여겼고 연속성보다는 상이함을 강조
4. 공업도시의 물리적 환경 개선을 위해 건물의 채광, 통풍, 환기시키고 오픈스페이스로의 접근성을 향상. 건물을 분산시켜 태양을 향하도록 했고, 통풍이 잘 되도록 고층화 배치
5. 공업도시의 생활 및 거주 환경 개선을 위해 토지이용의 용도를 구분. 이는 주거지와 산업지를 분리해서 혼잡을 줄이고, 도시의 효율성을 확보
6. 토지이용이 상이한 지역 사이에는 그린벨트를 설치했고, 다른 용도 간의 이동은 새로운 교통수단을 활용하는 것을 원칙으로 함
7. 기존의 도시는 자동차와 같은 기계화된 교통수단을 수용하기에 취약하기 때문에, 신 교통수단을 중심으로 도시의 대대적인 개조가 필요. 보차분리와 자동차의 속도를 저하시키는 골목과 좁은 도로를 없애야

함을 강조

8. 건축설계에 있어서는 외부공간보다 내부공간을 우선 시. 건물이 하나의 오브제로 인식됨을 고려하여 설계해야 한다고 주장

(2) 모더니즘 도시개발의 결과에 대한 대응과 비판

가. 참여와 개입

1. 모더니즘에서는 건축주나 시민들과의 대화가 부족했음.
2. 월터 그로피우스도 건물 사용자들과 대화를 나누는 것은 바람직하지 않다고 생각 → 이와 대조적으로 사용자와 지역사회에 의견을 묻는 일의 가치를 옹호하는 주장이 대두.
3. 시민을 위한다는 명분만 있었지, 시민과 함께하거나 시민에 의해서 이루어지는 방식의 참여는 아니었음

나. 보존

1. 1960년대 말에 이르러 모더니즘 환경에 대한 비판과 회의가 늘면서 전통적 환경이 시민의 삶과 거리활동을 더 잘 수용하고 지원할 수 있으리라는 인식의 확산
2. 1960년대와 1970년대 초반에 걸쳐 유럽 전역과 미국에서 역사지구를 보호하려는 여러 정책이 도입. 보존은 도시계획의 중요한 일부로 자리매김.
3. 이에 따라 도시환경과 자연생태계에 대한 관심이 고조되었고 → 장소와 역사의 고유성을 존중하고 지역의 공간적 패턴과 유형의 연속성을 살려나가려는 움직임이 일어남
4. 이러한 시대적 추세는 모더니즘이 추구하는 국제주의와는 상반된 입장

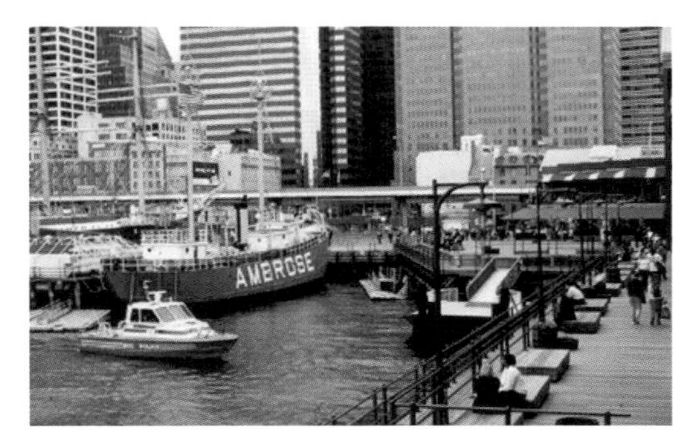

포스트모던 수변공간 포스트모던도시, 라펜트 매거진

다. 혼합 용도(Mixed Use)

1. 포스트모던 시기에 꾸준히 상승한 지가는 수익이 낮은 용도를 배척할 수밖에 없으며 → 이런 토지이용 논리에 따라 고층건물 중심의 도시 중심부는 자동차가 지배하게 되고, 거리의 활력도 저하됨. 도심부가 점점 더 황량해지는 것은 → 단일기능의 대규모 오피스블록을 조성한 결과임
2. 전통적인 가로활동을 대부분 건물 내부로 끌어들이는 쇼핑몰을 건설하는 것도 거리활성화가 일어나지 않는 이유임

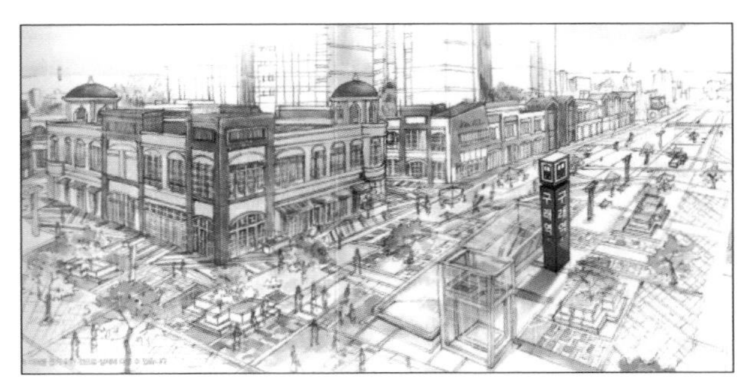

역세권의 복합개발

라. 도시형태

1. 도시설계에 있어 형태론적 접근방식을 주장하는 도시설계학자들에 의해 연구발표됨. 형태론적 방법론은 전통적인 공간형태와 유형에 기반을 둠 → 이는 과거와의 단절보다는 연속성을 강조
2. 모더니즘은 건축과 도시설계분야에서 세계적인 거장들을 배출하는 토양을 제공함. 그러나 걷고 싶은 거리와 쾌적하고 활력이 넘치는 도시를 만드는 일에는 실패. 도시공간구조, 도시형태, 인간중심도시 측면에서 모더니즘 이전의 시대가 비교우위에 있다는 인식이 자리 잡게 됨

마. 건축

1. 모더니즘 건축에 대한 비평, 또는 산업화된 생산방식과 건설공법에 대한 환상에서의 깨달음과 성찰이 일어남. 로버트 밴추리는 국제주의 건축양식과 건축적 모더니즘이 표방하는 순수주의, 최소주의 및 엘리트주의의 독단에 회의감을 나타냄
2. 그는 건조환경에는 장식적이고 맥락적인 속성이 내재해 있음을 인식하고 건축양식의 다양성을 받아들이자고 주장

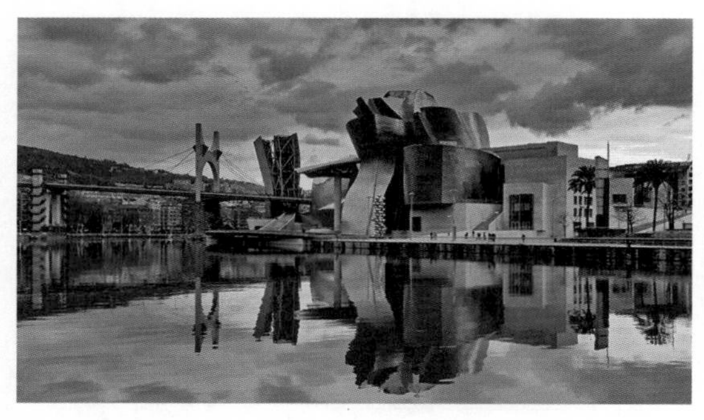

Gugengeim Museum in Bibio, m.blog.naver.com

바. 사람을 위한 도시

1. "르 코르뷔지에의 상징적인 비전인 공원 속의 타워는 미국 도시에서 주차장 속의 타워로 변질되었다."라는 비평에 직면함. 유럽의 도시들도 도로건설 등으로 인해 생활권 단절과 무질서한 교외화를 경험 → 인본주의 도시를 만들자는 반성과 성찰이 일어남.
2. 자동차만을 지나치게 강조하는 근대주의 사고에서 벗어나 보행자에 대한 관심 대두 → 보행자가 중심이 되는 환경과 다양한 교통수단(자전거, 대중교통 등)의 이용을 촉진하는 환경조성의 필요성 대두

서울역 고가공원

2) 포스트모더니즘의 사조

1. 모더니즘은 근대주의라고 말하며 1920년대에 일어난 운동 → 포스트모더니즘은 1960년대 일어난 운동
2. 모더니즘은 근대에 오면서 봉건적 사고에서 벗어나 이성과 합리성, 효율성을 중시하는 사고
3. 모더니즘은 예술과 철학, 과학, 건축 등에 영향을 미친 시대정신
4. 20세기 초 등장한 모더니즘 도시는 기능주의적 도시설계와 대량생산 기반의 도시로 자리매김

5. 포스트모더니즘은 모더니즘의 이성중심주의에 반대급부로 태어남
6. 해체, 분산화, 다원성, 개별성, 자율성을 중시

3) 포스트모더니즘 도시계획 특성

(1) 도시계획

1. 기업가주의적 도시행정
2. 국제자본유치
3. 관민 파트너십의 강화
4. 시민참여형 도시행정체계
5. 상향식(버텀업) 의사결정
6. 부분적 · 단기적 · 국지적 계획
7. 복합용도, 환경친화적 도시계획
8. 지속가능한 이동성(Mobility) 중심의 도시계획
9. 스마트도시계획
10. 마을만들기 계획
11. 인본주의 도시계획
12. 메타버스 도시계획
13. 도시마케팅

(2) 도시구조

1. 다핵도시
2. 다결절점 도시
3. 사이버물리시스템 위주의 공간구조 형성
4. 도시재생
5. 컴팩트도시
6. 초연결도시
7. 대중교통 중심개발(TOD) 기반으로 역세권 공간 개편

(3) 경관

1. 절충주의적 건축양식
2. 다양한 도시경관 창출
3. 문화유산의 보존 및 활용
4. 복고주의적 건축 및 도시설계
5. 장소 만들기
6. 장소마케팅

(4) 문화와 사회

1. 생활양식의 다양화
2. 플랫폼기반 예술문화 서비스
3. 도시예술문화서비스와 시설에 대한 욕구 증대
4. 스마트도시문화 형성
5. 커뮤니티 중심의 문화형성
6. 장소성 부각

(5) 도시경제

1. 서비스부문 도시경제기반 형성
2. 4차산업 위주의 산업구조 개편
3. 초연결네트워크 기반 도시경제체계
4. 세계도시(글로벌도시)로서 세계경제를 조정(뉴욕, 동경, 런던, 서울 등)
5. 디지털경제로 전환(플랫폼 경제, 이커머스, 온디멘드 경제 등)
6. 스마트도시 기반의 도시경제

4) 포스트모더니즘 도시계획 철학

1. 개발중심의 개발 → 지속가능한 개발
2. 물리적 계획 중심 → 인간 중심 계획
3. 하향식(Top–down) → 상향식(Bottom up)

4. 생산기반 중시 → 생활환경 중시
5. 단일용도 개발 → 복합개발
6. 도시 중심의 도시설계 → 마을 중심의 장소성 부각
7. 대량생산에 의한 도시설계 → 다양하고 복고주의적 도시설계
8. 관 주도 도시경관 창출 → 다양성, 절충주의, 복고주의, 문화보존 및 활용

제이콥스(Jacobs)의 포스트모던 도시철학

1. 제이콥스는 도시와 거리에 있어서 포스트모더니즘 정신을 일깨워준 인물
2. 그는 "도시의 진정한 가치는 다양성 있는 건물군, 걷고 싶은 거리, 안전하고 재미있는 거리, 살고 싶은 장소에 있다"면서 기존의 모더니즘 도시계획의 원칙으로부터의 탈피를 주장
3. 그는 시민들이 도시를 인식하는 틀을 전환시켜줌
4. 시민주도의 도시개발과 환경운동의 철학적 배경을 제공
5. 그의 사상은 후에 '도시마을(Urban Village)'과 '뉴어바니즘(New Urbanism)'이란 포스트모던적 도시계획사조에 불씨를 제공하는 계기

5) 뉴어바니즘의 탄생

1. 포스트모던 도시계획의 흐름 속에서 나타난 '도시마을(Urban Village)'이나 '뉴어바니즘(New Urbanism)' 설계원칙에서는 복합화를 통해 밀도를 올리고 오픈스페이스를 확보
2. 장소성을 살리며 커뮤니티 의식을 제고
3. 다양성과 지속가능성의 계획철학

6) 계획이론(Planning Theory)

1. 포스트모던 계획이론은 기존의 모더니즘 도시계획에 대한 반발에서 일어난 대안적 계획이론의 성격
2. 기존의 종합적, 합리적 계획이 지닌 일방적, 하향적 계획과정의 한계를 느낀 계획이론가들 → 다원주의에 입각한 옹호계획, 교환거래이론, 의사

소통적 계획, 협력적 계획, 공정(정의)계획 등을 탄생시킴

3. 모더니즘의 기조로 작용했던 도구적 합리성은 경직성, 일원성, 몰가치성, 종합성, 일방성으로 인해 현대도시계획의 문제해결에는 한계에 봉착

05 도시계획 헌장

1. 헌장이란 한 사회나 집단이 지향해야 하는 가치 또는 규범
2. 글로벌적 준거나 규범으로서의 격을 갖춘 도시계획헌장은 아테네 헌장, 마추픽추 헌장, 메가리드 헌장임(최병선, 2001)

5.1 아테네 헌장(Athens Chapter, 1933)

The CIAM towards Athens, The Journal of Urbanism

1) 목표

1. 19세기 말과 20세기 초반을 거치면서 산업화와 도시화과정으로 황폐화된 도시환경을 치유
2. 1930년대의 도시문제와 도시공간구조를 토대로 작성
3. 토지이용의 기능분리라든가 도로확장 등을 강조

2) 원칙

The Athens Charter 1933

- The Athens charter of 1933 is adopted at the First International Congress of architects and Technicians of Historic Monuments, which took place in Athens in 1931, which was the first attempt preserving and restoring historical monuments
- This charter sets the basis towards a general framework to protect the historical and cultural heritage in the international community
- Cultural and Historical Heritage has to be preserved even when it stood in the way of development

Athens Chapter, SlidePlayer

❙ 아테네 현장의 기본원칙

환경과의 관계	주변도시와의 관계
• 물리적 환경의 중요성 • 자연보전 • 녹지확보(고층화를 통한) • 고층화를 통한 녹지 · 일조 확보	• 도시와 주변지역 관리 (도시를 지역의 일부로 간주) • 도 · 농 통합계획 수립 촉구 • 타 계획과 연계
기술	**주거 및 커뮤니티**
• 기존 도시체제가 기술발전에 적응하지 못함을 비판 • 기술의 최대한 활용 촉구 • 기능분리 • 휴먼스케일 강조	• 쾌적한 입지에 위치 (지형, 기후, 밀도, 녹지, 공중위생 감안) • 밀도 통제(주거유형별) • 직주근접 • 고층화를 통한 공공시설 확보
교통	**제도 및 주민참여**
• 보차분리/교차로 입체화 • 도로확장 및 특성에 따른 도로 구분 (도로기능 구분 기법 도입) • 과학적 교통계획 설계의 필요성 강조	• 가치 있는 건축물 보전 • 공익은 사익에 우선 • 전문가에 의한 과학적 도시계획 • 도시계획제도 확립 추구

5.2 마추픽추 헌장(Machu Picchu Capter, 1977)

페루 마추픽추 역사보호지구

1) 목표

1. 자연환경과의 조화를 도시계획의 목표로 내세우면서 생태와 에너지의 중요성을 부각
2. 1970년대에 발표되어 이전의 아테네 헌장보다 계획의 중요성을 강조하고 주민참여와 다양한 도시기능간 통합을 주장하는 등 계획과정에 역점
3. 교통수단 간의 연계강화와 도시계획 시에 계층 간 혼합 장려

2) 원칙

▌마추픽추 헌장의 주요 원칙

환경과의 관계	주변도시와의 관계
• 자연환경과의 조화(생태, 에너지) • 삶의 질과 자연과의 조화 → 교통수단간 연계강화	• 도시와 주변지역 일체적 · 계획적 관리 • 국토 · 지역 · 도시 · 지구계획의 연계
기술	**주거 및 커뮤니티**
• 기술발전의 영향 및 기대 • 기술의 양면성과 이성적 활용의 필요성 강조	• 공동체 조성 • 계층 간 공존 → 다양한 기능 간 통합 • 커뮤니티 및 주거단지계획에 있어 계층 간 분리 지양

교통	제도 및 주민참여
• 대중교통계획수립/대중교통 우선 • 도로확장 비판	• 사용자 중심의 건축 • 계획과정에 모든 관련자 참여 • 주민 커뮤니케이션 • 제도적 장치 강구(토지의 공적 사용을 위함)
계획 및 방안	**보전**
• 환경오염문제 해결방안을 도시계획 측면에서 모색 • 인구집적지역에서의 오염대책 조치 강구 • 계획의 중요성 강조(실천 지향하는 동태적 과정임을 정치인들에게 인식)	• 문화적 대상 보호 · 보전 • 자원한계 내에서 도시성장관리 • 개별 건축물이 아닌 주변 공간 및 전체공간의 조화

5.3 메가리드 헌장(1994)

1) 목표

1. 정보화 · 환경친화 · 개방화 · 공생공존 등 탈산업사회의 도시가 지녀야 할 계획사상에 초점
2. 도시환경과 자연보호에 대한 개념을 더욱 강조하면서 도시활력과 삶의 질 향상에 무게
3. 시민과 정부의 쌍방향 대화의 필요성을 부각시키면서 도시개발과 관리는 정부와 시민의 공동임무임을 강조
4. 도시교통은 자동차보다는 대중교통중심체계로 전환
5. 도시와 주변, 그리고 도시와 도시 간의 균형발전을 제안

2) 메가리드 헌장의 계획원칙

Ⅰ 메가리드 헌장의 핵심 계획원칙

환경과의 관계	주변도시와의 관계
• 도시환경과 자원보호 • 자연환경과 도시환경의 균형유지 • 자원의 존중	• 도시와 주변, 도시와 도시간 균형발전 • 도시주변의 교외지역으로의 확산 유도
기술	**주거 및 커뮤니티**
• 기술혁신, 정보통신의 활용(공간극복 가능 시사) • 도시 복잡성 관리를 위한 신기술개발 · 기술혁신	• 재화 · 용역 · 시설의 실수요에 따른 공급 • 건물은 시민의 물적 요구와 내적 세계 반영
교통	**제도 및 주민참여**
• 대중교통수단 중심체계 확립 • 공간적 이동의 대안적 방안 개발 • 개인의 자유와 집단의 특성 존중 • 보행 · 자전거에게 우선권 부여	• 시민과 정부의 양방향 대화 확대 • (민주적 참여) 모든 시민에게 역할 부여 · 상호공존 • 도시 조성 · 관리는 정부와 시민의 공동의무 • 정부의 도시개발 · 관리기능 강화 및 시민의 개인적 성장 지원
계획 및 방안	**심미적 부분 및 보전**
• 도시활력과 삶의 질 향상 • 도시계획 부문별 체계 및 복잡성 관리	• 지역성(개성 부여) • 장소의 의미와 개성 보유(미적 세계 반영) • 문화유산의 존중/복구의 문화 확립

5.4 뉴어바니즘 헌장(New Urbanism Chapter, 1996)

1) 뉴어바니즘 헌장의 목표

1. 신고전적 건축가 및 도시설계가들이 제2차 세계대전 이전의 건축양식과 도시설계 패턴으로 회귀하자는 기본정신 속에서 발표된 도시설계 원칙을 담은 헌장
2. 전체 27개조의 헌장으로 구성되어 있으며, 각 조의 사상을 배경으로 구체적인 설계기준과 계획원리를 제공

3. 역사적인 양식과 건축형태의 중시, 건축형태에 대한 관리 및 규제, 소규모 개발 선호, 대중교통중심개발, 커뮤니티의 공공성 중시 등 이전의 헌장들과 차별성을 지님

2) 뉴어바니즘 헌장의 설계원칙

뉴어바니즘의 대표적인 설계원칙

환경과의 관계	토지이용
• 녹지공간의 확충 • 삶의 질적 향상 • 도시 에너지 소비 절감	• 조밀한 밀도개발 • 복합용도개발(MXD) • 복합적이고 다양한 토지이용
교통	**제도 및 주민참여**
• 친환경 보행로 조성 • 대부분의 시설은 도보권 내에 위치 • 대중교통 지향형 개발(TOD) • 지역적 개발은 대중교통 중심의 압축개발	• '도시 가꾸기'에 주민 참여유도 • 주민활동지원(Social Mix 차원) • 지역공동체를 위한 거점 구축 • 다양한 사회계층, 연령층의 주민들과 공존
계획 및 방안	**미적 부분 및 보전**
• 생태계를 토대로 한 지속가능성의 고려 • 인간척도 지닌 근린주구 중심의 도시로 회귀	• 지역성 · 장소성 부각 • 역사적인 양식과 건축형태 중시 • 건축물 및 도시설계의 질적 향상

▌3개 주요 헌장의 계획원리 비교분석

	아테네 헌장(1933)	마추픽추 헌장(1977)	메가리드 헌장(1994)
목표	• 물리적 환경의 중요성 • 자연보전 • 녹지확보(고층화를 통한)	• 자연환경과의 조화(생태, 에너지)	• 도시환경과 자원보호 • 자연환경과 도시환경의 균형 유지
삶의 질	• 밀도 통제(주거유형별) • 직주근접	• 삶의 질과 자연과의 조화 • 공동체 조성 • 계층 간 공존	• 도시 활력과 삶의 질 향상 • 개인의 자유와 집단의 특성 존중 • 시민과 정부의 양방향 대화 확대 • 지역성(개성부여)
주변과의 관계	• 도시(도시를 지역의 일부로 간주)와 주변지역 관리 및 각 부문 균형발전 • 도 · 농 통합계획 수립촉구 • 타계획과 연계	• 도시와 주변지역 일체적 · 계획적 관리 • 국토 · 지역 · 도시 · 지구 계획의 연계	• 도시와 주변, 도시와 도시 간 균형발전 • 도시와 장소의 활력의 교외지역 확산 유도
척도	• 휴먼스케일 강조	• 사용자 중심의 건축 • 개별 건축물이 아닌 주변공간 및 전체공간의 조화	• 건물은 시민의 물적 요구와 내적 세계 반영
토지 이용 계획	• 고충화를 통한 공공시설 확보 • 기능분리 • 좋은 입지에 위치(지형, 기수, 밀도, 녹지, 공중위생 감안)	• 다양한 기능 간 통합 • 입지 · 계획에 있어 계층 간 분리 지양	
교통 계획 · 보행권	• 도로확장 및 특성에 따른 도로기능 구분기법 도입 • 과학적 교통계획 설계의 필요성 강조 • 보차분리 / 교차로 입체화	• 교통수단간 연계강화 • 대중교통계획수립 / 대중교통 우선 • 도로확장 비판	• 대중교통수단 중심체계 확립 • 공간적 이동의 대안적 방안 개발 • 보행 · 자전거에게 우선권 부여
역사 문화 보전	• 가치 있는 건축물 보전 • 고충화를 통한 녹지 · 일조 확보	• 문화적 대상 보호 · 보전	• 장소의 의미와 개성 보유 (미적 세계 반영) • 문화유산의 존중 / 복구의 문화 확립

자료: 최병선, 도시계획헌장을 통해 본 계획사조의 변화, 대한국토도시계획학회지 '국토계획' 제36권 5호, 2001.

06 케빈 린치(Kevin Lynch, 1918~1984)의 도시의 이미지(Image of City)

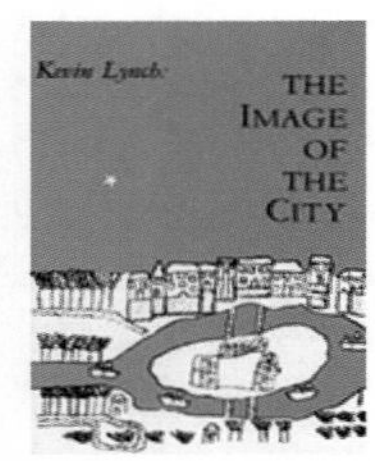

Kevin Lynch, Worldpress.com

1) 린치의 도시 이미지 배경

1. 린치에게 아름다운 도시란 쉽고 명료하게 읽을 수 있는 도시 즉, 도시 내 요소들이 마치 정확하게 분절된 언어처럼 쉽게 식별 가능하고, 그리고 그들이 구성하는 전체 패턴, 즉 환경적 이미지(environmental image)가 뚜렷하게 인지되는 것을 의미

5 Elements of City Image

2. 린치는 근대 도시 이론처럼 효율성이나 기능성보다는 시각적인 도시 이미지에 주안점을 둠
3. 'Image of City'에서는 도시를 도시계획가나 건축가가 아닌 이용자(시민, 방문객) 시각에서 도시를 바라봄

2) 린치의 도시 이미지 이론

1. 이용자(시민, 방문객)의 입장에서 도시경관을 바라보는 이론
2. 도시의 가시성과 이미지에 초점을 맞춤
3. "복잡다기한 도시에서 도시이미지 그 자체가 강한 상징임. 도시가 시각적으로 우수하게 디자인될 경우 그것은 강력한 표현의 의미를 가질 수 있음"(Lynch, 1960)
4. 도시의 이미지는 크게 세 가지 요소, 즉 정체성(identity), 구조(structure), 의미(meaning)로 구성: 뛰어난 도시 이미지는 먼저 독립된 실체로서 다른 것과는 뚜렷이 구별되는 오브제를 필요로 하고, 이어 그 오브제가 다른 것들과 연관되어 하나의 구조를 형성해야 하며, 마지막으로 이런 구조나 패턴이 관찰자에게 어떤 의미를 전달해야만 성립될 수 있음.
5. 쉽고 명확하게 읽을 수 있는 도시가 좋은 도시임

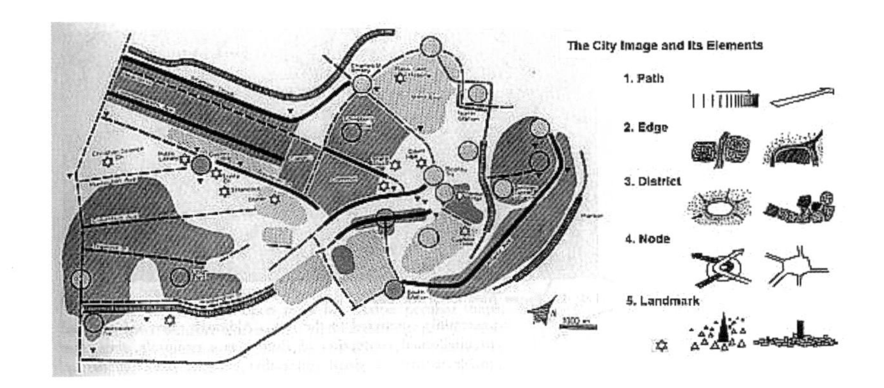

3) 도시이미지의 5가지 요소(이용자가 도시를 바라보는 이미지 요소)

(1) Path(통로)

1. 통로는 복잡한 도시 속에서 지구과 지구 사이의 동선 네트워크
2. 통로는 도시 전체에 질서를 부여하는 가장 강력한 수단
3. 건물의 파사드, 가로수, 바닥의 재질 등으로 개성있는 공간적 특징을 가짐
4. 통로가 개성이 없고 구분이 명확하지 않을 경우 도시 전체 이미지가 불분명해짐
5. 통로가 분명한 곳의 예시로 파리의 방사선 도로 → 파리는 방사선으로 도시가 구성되어 있는데 개선문에서 일직선상에 라데팡스의 개선문이 보임. 이런 구조는 도시를 명료하게 보이게 하는 요소로 작용

(2) Node(결절점)

1. 결절점은 관찰자가 진입할 수 있고, 그곳으로부터 출발할 수도 있는 중요한 지점
2. 결절점은 실제 사람들의 유동이 있고 특성이 강한 교차로가 될 수도

5 Elements of City Image

있고, 용도나 물리적 성격이 집중된 광장이 될 수도 있음

3. 로마의 중앙역은 사람들의 유동의 많고 플랫폼만 26개에 달하는 거대한 교차점이라고 할 수 있음. 하지만 가장 중요한 결절점은 용도나 성격이 집중된 지역이면서 교차로인 곳임. 예로는 영국의 트라팔가 광장이 결절점이 됨. 트라팔가 광장에는 기념탑이라는 랜드마크가 위치하고 있음. 따라서 이처럼 물리적인 형태와 특색을 지닐 때 결절점으로 기억하기 쉬움.

(3) Landmark(랜드마크)

1. 건물, 타워, 거대한 산 등 시각적으로 여러 각도에서 쉽게 인지될 수 있는 물리적 요소
2. 랜드마크는 외부에서 봤을 때 점적으로 기준이 되는 물체
3. 랜드마크의 핵심적인 물리적 성격으로는 고유성이 있음. 고유성으로 인해 기억하기 쉽고, 가운데 위치해 있어서 여러 장소에서 쉽게 알아볼 수 있고, 주변과 대비되는 속성을 지님
4. 고유성이 강한 랜드마크는 관찰자에게 중요한 요소로 인식되고, 가독성을 부여 → 랜드마크만 가지고도 위치파악이 가능하기 때문임

(4) District(지구)

1. 지구는 도시보다는 작지만 비교적 커다란 규모를 가진 공간으로 2차원적인 넓이를 가지고 있음
2. 일관된 특성을 가진 중규모 이상의 지구이며, 관찰자가 진입했다는 느낌을 갖는 경계에 의해 규정되는 구역을 의미
3. 지구의 특성이 불분명한 경우 그 지역에 익숙한 사람들에게만 지구로 인식되고 외부인들은 인식하지 못함 → 따라서 공간에 정체성을 부여하면 외부인이 인식할 수 있는 정도의 도시이미지를 만들 수 있음
4. 지구의 특성이 분명한 곳은 공간, 형태 및 토지이용 등에서 일관된 특성을 가지고 있음 → 예로는 북촌이나 가로수길

5. 관찰자는 심적으로 그 안으로 들어가 있으면서 지구마다 다른 고유의 공간적 질을 경험하게 됨

(5) Edge(경계)

1. 경계는 해안이나 철도에 의해 잘린 선, 지역과 지역이 만나는 곳 등 통로와는 다른 도시의 선형 요소
2. 때로는 통로가 경계인 경우도 있음. 주로 서로 다른 성격의 장소들이 접하는 지점이 경계임
3. 관찰자에 의해 통로로 사용되거나 공간과 공간을 구분짓는 선형의 요소를 의미함. 영역과 영역 간의 경계를 형성 또는 선적으로 구분짓는 기능
4. 공간을 하나로 묶어주는 역할을 하지만 다른 지역으로부터 차단해 버리는 장애물의 역할을 하기도 함. 강력한 경계는 시각적으로 눈에 띄고 연속된 형태이며, 통과 교통을 차단함
5. 경계가 분명한 곳은 도시를 강하게 인식하는 곳이라고도 할 수 있음. 예로는 서울의 한강을 들 수 있음. 한강은 서울의 강남과 강북을 물리적으로 구분하고 차단하는 역할

4) 린치의 도시 이미지 영향

1. 도시를 바라보는 패러다임을 근본적으로 바꿔 놓음
2. 이용자(시민)의 입자에서 도시를 하나의 텍스트로 읽는 방법을 알려줌
3. 도시 전체의 환경적 이미지를 뚜렷하게 인식하는 이론을 제안
4. 린치의 도시이미지 이론은 현대의 도시이론을 형성하는 데 매우 중요한 기반을 제공

07 알도 로시(Aldo Rossi: 1931~1997)의 도시의 건축(Architecture of the City)

Aldo Rossi, Datenbank

Aldo Rossi Citta Analoga Collage, 1977

1) 알도 로시의 철학과 이론

1. 언어학적 구조주의와 계몽주의적 예술 철학
2. 도시 지리학, 경제학, 그리고 마르크스주의 이론
3. 구조주의적 방법론과 마르크스주의 이론을 결합하고자 시도
4. 도시를 구성하고 있는 주요 건물들의 형태를 역사적으로 분류
5. 건축은 문명의 형성에 깊게 뿌리 박혀있는 영원하고, 보편적이며 절대적으로 필요한 인공물
6. 축조는 단지 도시 건물들의 물리적 구조와 형태만을 의미하는 것이 아님.
   →'축조'라는 것은 합리주의자들이 강조하는 이성에 근거한 행동

Aldo Rossi's Idea, www.pinterest.co.kr

7. 성벽도시(클로아티아 스플릿(Split))를 관찰한 결과 건축물의 형태는 시대에 따라 기능이 바뀌지 않고 오히려 건축물 형태에 맞추어 기능들이 따라가고 있음

2) 알로 도시의 도시관(도시를 보는 관점)

1. 역사성과 지역성을 갖고 있는 현대의 도시가 과거와의 연속성과 부분 간의 연계성 단절로 말미암아 심한 시각적 혼란과 특성 없는 장소로 변모됨을 지적 → 대안으로 '조화 이론'을 주장
2. 유형학의 개념을 받아들여 건축의 가장 기본적인 형태를 찾아 현대 건축에 도입 → 도시 내의 연속성과 연계성을 부여하고 도시계획 및 도시설계의 문제점을 건축적인 관점에서 해결 시도
3. '유추적 도시'란 역사적 단편들로 구성된 도시임. 역사적 단편으로부터 유추된 각각의 유형들이 유추적 도시를 형성하고 있다는 논리
4. 유형의 개념을 사용함으로써 양식적 특성과 같은 이상주의적 개념과는 달리 → 도시의 물리적 상태들 간의 연관성 속에서 건축을 표현하는 방법을 연구

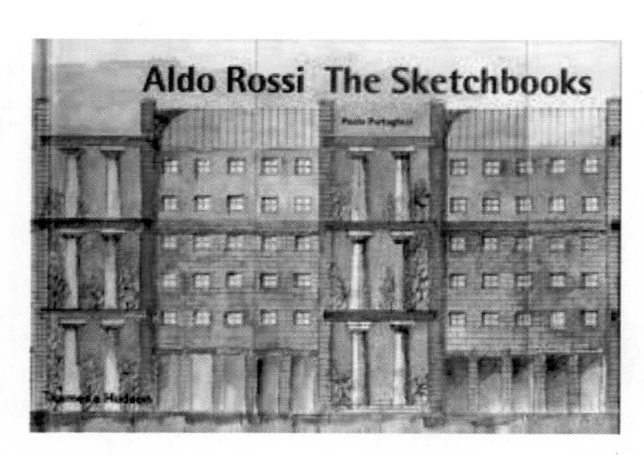

Aldo Rossi: the Sketchbook Pallant House Gallery, Bookshop

08 크리스토퍼 알렉산더(Christoper Alexander: 1936~)의 패턴 랭귀지(Pattern Language)

Christoper Alexander, 위키백과

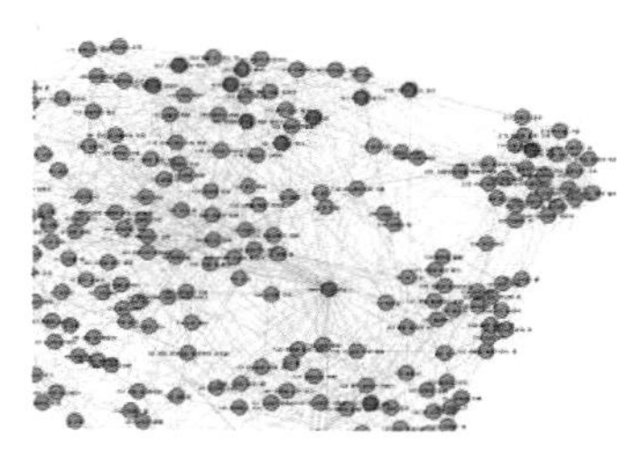

정성묵, 김문덕 연결망 분석도구를 이용한 알랙산더 패턴언어 활용가능성에 관한 연구, 2016

1) 알랙산더의 패턴 랭귀지 배경

1. 패턴은 세계 각국의 아름다운 도시 및 주거 공간에 공통적으로 적용되는 보편적인 것
2. 패턴은 급격한 도시화로 인한 현대 도시 계획이 진행되면서 점차 잊혀져 버린 것
3. 각각의 패턴은 현대 도시 계획의 발상과는 정반대의 속성을 갖고 있으며, 인간적 척도 요소가 중시됨
4. 바람직한 도시 전체를 한 번에 설계 및 건설하는 것은 불가능하지만, 패턴 랭귀지 방법을 적용하면 각각의 패턴에 따라 일종의 커뮤니티가 형성됨
5. 이러한 각각의 패턴을 찾아내는 것은 해당 도시 및 주거 공간에 거주하는 주민 자신이며, 건축가는 그들이 패턴을 찾아가는 것을 도와주고, 실제 모양이 되도록 설계 및 시공 감리를 하는 역할을 담당

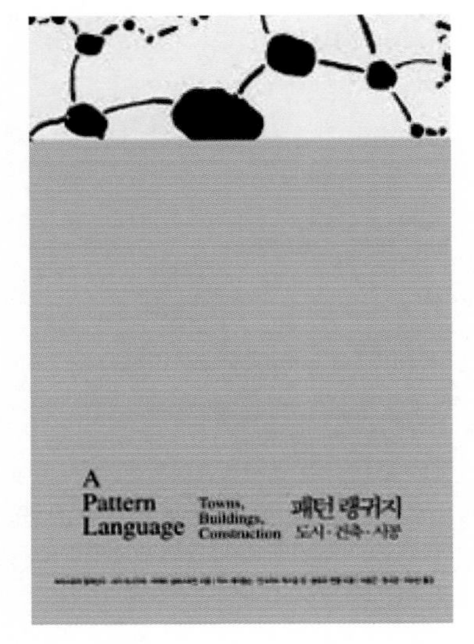

Pattern Language, LEETOON.COM

2) 알렉산더의 패턴 랭귀지 이론

1. 사람이 스스로 자신의 집, 거리, 공동체를 설계해야 한다는 원칙
2. 세상의 모든 아름다운 곳은 건축가가 아니라 그 속에 사는 인간에 의해 창조됨
3. 이런 환경을 설계하는 데는 일정한 랭귀지가 필요함
4. 이 랭귀지가 언어로 서로의 의사를 소통하듯, 일정한 형태의 문법 안에서 다양한 디자인을 표현하고 소통할 수 있게 함. 이것의 구성 요소가 패턴임
5. 각 패턴은 문제제기, 문제논의, 문제해결의 순의 틀과 과정으로 이루어짐
6. 도시의 수많은 이슈와 문제들을 구분해서 카탈로그처럼 모은 다음, 도시를 계획할 때 관련된 패턴들을 끄집어내서 이들을 상호 관련시켜서 일종의 지도를 만들도록 유도. 여기서 각각의 "패턴은 고립된 것이 아니라, 항상 다른 것과 함께 연관되어야만 그 의미가 있음." 이는 1960년대를 풍미했던 구조주의자들의 생각과 거의 일치함
7. 이런 알렉산더의 시도는 또한 언어 담론과 관련하여 매우 중요한 의미를 지닌다는 평가를 받음

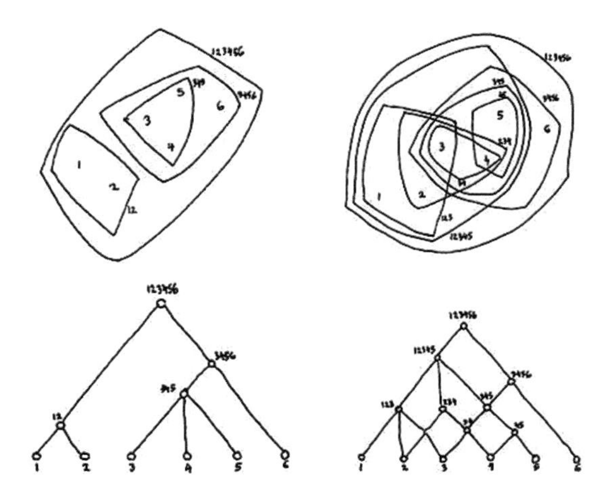

'City is not a Tree' 알렉산더가 구분한 나무형 구조 다이어그램

알렉산더의 나무형 구조와 반격자형 구조

1. 알렉산더에 따르면 나무형 구조는 근대 도시 이론을 대변. 미국에서 이루어진 전원도시는 모도시를 기반으로 작은 마을이나 전원도시들이 마치 나뭇가지처럼 매달려 있어서 전형적인 나무형 구조를 하고 있음
2. 반격자형 구조는 나무형 구조보다는 훨씬 복잡하지만 보다 유연함. 예컨대 20개 요소를 가진 나무형 구조는 단지 19개의 부분 집합만을 갖지만, 반격자형 구조는 백만 개 이상의 각기 다른 부분 집합을 가질 수 있다는 점이 증명됨
3. 나무형 구조는 위계적이고 관료적인 조직이어서 의사소통이 주로 수직적인 위계에 의해서 이루어지는 반면, 반격자형 구조는 관계가 횡적이어서 훨씬 다양한 의사소통의 경로를 가지게 된다는 점이 특징
4. 자연도시의 내적 구조가 반격자형 구조로 되어 있는 반면, 인공도시는 나무형 구조로 되어 있음
5. 근대 도시이론에 의해 세워 진 대표적인 신도시인 인도 찬디 갈과 브라질의 브라질리아를 나무형 구조의 예로 들고 있음.
6. 르 코르뷔지에가 설계한 인도의 신도시인 챤디 갈의 경우 도시 상부에 위치한 행정센터와 중앙의 상업 센터를 연결하는 축이 도시 전체를 관통하는 줄기 역할을 하고, 나머지 기능들이 거기에 매달려 있음. 브라질리아의 경우 단일한 중심의 간선도로가 도시 전체를 지나가고 여기에 많은 지선들이 매달리는 나무형 구조

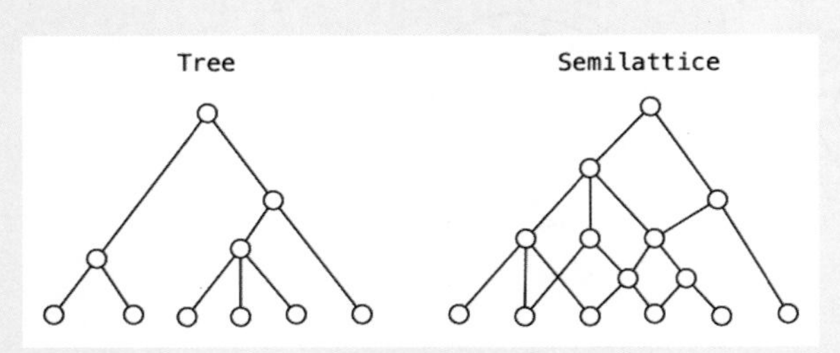

Purse the natural order in knowledge Management, Worldpress.com

3) 알랙산더의 패턴 랭귀지 비평

1. 도시건축은 매우 포괄적이고 종합적인 분야로서 사회적, 경제적, 법률적인 제한이나 제약에 의해 계획되고 설계되나 패턴랭귀지는 도시의 이런 모든 상황과 여건을 무시하는 이상적인 논리라는 비판이 일어남
2. 알랙산더는 전문가가 아닌 일반인들이 자신의 환경을 스스로 만들어 가야 한다고 주장하고 있지만, 사실상 전문지식이 없는 일반인에게 패턴랭귀지는 이해하기 힘든 내용. 전문가의 도움이 없다면 스스로 자신의 환경을 만들어나가기는 현실적으로 어려움
3. 시공 부분에서 제시하고 있는 시공법 역시 현실적용성이 많이 떨어짐

4) 알랙산더의 패턴 랭귀지 영향

1. 환경 전체를 대상으로 하는 패턴 랭귀지와 같은 포괄적인 설계 이론은 독창적임
2. 환경을 하나하나의 개별적인 요소 또는 수직적인 구조로 분석한 것이 아니라 네트워크로 구성하여 서로 간의 연관성에 주목한 창조적 이론
3. 패턴랭귀지는 우리가 항상 접하고 있는 공간이나 모든 건축물에 반복되어 사용되는 불변의 요소를 관찰하고 다른 요소들과의 관련성에 대해 고찰할 수 있는 기회를 제공함. 비록 패턴 랭귀지의 실현은 어렵다 할지라도 그 건축물을 실제로 사용하는 사회 집단에 의해 민주적이며 적극적인 방식의 디자인 프로세스를 제안하고 시험했다는 점에서 매우 큰 의미를 지님

09 콜린 로우(Colin Rowe: 1920~1999)의 콜라주 시티(Collage City)

Colin Rowe, Arquine

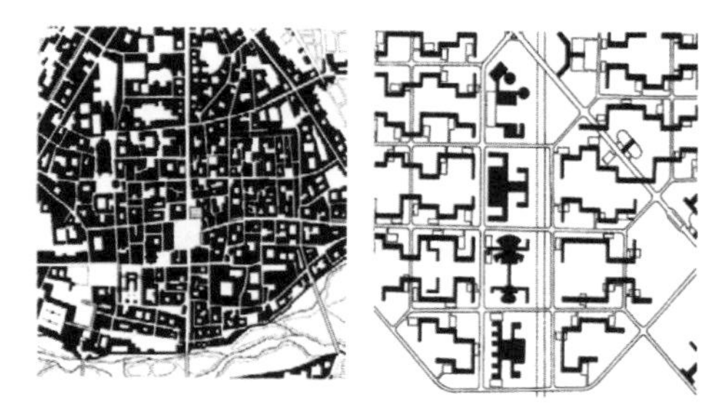

Colin Rowe and F. Koetter Collage City, 1978

1) 콜라주 시티의 배경

1. 근대 건축은 과거의 도시 조직을 모두 지워버리고 전혀 이질적인 고립된 오브제로서 도시를 구성하려는 시도
2. 이에 따라 근대 도시는 시각 및 지각적으로 무질서하고 혼잡한 도시가 조성됨
3. 그 결과 도시 형태가 역설적으로 전통적인 도시형태와는 전혀 다른 형태로 구성됨
4. 근대 도시 이론의 약점은 도시가 각각 분리된 오브제와 오브제 사이의 관계에 의하여 구성된다는 점임

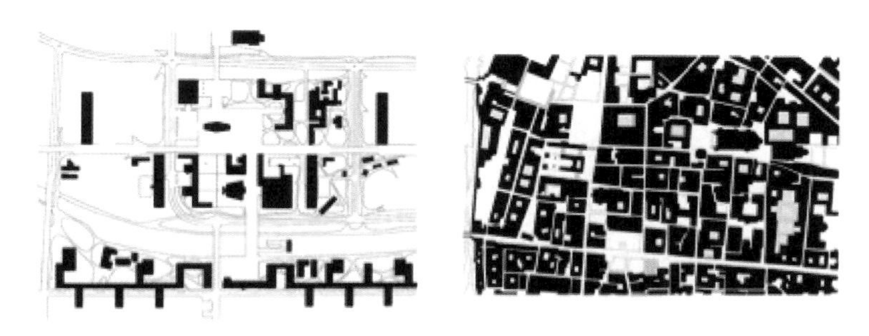

Colin Rowe가 비교한 전통도시구조와 근대도시구조 Collage City

2) 콜라주 시티의 이론

1. 도시와 건축을 전체의 맥락 속에 존재하는 기호와 의미로 관찰함. 도시가 발생시키는 복수성에 초점을 맞춤
2. 로우는 전통 도시와 근대 도시가 공존하는 콜라주 도시형태를 발표
3. 콜라주 시티 이론적 당위성을 도입하기 위해 레비-스트로스의 '손재주꾼(Bricoluer)' 개념을 제안(Bricoluer: 건축과 도시 프로젝트를 가지고 계획과 설계에 의해 도시, 자연, 문화를 만들어가는 건축가나 도시계획가(엔지니어)들에 비해 원시인들은 자연이 제공하는 환경을 바탕으로 나름 논리적이고 체계적으로 조직화하면서 커뮤니티 구조를 형성했었음)
4. 근대 도시이론은 건축가나 도시계획가(엔지니어)가 사전에 이미 구상한 프로젝트를 가설과 이론적 구조를 통해 도시를 계획하고 건설했다고 주장
5. 로우는 근대 건축의 분석에 비례와 수를 도입(Rowe, Mathematics of Ideal Villa, 1982)
6. 비트코버의 '팔라디오' 빌라 평면의 기하학적 분석을 르 코르뷔지에의 주택에 적용하여 비교분석
7. 로우는 물리적 투명성을 뛰어넘어 개념적이고 논리적으로 인식할 수 있는 시지각적 투명성을 도입(시지각적 법칙을 건축분석에 적용). 논리적 투명성을 도입하기 위해 입체파와 후기입체파의 회화를 접목
8. 로우는 지각심리학의 이론인 '배경-도상[ground figure: 게슈탈트 심리학(Gestalt Psychology: 전체의 의미는 부분들의 합보다 크다)]'의 이론으로 근대 도시 이론을 비판
9. 로우의 3차원적(파사드, 평평함, 켜와 층화) 독해방식은 게슈탈트이론을 접목한 회화평면의 독해에서 영감을 얻음
10. 로우의 2차원적 독해방식은 마치 회화를 심층적으로 해석하듯 건축을 읽는 방식임
11. 로우는 끊임없는 연구결과, 도시와 건축에는 명료하기보다 모호하며 복합적인 다른 차원이 존재함을 제시(르 코르뷔지에 백색주택 백색 입체에 내재한 불투명하고 다층적인 특성을 지적)(강혁, 콜린 로우의 건축론, 2008)

Colin Rowe and F. Koetter Collage City, 1978

3) 콜라주 시티의 영향

1. 포스트모던 도시 맥락에서 전통 도시와 근대 도시 요소가 공존하는 도시 형태를 창출하게 됨
2. 언어 담론에서 언어 자체의 동일성보다는 전체 맥락과의 관계를 중시하는 시도는 맥락주의라는 이름으로 현대 도시 및 건축 이론에 큰 영향을 줌
3. 투명성 이론(실제적 및 현상적(Transparency and Phenomenal))은 근대 건축을 읽고 해석하는 방법에 상당한 영향력을 미침

10 렘 쿨하스(Rem Koolhaas: 1944~)의 맨해트니즘(Manhattanism)

Figure 1. New York/Ville Radieuse: The two theses face to face. New York is countered by Cartesian City, harmonious and lyrical... (Rem Koolhaas, 1994)

1) 쿨하스의 맨해트니즘의 배경

1. 쿨하스는 맨해튼을 높은 밀도와 고층성을 도시성의 근본적인 속성을 설명하기 위한 모델로 사용
2. 맨해튼의 모든 블록들이 동일하므로 전통적인 도시형태의 원칙이 모두 적용되지 않음. 예컨대 지형, 광장, 길, 랜드마크, 교차점 등 도시구조를 형성하는 요소들이 무질서한 개발 속에서 제대로 자리를 잡지 못했음
3. 근대 대도시에서 나타나는 도시 문제와 속성들은 맨해튼에서 모두 다 표출되고 있음. 쿨하스는 대도시가 가지는 문제점을 정확하게 이해하기 위해서는 맨해튼이 형성되는 과정을 추적해서 거기서 채택된 지배적인 이데올로기들을 해체할 필요가 있다고 느낌
4. "'낯설게 하기', '충격적인 제안하기' 등 어디로든 자유롭게 항해할 준비가 되어있다"는 그의 설계 철학은 속박, 구조, 정형화된 모델, 이데올로기, 질서, 계통이나 계보 등 모든 것으로부터 탈피와 자유를 지향함

5. 세계경제의 심장, 뉴욕 맨해튼의 건축적 장치가 다름 아닌 엘리베이터, 에스컬레이터, 에어컨의 기술이라고 비평. 그는 유럽의 모더니즘(Modernism)과 구별해 이런 자본주의 건축을 '맨해트니즘(Manhattanism)'이라 부름
6. "유럽에서는 여러 가지 선언과 유토피아가 제시되었지만 실현된 것이 없지만 뉴욕에서는 선언도 유토피아도 없었지만 모든 것이 실현되었다." 특히 1920~1930년대의 뉴욕에서는 거의 혁명적인 도시가 만들어졌다(21세기 건축의 예언가들, 현대건축사).

Seattle Central library(2004), flickr

2) 쿨하스의 이론 및 철학

1. 건축이론이자 철학인 리좀(Rhizome) 이론은 건축의 모든 요소가 연관되어 하나의 유기체처럼 도시의 네트워크와 조화하는 것임
2. 렘 쿨하스는 '모더니즘은 끝났다'를 외침과 동시에 모더니즘의 대중성, 속물주의, 쾌락주의에 주목하며, 러시아 구성주의와 모더니즘의 장점을 모두 수용한 건축가
3. 렘 쿨하스는 유럽에서는 네오 아방가르드 실험이 성행하던 시기에 '광기의 뉴욕'이라고 부르는 뉴욕 맨해튼의 생성 과정을 추적
4. 맨해튼에 담겨있는 도시 에데올로기를 해체할 필요를 느끼고 도전함
5. 경제 논리에 의해서 격자형 도시가 탄생된 과정과 맨해튼의 건물의 모양과 건물군의 형태가 결정되는 과정을 고찰

6. 렘 쿨하스는 후기 구조주의 철학에 영향을 토대로 하여 근대 도시이론에 대한 대안의 제시
7. 맨해트니즘 프로젝트는 맨해튼의 발전과정을 소급하여(retroactive) 거기에 내재하는 원칙들을 발견하려 시도. 그래서 책의 부제목을 '<맨해튼을 위한 소급적인 선언문(A Retroactive Manifesto for Manhattan)>'이라고 명명.

렘 쿨하스가 설계자로 참여한 리움미술관, 조선일보

11 베르나르 추미(Bernard Tschumi: 1944~)의 이벤트 시티(Event City)

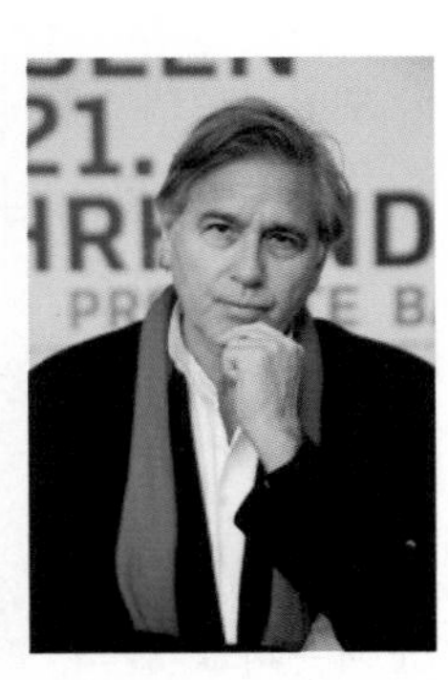

Bernard Tschumi photographed in Berlin, (건축을 위한 광고, 1976)

파리 라빌레트 공원, 건축사 신문

1) 추미의 설계 철학

1. 추미는 비트루비우스(Marcus Vitruvius)가 건축을 정의했던 '미(Aesthetic)', '구조(Structure)', '기능(Function)'을 '공간(Space)', '움직임(Movement)', '사건(Event)'으로 재정의
2. 추미가 건축을 정의한 세 가지 중 가장 중요한 요소를 '사건(Event)'으로 간주
3. 사건은 각각의 새로운 공간을 창출하는 동기로 부여함
4. 일련의 사건의 집합인 특정한 프로그램에서 불일치와 모순이 발생하는 이유를 사건의 의도와 무관한 자율적인 공간 때문이라고 생각한다면, 그 공간은 사건에 의해, 즉 모순된 프로그램이 발생시키는 역동적인 긴장에 의해 새로운 창조 공간이란 의미를 획득함. 이러한 모순에 의한 의미 획득 과정을 '해체(Disjunction)'라고 정의(Architecture and Disjunction, MIT Press, 1990).

파리 라빌레트 공원, 구암카페

2) 추미의 건축관

1. 1970년대에는 이론과 드로잉을 통해 추미는 "이벤트, 액션과 행위가 없는 건축은 없다."는 이론을 전개
2. 초기 작업을 통해 그는 건물이란 그 안에 거주하는 사람들의 행위에 책임을 지고, 활동을 강화하는 역할을 한다는 사실을 인지해야 한다고 주장
3. 건물이란 "형태"만으로 이루어진 것이 아니라 공간과 움직임과 이벤트의

하모니에 의해 이루어지는 총체임을 인식해야 한다는 입장

4. "건물은 벽에 둘러싸인 만큼이나 건축의 주위에서 일어나는 행위(Event)에 의해 규정된다"[건축을 위한 광고, 1976)]
5. 1983년 그의 이론을 파리의 라 빌레트 공원에 적용함. 이 프로젝트의 출발은 새로운 "문화 공원(Cultural Park)" 시대가 시작되는 기점. 그는 새로운 문화 공원이란 자연보다는 사람들의 행위에 근거해야 한다고 주장. 공원 내의 여러 건물, 정원, 이들을 연결하는 교량 및 오픈스페이스들은 콘서트나 전시회 혹은 스포츠 등을 위한 공간이 되어야 함. 즉, 공간이란 이용자들의 행위에 의해 수시로 그 의미가 바뀜. 예를 들어, 라 빌레트의 경우 넓은 잔디밭에서 운동도 하지만 여름 저녁에 의자를 내다 놓으면 야외 극장으로 변신하게 된다는 원리
6. 사람들이 건축에 대해서 느끼는 불만은 생각된 공간과 체감된 공간의 차이에서 발생한다고 진단. '생각된 공간'과 '체감된 공간'을 "서로 연결하는 일은 간단하지 않다"는 설계철학을 지님(Adrian Forty, 건축을 말한다, 미메시스)

Bernard Tschumi 로엔 콘서트 홀, mblog.naver.com

3) 추미의 설계 철학이 미친 영향

그의 사건(Event)기반의 건축이론과 라 빌레트에서 구현해 보인 해체주의적 디자인 컨셉이 1980년대 중반 이후 북유럽, 북아메리카와 아시아 지역의 건축, 도시설계 및 조경에 지대한 영향을 미침

12 버제스(Burgess)의 동심원구조론
(Concentric Zone Model: 1925년 발표)

1) 동심원 구조론의 배경

1. 도시공간구조가 변화되는 근본 요인은 도시로의 인구 유입으로 볼 수 있음. 이런 현상이 계속되면 도시 내에서 침입과 계승, 집중과 분산 등의 경쟁 및 동화 작용을 거쳐서 주거지의 공간적인 형태가 변화된다는 이론
2. 미국 도시에 있어서 도시로 유입되는 인구는 소득이 낮아 주로 도심부의 저렴한 임대주택에 거주하게 됨. 계속적인 인구유입은 도심부의 인구를 외곽으로 밀어내고, 이러한 연쇄반응은 결과적으로 도시에서 거주한 지 오래된 비교적 소득이 높은 계층들을 교외로 이주하도록 만든다는 논리
3. 이 이론은 도시공간 형성에 대한 설명력과 단순성 그리고 수학적 용이성 때문에 1960년대 도시경제학자들에 의해 많이 이용되었으나, 도시를 한 시점에서 관찰하면서 도시를 단순한 공간 구조로 접근한다는 한계가 있음.

2) 동심원 구조론의 개요

1. 버제스(Burgess)는 미국 시카고에 대한 실증적 조사를 통하여 대도시 성장은 시가지가 도심에서 밖으로 확대된다고 규명함
2. 도시에서 각종 활동에 의한 토지이용 형태가 5개 권역(zone)으로 구성된다는 동심원구조론을 발표
3. 5개 권역은 중심업무지역(C.B.D.), 점이지대(Zone in Transition), 근로자 주택지대(Zone of Low Income Housing), 중산층 주택지대(Zone of Middle Income Housing), 통근자지대(Commuter's zone)이다.

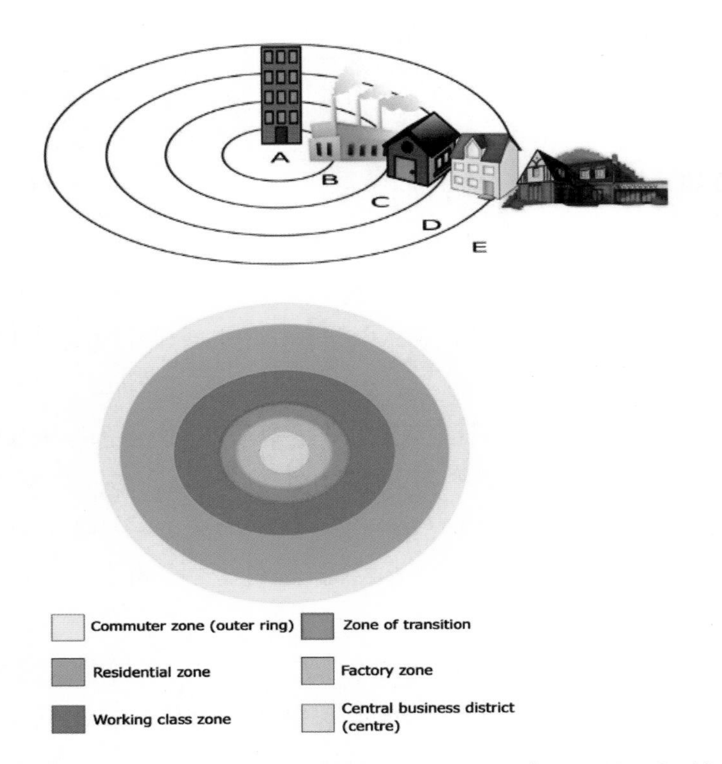

Concenrtic Zone Model of City Configuration, r/coolguides Reddit

3) 동심원 구조가 생겨난 다섯 가지 원인

1. 도시성장은 각 지대(zone) 내부에서 밖으로 침입(invasion)과 계승(succession) 작용을 통해 확대
2. 도시성장은 침입과 계승 작용 이외에 집중(centralization)과 분산(decentralization) 작용으로 기능의 특성에 의해 분화하여 특수한 지역이 발생됨
3. 도시성장은 도시인구의 증가에 의한 사회조직과 인구 집단의 변화로도 설명 가능
4. 도시공간의 평면적 확대는 거주지역이나 개인의 직업군별로 분화되어 다시 입지하게 되는 과정을 거침

5. 도시의 평면적인 확산은 유동성(mobility)의 증가를 수반하며, 지가도 민감하게 유동성을 반영하는 지표가 됨

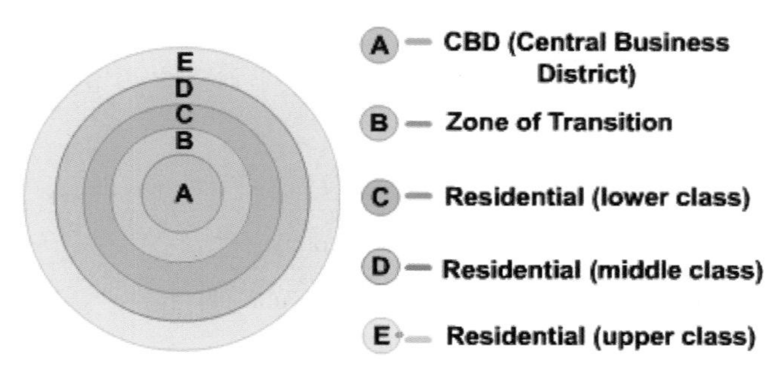

Concentric Model Stuff About Planning, WorldPress.com

4) 동심원 구조론에 대한 비판

1. 시카고라는 한 도시의 발전 과정이며 다른 도시와의 비교연구에는 부적절함
2. 배후지 및 각 지역을 횡단하는 주요 교통축을 무시
3. 도시의 역사적 특성을 고려하지 않음
4. 시간의 흐름으로 인해 토지이용별 입지가 변하는 상황을 고려하지 못함
5. 자동차 통행량 증가로 도시 주변 및 교외에 복합 용도의 쇼핑센터 등 상업지역이 형성된다는 사실을 간과함
6. C.B.D. 불량 주거지가 재개발사업으로 개선되는 도시에는 설명력이 떨어짐
7. 도매상점가는 CBD의 주변에서도 나타나지만 주로 교통망, 즉, 도로나 철도가 길게 뻗어 있는 지역에 인접하여 위치하는 경향이 있음

13 호이트(Hoyt)의 선형이론(Sector Model: 1939년 발표)

1) 선형이론의 배경

1. 1939년 도시 내 토지이용형태가 선형(부채꼴)의 5개 지대로 파악할 수 있다는 이론을 발표
2. 5개 지대는 중심업무지구(C.B.D.), 도매 · 경공업지구(Wholesale & Light Manufacturing), 저급주택지구(Low Class Residential), 중급주택지구(Middle Class Residential), 고급주택지구(High Class Residential)이다.

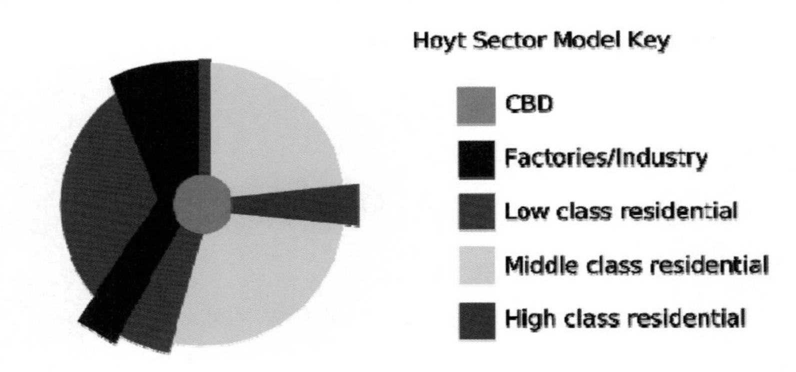

Hoyt Sector Model, Wikipedia

2) 선형이론의 개요

1. 주거지역 내 토지이용의 형성 과정을 선형적 관점에서 고찰하는 새로운 접근방법, 미국 도시에 대한 분석을 토대로 도시공간구조는 동심원적보다는 간선도로를 발전 축으로 형성된 선형의 형태로 파악해야 함을 주장
2. 그리고 축 내에는 여과 과정에 의해 고소득층이 점진적으로 교외의 새로운 주택으로 이동함
3. 이러한 도시 성장에 있어 결정적 요소는 고급주택지가 해당 도시의 토지이용 형태를 변화시키는 매개체가 되며 고급 주택지의 입지적 변화는 자연스러운 계승 작용이 있다고 판단

3) 선형이론의 연구 결과 및 시사점

1. 선형 이론은 도시 내 토지이용에 있어서 선형적 접근이론의 정립이 필요하다는 것을 인식시키는 데 기여함
2. 일정한 유형의 주거지역이 새로운 위치로 이동하는 속도는 도시인구의 증가율과 관계를 가짐
3. 이러한 도시인구의 증가가 새로운 주택건설에 영향을 미침. 즉, 인구증가는 기존 공간에 압력을 가하게 되어 주택의 임대료를 상승시키므로 주택 수요의 증가를 유발하여 주거지역의 질적 변화 수반
4. 인구증가로 인한 주거지역의 변화는 고급주택지를 새로운 위치로 이동시키는 중요한 요인이 됨
5. 주거지역 내의 변화는 거주자의 이동에 따른 주거지 성격의 변화를 의미함. 도시 내 고급주택지는 하나 이상의 지대(sector) 내에서 일정한 도로를 따라 선형적으로 이동한다고 하여, 주거지역이 선형 이론에 입각하여 이동함을 주장
6. 고급주택지는 도시의 외곽으로 확대되어가는 경향이 있고, 새롭게 형성된 고급주택지는 부유층 지역의 성장축에 위치함.

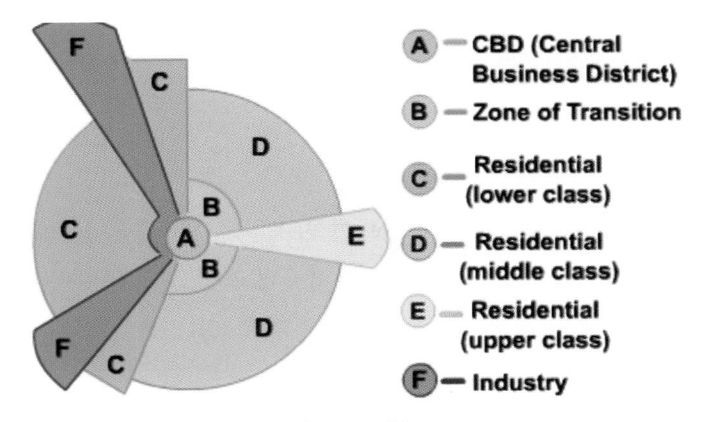

Sector Theory Town and Country Planning

4) 고급주택지의 전개 형태 및 형태를 결정짓는 원리

1. 고급주택지의 성장은 출발점으로부터 기존 교통축이나 도시주변부의 중심지 방향으로 진행됨
2. 고지가 지역은 홍수 위험이 없는 구릉지를 따라 진행하거나 공업용으로 이용되지 않는 수변을 따라 전이됨
3. 고급주택지는 도시 경계를 넘어 자연적 · 인공적 장애물을 피하여 성장하는 경우도 있음
4. 사무소 · 은행 · 상점 등은 고급주택지들과 동일한 방향으로 이동
5. 고급주택지는 기존 고속도로 등 교통망을 따라 전이됨
6. 고급주택지는 장기간에 걸쳐 동일한 방향으로 전이됨
7. 부동산 개발업자는 고급주택지의 성장 방향을 변경시키는 경향이 있음

호이트(Hoytt)의 1930년대와 1960년대의 미국 도시 트랜드의 비교

1. 대도시권의 눈부신 발전 특히 교외의 발전에 기인
2. 중심도시에 있어서 유색인종의 급격한 증가
3. 도시 규모에 따라 도시인구의 증가 폭에 많은 차이가 발생
4. 1인당 국민소득의 증가 특히 중산층 계급의 증대와 승용차 증가 등으로 1930년대 도시 형태를 근본적으로 변화시키는 계기가 됨

5) 선형이론에 대한 비판

1. 선형모델이 제시하는 '섹터'에 대한 정의가 모호
2. 많은 도시에서 도시 성장의 형태가 선형을 나타내고 있으나 그 이유가 고급주택지 때문이라기보다는 상업지의 확대와 성장으로 인한 경우가 대부분임
3. 도시 토지이용 형태에 있어 교통로, 특히 간선도로와 고속도로의 중요성을 강조하고 있으나 실제적으로 선형이론의 선형구조와 같은 모양으로 도시 토지이용 구조를 형성하는지 회의적임

4. 호이트는 각 섹터 내에서 주택의 질을 통해 도시성장을 설명하고 있기 때문에 활동의 결절점(Node)에 대한 접근성이 중시되는 현대 거대도시에 이 이론을 적용하기에는 한계가 있음

피레이(Firey)의 호이트의 선형이론 비판

1. 호이트 이론은 토지이용 및 입지분석과정에 있어서 문화적 요소를 간과했음
2. 선형 이론을 설명하는 독립변수로 토지이용의 물리적 공간의 변수뿐만 아니라 경제 사회변수들을 포함해서 분석해야 한다고 주장

14 해리스와 울만(Harris & Ullman)의 다핵구조론(Multiple Nuclei Model: 1945년 발표)

1) 다핵구조론의 배경

1. 도시는 단핵을 이루어지기보다는 도시에 따라 몇 개가 핵과 9개 권역으로 형성되어 있다는 다핵구조론을 주장
2. 9개 권역은 중심업무지역(C.B.D.), 도매 · 경공업지구(Wholesale & Light Manufacturing), 저소득주거지역(Low Class Residential), 중급주택지역(Middle Class Residential), 고급주택지역(High Class Residential), 중공업지구(Heavy Manufacturing), 도시주변업무지구(Outlying Business District), 교외주거지구(Residential Suburb), 교외공업지구(Industrial Suburb)이다.

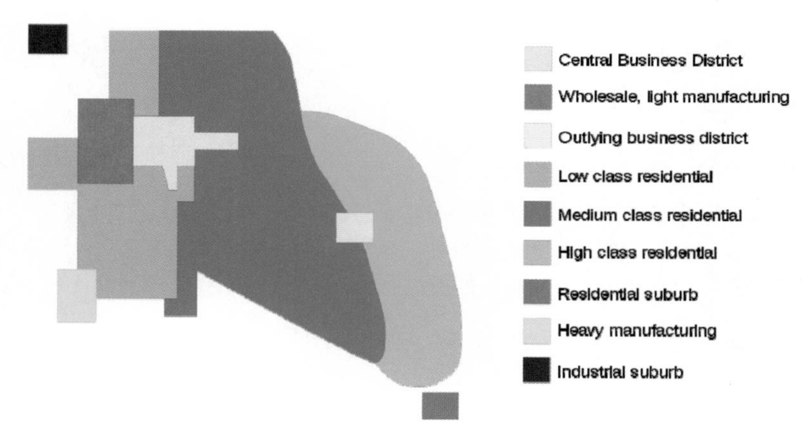

Location of Industry and Urban Land Use, SlideToDoc.com

2) 다핵구조론의 개요

1. 도시 내의 토지이용은 몇 개의 핵심을 중심으로 전개된다는 점을 착안하여 다핵 구조론을 제기
2. 도시가 커지면서 도심부 이외에도 사람들이 집중하는 지역이 발생하게 되며 그러한 곳은 새로운 핵이 형성됨

3) 핵이 형성되는 요인

1. 특정한 요건을 필요로 하는 기능들은 요건이 충족된 지역에 집중. 예를 들면 도매업지구는 교통이 편리한 외곽에, 공업지구는 지역 간 교통과 수자원 확보가 용이한 곳에 집중
2. 같은 종류의 활동은 집적함으로써 집적의 이익을 얻을 수 있기 때문에 한 곳에 집중 - 소매업지구, 금융지구, 도매업지구
3. 집적함으로써 불이익을 초래하는 기능들을 서로 분리하여 입지 - 고급주택지구와 공업지구
4. 어떤 활동은 중심부의 높은 지대를 지불할 능력이 없어 외곽의 일정지역에 집중 - 교외 공업지구

도시 내부에서 토지이용의 핵심이 되는 지역 또는 지구 중심의 6가지 특성

① 중심업무지구는 도시 내부의 교통수요가 집중되는(교통량이 많은) 지점에 입지
② 도매업지구와 경공업지구는 도시 내부 중에서 지역 간 교통의 거점이 되는 환승역 등에 입지
③ 중공업지구는 현재 또는 과거의 도시 주변부였던 곳 근처에 입지
④ 고급주택지는 배수가 양호한 고지대에 입지하여 소음 · 악취 · 매연 등의 각종 공해와 철도역이나 노선으로부터 멀리 떨어진 곳에 입지
⑤ 소 핵심지(지역 또는 지구중심)는 문화 센터, · 근린 상업 지구 · 주변 업무지구, 소규모 공업중심지 등에 형성됨.
⑥ 교외의 주택지나 공업지역은 대부분 미국 도시에서 볼 수 있는 토지이용의 특징. 지역 중심지는 도시 규모가 크면 클수록 그 수가 많으며 동시에 특화된 기능이 집중되어 있음. 따라서 C.B.D.가 도시의 공간적인 중심에 위치하지 않을 수도 있으며, 또한 공업 · 상업 · 교육 등의 다양한 도시기능이 각각 다른 중심을 가질 수도 있다고 주장

4) 다핵구조론의 평가

1. 다핵구조이론은 전 도시지역의 지역적 성장을 고려한 것으로 유동성과 확장성이 큰 현대도시에 적합
2. 동심원지대이론과 선형이론보다 다핵구조론은 교통의 변화에 잘 적용되는 이론
3. 다른 두 이론과 마찬가지로 토지이용, 특히 주거지변화에 있어 개인적 동기나 문화적 요인, 그리고 정치적 요인이 배제됨

5) 이론의 특징 및 한계성

피셔(Fisher, 1954)의 다핵구조론에 대한 비판

1. 1950년 미국 24개 도시에 대한 자료를 인용하여 도시 내에서 가장 넓은 면적을 차지하는 토지이용은 주택지 · 공지 · 가로의 세 가지임을 지적
2. 다핵구조론은 동심원구조론이나 선형구조론과 마찬가지로 건축물 1층 부문의 토지이용만 연구의 토대로 하고 위층 부문과 지하층의 공간 이용에 대하여는 전혀 언급이 안 됨
3. 이론에서 토지이용의 개념이 명확하게 규정되어 있지 않음
4. 다핵구조론은 토지이용 배치를 설명하는 데 있어서 동심원구조론과 선형구조론을 결합하였고, 이외에 다른 요소 등을 추가한 것에 지나지 않음

6) 다핵구조론의 시사점

1. 다핵구조론은 버제스나 호이트의 이론보다 더욱 단순하고 구조상 가장 비조직적이라고 할 수 있음
2. 각 지대와 전 도시지역의 지역적 성장을 고려한 이론으로 이동성이 많은 오늘날의 도시 맥락에 더 적합하다고 할 수 있음
3. 승용차의 대중화시대로 접어들면서 동심원구조론과 선형구조론의 적용성이 줄어든 반면에 다핵구조론은 현재 미국의 도시 구조와 특성을 설명하는 데 비교적 적합하다는 평가가 되고 있음
4. 다핵도시론이 이론으로서 완성되려면 호이트가 선형구조론에서 실시한 경험적 조사와 분석을 통해서 논리를 더욱 정밀화해야 할 필요가 있음

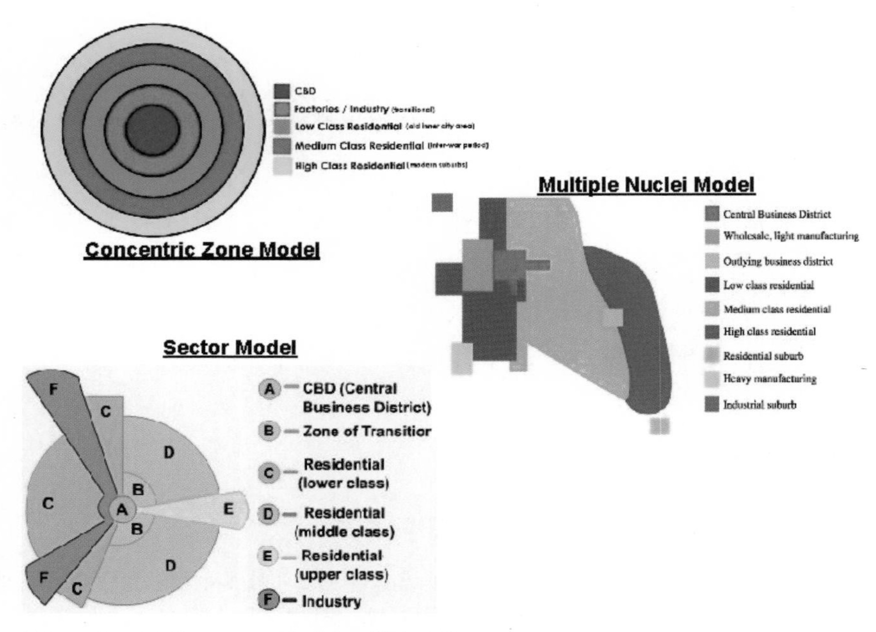

Urban Spatial Structure Models, SlideToDoc.com

15 튀넨(Thunen: 1783-1850)의 입지론(단순지대론: 1826년 발표)

Thunen, ko.wikipedia.org

1) 튀넨의 입지론 배경

1. 농경제학자인 튀넨은 자신의 농장운영경험을 토대로 1826년 '고립국이론'이라는 논문을 통해 입지이론을 전개
2. 튀넨에 의하면 수송비 절약분이 지대가 된다고 하며, 지대와 함께 농업입지를 설명

2) 튀넨의 입지론 가정

1. 사방이 평원이며 중앙에 하나의 대도시(시장)만이 존재
2. 여기에서 생산된 모든 물건은 중앙시장에서만 거래되며 외부와는 단절
3. 단위당 교통비나 생산비는 일정

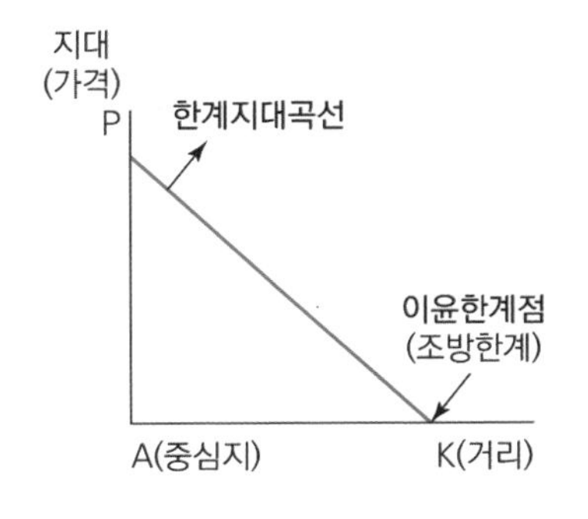

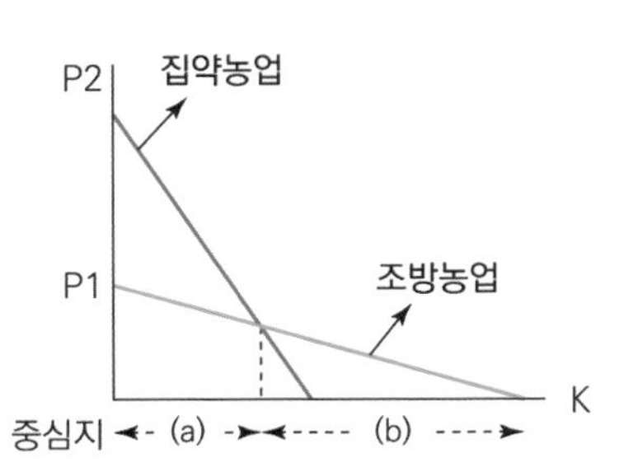

3) 튀넨의 입지론 지대 결정

1. 매상고에서 생산비와 수송비를 차감한 것이 지대가 되며, 매상고와 생산비가 일정하다면 지대는 시장과의 거리에 의해 결정됨
   지대 = 가격(매출액) − 생산비 − 수송비
2. 농산물 가격, 생산비, 수송비, 인간의 형태 변화는 지대를 변화시킴

4) 튀넨의 입지론 지대곡선

1. 지대곡선은 소작인이 그 토지를 경작하기 위해 지주에게 제시할 수 있는 최대금액을 연결한 선
2. 튀넨에 의하면 농촌토지는 수송비를 많이 절감할 수 있는 위치(시장에서 가까운 위치)의 토지가 경쟁력 있는 토지이므로 시장에 가까운 토지일수록 지대가 높게 형성
3. 지대는 수송비절감분이 되며 지대곡선은 우하향 형태
4. 지대곡선은 곡물이나 경제활동에 따라 그 기울기가 달라지는데, 일반적으로 집약농업은 지대곡선이 가파르고, 조방농업은 완만함

튀넨의 농업입지론

1. 지대결정: [지대= 매상고-생산비-수송비]
   → 농산물가격, 생산비, 수송비, 인간의 형태 변화는 지대를 변화시킴.
2. 지대곡선: 시장에서 가까운 토지일수록 지대가 높음(지대곡선 우하향)
3. 입지결정: 집약농업은 지대곡선이 가파르고, 조방농업은 지대곡선이 완만함 → 집약농업은 시장근처에 입지

16 알론소(Alonso)의 입찰지대이론
(Bid Rent Approach: 1964년 발표)

1) 입찰지대이론의 배경

1. 알론소(William Alonso, 1933~1999): 입찰지대이론 발표
2. 입찰지대이론: 토지이용은 최고의 지대 지불의사가 있는 주체(사람, 회사, 토지주, 건물주 등)에 할당
3. 이론적 배경: 튀넨의 고립국 이론을 도시공간에 적용

입찰지대이론 관련 용어

① Rent(지대) = 기업주의 정상 이윤-(투입생산비+운송비)
② Bid-Rent(입찰지대): 단위 면적의 토지당 토지이용자가 지불하고자 하는 최대 금액, 초과이윤이 0이 되는 수준의 지대
③ 즉, 도심일수록 운송비가 적으므로 입찰지대가 높음
④ 배치: 도심으로부터 상업+업무지구, 공업지구, 주거지구가 형성

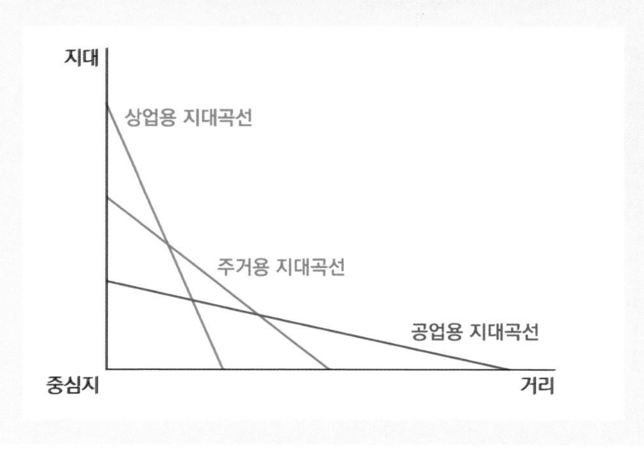

2) 입찰지대 이론

(1) 지대

1. 튀넨의 농경지지대론에 대한 이론을 도시공간으로 확장하여 입지지

대 및 입찰지대 곡선을 토대로 도시 토지의 이용분화를 설명한 이론

2. 입찰지대에서 지대는 매상고에서 생산비와 수송비를 뺄 경우 지대가 계산됨. 도심지역에서 가까운 입지일수록 많은 지대를 얻을 수 있음
3. 높은 지대를 얻을 수 있는 이유는 재화의 평균생산비용은 동일하다는 전제하에, 운송비는 당연히 도심지로부터 멀어질수록 증가하게 됨. 따라서 도심지에 가깝다면 수송비가 적게 들어 지대가 높게 산정이 되고 도심지로부터 원거리일 경우 수송비가 많이 들어 차감되는 금액이 크기 때문에 지대가 낮게 측정됨

지대 = 매상고 – 생산비 – 수송비

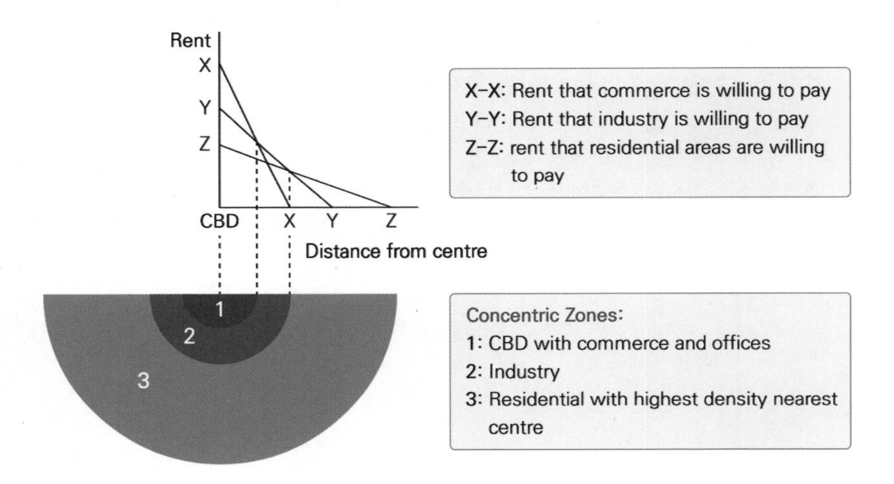

(2) 입찰지대(Bid Rent)

1. 입찰지대란 어떤 토지를 이용하고자 하는 주체가 낙찰받기 위해 지불하고자 하는 최대의 지대로서 초과이윤이 0이 되는 수준의 지대
2. 즉, 어떠한 토지를 이용하기 위해 이용자가 지불하고자 하는 최대 금액
3. 이러한 입찰지대의 크기는 도시로부터 거리가 멀어질수록 점점 감소
4. 도심으로부터 멀어지면 멀어질수록 지대가 저렴하게 됨. 또한 주거지, 상업지, 공업지와 같은 용도별로 입찰지대의 크기가 감소하는 정도가 다름

5. 입찰지대설에서는 가장 높은 지대를 지불할 의사가 있는 용도에 따라 토지이용이 이루어짐
6. 도심지역의 이용 가능한 토지는 외곽지역에 비해 많지 않고 한정되어 있기 때문에 토지이용자들 간의 경쟁이 치열해질 수 있음. 교통비 부담이 너무 커서 도시민이 거주하려고 하지 않는 경계 지점이 도시의 주거 한계지점이 됨
7. 입찰지대곡선은 도심으로부터 한계지점까지 각 지점의 토지를 경매에 부쳤을 때, 토지이용자가 부를 수 있는 최고가격을 나타내는 곡선임
8. 생산 요소간의 대체가 일어날 경우, 일반적으로 입찰지대곡선은 우하향하면서 원점을 향해 볼록한 형태를 지니게 됨

(3) 도시지대와 생산요소의 대체성

1. 어떤 생산요소를 다른 생산요소로 대체하기 쉬운 정도가 생산요소의 대체성
2. 예를 들어 토지를 자본으로 대체하기 쉬울 경우 토지에 대한 자본의 대체성이 높다고 볼 수 있음
3. 도심으로 갈수록 토지의 가격이 상승하므로 비싼 토지를 덜 사용하

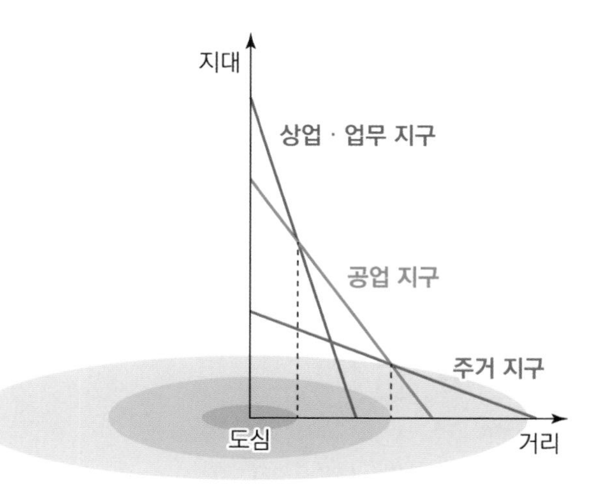

고 자본을 많이 사용하므로 도심으로 갈수록 토지에 대한 자본의 대체성이 높음

4. 1차 산업에서 3차 산업으로 갈수록 토지에 대한 자본의 대체성이 높음. 도심으로 갈수록 땅값이 비싸기 때문에 수익성이 높은 용도로 토지를 바꾸게 됨. 예를 들어 토지로 놀리는 것보다는 토지에 건물을 높이 지으면 수익이 보다 많이 발생됨

17 지속가능한 개발

(Sustainable Development: 1972, 1992, 2002, 2015년 선언)

1) 지속가능한 개발 배경

1. 1972년, 스톡홀름, UN인간환경회의, 로마클럽보고서, '성장의 한계'에서 유래
2. 1992년, 유엔환경개발회의(UNCED), 리우 회의에서 개념 정리, 행동강령인 Agenda 21 선언
3. 2002년, 남아프리카공화국, 지속가능한 개발 세계정상회의(요하네스버그서밋), Agenda 21의 실행 점검과 과제 도출, 이후 전 세계적 환경과 개발에 대한 트렌드로 정착
4. 기존 도시의 패러다임과 문제를 해소하기 위해 등장한 미래 도시의 개념이 바로 '지속가능한 도시'

Sustainable Urban Deveopment and Smart Cities, NordForsk

2) 지속가능한 개발 개념

1. 지속가능한 개발이란 "미래 세대의 욕구나 복지를 충족시킬 수 있는 능력과 여건을 저해하지 않으면서 현 세대의 욕구를 충족시키는 개발"이라고 한다(WCED, 1987).

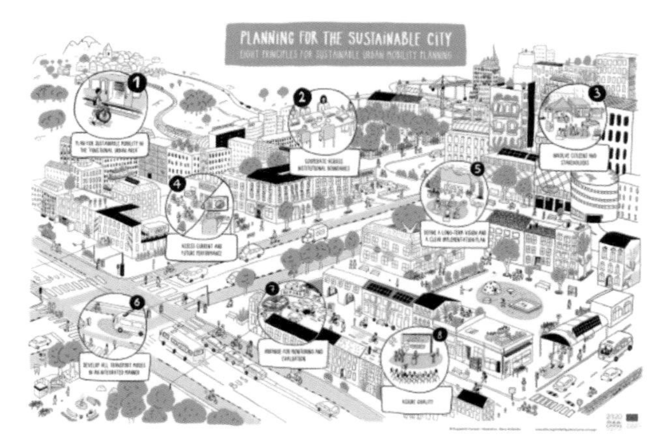

Planning The Sustainable City, https.www.eltis.org

지속가능 개발의 개념의 구성요소

① 지속가능 개발은 경제적 성장뿐만 아니라 환경, 보건, 교육 등 사회적 복지의 지속적인 증진을 의미하는 삶의 질 향상을 포괄
② 현 세대의 개발행위가 미래세대의 선택의 권리를 제한해서는 안 된다는 세대 간의 형평성을 포함
③ 사후 처리보다 사전예방 조치의 필요성을 강조
④ 자연자원의 소비 비율이 그것을 재생산할 수 있는 능력을 초과해서는 안 됨.

2. 지속가능한 도시란 도시를 하나의 유기체로 인식하고 환경적인 지속가능성뿐만 아니라 정치적, 경제적, 사회적인 측면에서 가능한 모든 부정적인 요소를 줄여 재창조하는 도시적 노력을 의미
3. 지속가능한 도시는 지역수용능력 범위 안에서 도시 개발을 진행해 인간과 자연이 공생할 수 있는 환경적 지속가능성을 추구

4. 지역 간·계층 간 사회서비스 등이 공평하게 이뤄지는 평등한 도시공동체는 물론이고 에너지와 자원을 절약하는 도시 구축을 위한 노력
5. 유럽과 일본의 압축도시(Compact City), 미국의 뉴어바니즘(New Urbanism), 영국의 어반 빌리지(Urban Village), 교토의정서(1997)와 발리로드맵(2007) 등의 국제 협약에 의해 촉진된 저탄소 녹색도시(Low Carbon Green City)와 같은 도시 패러다임이 바로 지속가능한 개발을 위한 대표적 도시패러다임의 사례
6. 모두 친환경적이고 지속가능한 도시를 지향하며 자동차 중심이 아닌 인간 중심의 도시생활, 에너지와 자원의 저감, 지역 커뮤니티의 활성화 등을 추구

지속가능성의 다양한 차원

▮ 생태적 지속가능성

① 생태계가 생태계 내의 생명체의 생산성과 적응성, 재생산 능력을 유지하면서 건강한 생명체를 유지할 수 있는 최대용량을 환경한계용량이라고 함
② 이러한 환경한계용량 내에서의 개발을 생태적으로 지속가능한 개발이라고 함

▮ 사회적 지속가능성

① 개발과 가치규범과의 관계를 말함. 도시 내 모든 활동이 사회적인 윤리나 가치규범에 부합해야 함
② 활동으로 인한 변화를 사회가 용납할 수 있을 때 그 활동은 사회적으로 지속가능한 행동이라 볼 수 있음

▮ 경제적 지속가능성

① 편익과 비용간의 관계에 의하여 결정. 편익이 비용을 능가하거나 최소한 균형을 이루어야 경제적 지속가능성이 실현
② 생태적 지속가능성을 달성하려는 노력이 비용을 증가시킨다면 이러한 비용의 증가는 어떤 형태로든 가격에 반영되어야 한다고 봄

Features of the Future Sustainable City RTF

3) UN의 17개 지속가능 개발 목표(SDGs)(2015년 9월 발표)

지속가능 도시는 UN-SDGs(지속가능발전목표)의 11번째에 해당

"회복력있고 지속가능한 도시 및 거주지 조성을 목표"

▌UN-SDGs 키워드

① 안전	② 기초서비스	③ 안정적 커뮤니티
④ 대중교통 확대	⑤ 정주계획 및 관리	⑥ 유산보호
⑦ 폐기물 관리	⑧ 도농 간 연결	

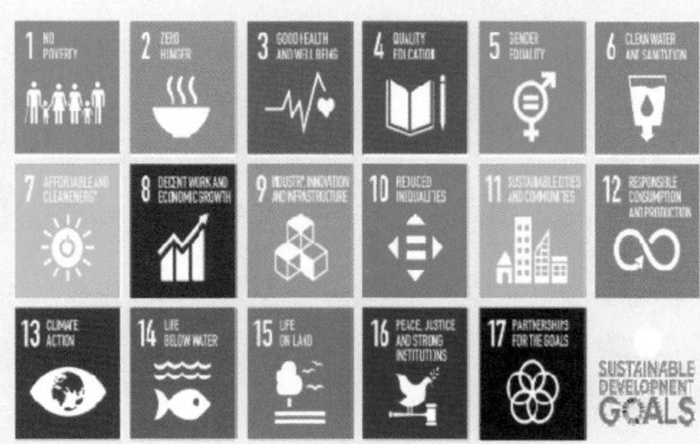

Sustainable Development Goals Voice of Culture

18 뉴어바니즘(New Urbanism, Katg 1994의 New Urbanism; Calthorpe 1993의 The Next American Metropolis에 발표)

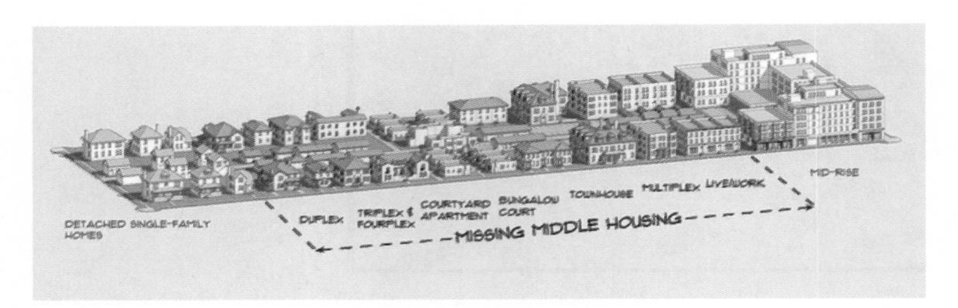

New Urbanism, Corner Bar SketchUp Community

1) 뉴어바니즘의 개념

1. 지금까지의 도시계획 및 도시설계, 그리고 도시개발 방식에 대한 성찰과 반성
2. 교외화 현상이 시작되기 이전의 인간적인 척도의 근린주구가 중심인 도시로 회귀하는 것을 목표로 함
3. 뉴어바니즘 이론가들은 “과거 전통 속의 도시로 돌아가자”고 주장
4. 계획적 · 형태적 측면에서 과거로 회귀하자는 시대적 흐름
5. 대중교통, 보행 중심의 도시구조와 패턴으로 개발

CHARTER OF THE NEW URBANISM

뉴어바니즘 헌장

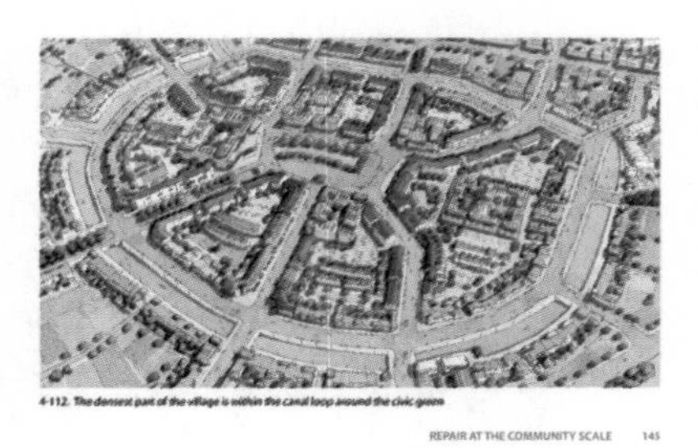

Duany Olater-Zyberk New Urbanism, Pinterest

2) 뉴어바니즘의 배경, 계획철학, 전개과정

(1) 뉴어바니즘의 배경

1. 자동차에 빼앗긴 공간을 사람을 위한 공간으로 되돌리고, 환경에 대한 관심을 도시설계에 반영하려는 도시계획 운동 사조
2. 자동차 중심의 르 코르뷔지에의 타워&탑 개념의 고층건물의 모더니즘도시(현대적 도시, 대형도시)를 비판
3. 제2차 세계대전 이후 자동차 위주의 도시개발과 시가지 확산 문제의 극복시도
4. 교외화 현상을 반대하며 대안으로 도시로 회귀하여 도시 중심지 개발을 도모하는 운동

New Urbanism, thesisprep 2014, worldpree,com

(2) 뉴어바니즘의 계획 철학

1. 카츠(Katz)가 저술한 'New Urbanism'에 개념과 가이드라인을 발표
2. 뉴어바니즘 → 신전통주의(Neo-traditionalism): 도시적 라이프스타일과 생활요소들을 변형시켜 전통적 생활방식으로 회귀하고자 하는 운동
3. 칼소프(Calthorpe, 1994)는 기존의 용도지역제가 초래한 획일적이고 단조로운 경관을 탈피해야 한다고 주장
4. 용도지역, 단지계획, 건물용도와 형태 등에 있어서 다양성과 복합성을 추구
5. 뉴어바니즘은 지역사회가 공동체 의식을 제고시킬 수 있는 토양을 마련

(3) 뉴어바니즘 전개과정

1. 뉴어바니즘 운동은 칼소프(Peter Calthorpe), 듀와니(Andres Duany), 프래터－지벅(Elesabeth Plater－Zyberk)이 주도
2. 북미와 캐나다의 도시계획가, 설계자, 교수들을 중심으로 진행
   - 1996년에 행동강령 제정, 1997년 토론토에서 세계 18개 국가 대표들이 모인 대규모 총회를 개최
   - 이후 현재 전 세계적으로 많은 전문가들과 개발업자, 공무원, 사회운동가까지 참여
   - 제2차 세계대전 이전의 전원의 풍경인 '과거 미국 시골마을의 모습으로의 회귀'를 주장

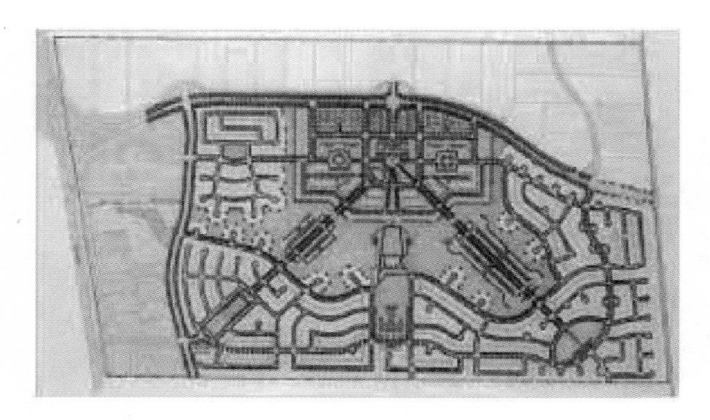

Laguna West Master Plan

(4) 뉴어바니즘 8대 원칙

① 도시개발을 대중교통 기반의 압축적으로 유도

② 상업시설, 주거, 직장, 공원, 공공시설 등이 대중교통 정거장으로부터 보행거리 내에 위치

③ 지역 내 목적지로 연결되는 보행체계 구축

④ 도시의 밀도, 주거의 형태의 다양성 추구

⑤ 자연의 생태계 및 오픈스페이스를 최대한 보존

⑥ 공공장소는 지역주민의 활동과 건물의 방향을 고려하여 배치

⑦ 공공개발과 재개발은 기존 커뮤니티 내 대중교통 축을 따라 배치
⑧ 토지이용계획은 복합토지이용으로 계획

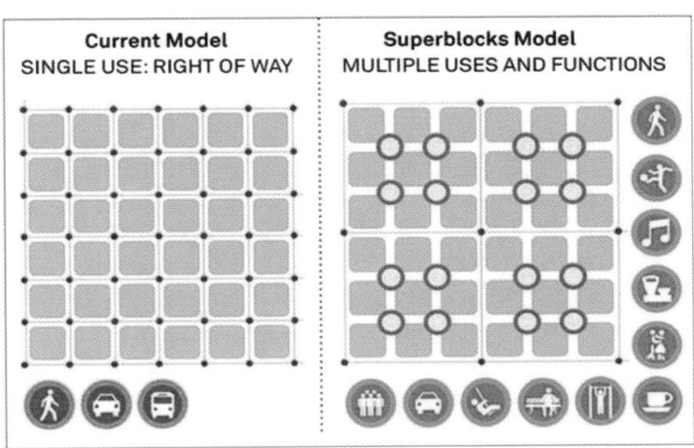

(5) 뉴어바니즘 배경과 원칙

구분	내용
목표	대중교통과 보행자 중심의 계획을 통해 접근성을 확보하고 복합용도의 근린주구를 형성하여 커뮤니티 증진을 모색하고자 함
배경	• 인간성 상실, 공동체 의식 약화, 인종과 소득계층별 격리현상, 범죄 증가, 자동차에 의존한 도시 확산에 그 원인이 있다고 주장 • Urban Sprawl(도시확장)에 대한 저항 • Modernism에 반한 Postmodernism의 등장 • MXD(복합용도개발)의 요구 증대 • Garden City(전원도시)로의 회귀 • 전통적 미국 타운에 대한 향수

구분	내용	
기본 원칙	• 근린주구 중심으로 공간구조 개편 • 대중교통 보행거리 내에 용도 배치 • 목적지별 직접 연결된 보행체계 • 도시의 다양성을 추구	• 생태계 및 오픈스페이스 등을 보존 • 공공장소의 활용성 제고 • 재개발공간은 대중교통의 축선상 위치 • 혼합토지이용 장려
	규모	목표
	• 보행 가능한 가로(Walkable Streets) • 다양한 용도 및 다양한 사용자 • 조밀한 밀도(Fine Grain)와 스케일	• 인간성 회복 • 삶의 질적 향상 • 사회영역, 공적영역의 조화

(6) 뉴어바니즘 계획원칙과 설계기법

구분	주요 내용	
목표	지금까지의 도시개발 방식을 지양하고, 교외화 현상이 시작되기 이전의 인간적인 척도를 지닌 근린주구가 중심인 도시로 회귀하는 것	
계획의 전제	교외화 현상이 시작되기 이전의 인간적인 척도를 지닌 근린주구 중심의 도시로 회귀	
주요 원칙	• 도시에너지 소비절감(Newman and Kenworthy, 1988) • 토지이용의 효율화와 통행량 감소(Gordon and Rechadson, 1999) • 보다 나은 정주형태의 설계(Duany, 1991; Calthorpe, 1993)	
설계기법	계획원리	목표
	• 보행 및 대중교통 중심계획 • 편리한 대중 교통체계 구축 • 복합적인 토지 이용(Mixed Use) • 다양한 주택유형의 혼합 • 건축 및 도시설계 코드의 활용 • 고밀도 개발 • 녹지공간의 확충 • 차량사용의 최소화	• 효율적이며 친환경적인 보행도로 조성 • 차도 및 보행공간의 연결성 확보 • 복합적이고 다양한 토지이용 • 다양한 기능 및 형태의 주거단지 조성 • 건축물 및 도시설계의 질적 향상 • 지역공동체를 위한 거점공간의 마련 • 효율을 고려한 토지이용 밀도의 조정 • 생태계를 토대로 한 지속가능성의 고려 • 삶의 질적 향상 도모

3) 고전적 설계원칙과 뉴어바니즘 설계원칙의 비교

(1) 뉴어바니즘에 영향을 준 계획 · 설계 사조

• 20세기 초기 계획이론가인 하워드의 전원도시, 페리의 근린주구, 옴스테드의 도시미화운동, 제이콥스의 거리활성화 운동 등의 사상에서 유래

(2) 고전적 설계원칙과 뉴어바니즘 설계원칙의 비교

도시계획사상가와 이론	고전적 설계원칙	뉴어바니즘 설계원칙
하워드의 전원도시	• 사람의 이동거리를 기본 • 풍부한 공공용지 • 대중교통중심 • 대중교통으로 지역연결 • 도시경계부에 녹지띠를 설치	• 도보권 중심의 설계 • 사적 공간에 우선하는 공공용지 확보 • TOD(대중교통중심개발) • 지역 간 대중교통 연계체계 • 도시 경계부의 녹지(오픈스페이스) 확보
페리의 근린주구	• 도보권에 의한 계획단위 • 물적환경 개선 통한 사회적 커뮤니티 재생	• 도보권 단위의 설계 • 커뮤니티 단위의 생활권 • 근린주구 중심의 커뮤니티 센터
도시미화운동	• 건물외관과 도시의 조화 • 시빅센터(도시중심센터) 중점 • 커뮤니티 의식	• 복고풍 건물외관 • 강한 커뮤니티 센터의 형성 • 커뮤니티 공동체 의식

19 대중교통중심개발

(TOD: Transit Oriented Development: Calthorpe(1993) 발표)

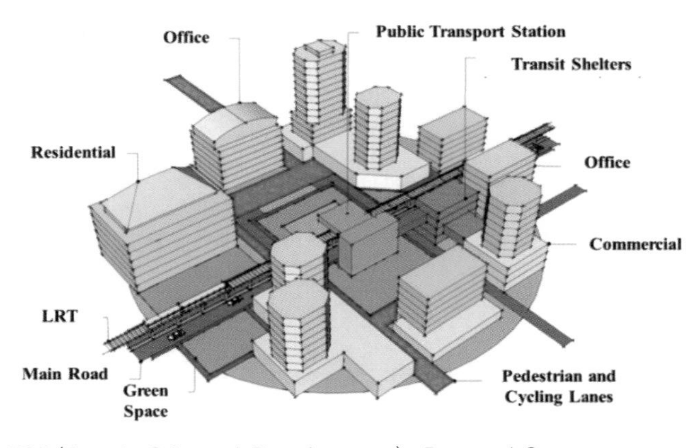

TOD(Transit Oriented Development), ResearchGate

1) TOD의 배경

1. 제2차 세계대전 이후 자동차 위주의 도시개발과 시가지 확산 문제 대두
2. 칼소프(Peter Calthorpe(The next American Metroplolis, 1993))가 처음 주창. 그는 승용차 의존적인 도시에서 탈피하여 대중교통 이용에 역점을 둔 도시개발 방식에 대한 확고한 신념을 내세움
3. 자동차에 의한 환경오염 방지, 에너지 소비 축소, 무분별한 도시 확산 억제 필요성 제기
4. 철도역과 버스정류장 주변 도보접근이 가능한 반경에 400~800m 대중교통 지향적 근린지역을 형성. 대중교통체계가 잘 정비된 도심지구를 중심으로 고밀개발을 추구하고 외곽지역에는 저밀도의 개발을 추구하는 방식
5. 압축도시(Compact City), 뉴어바니즘에 사상적 뿌리를 두고 있음

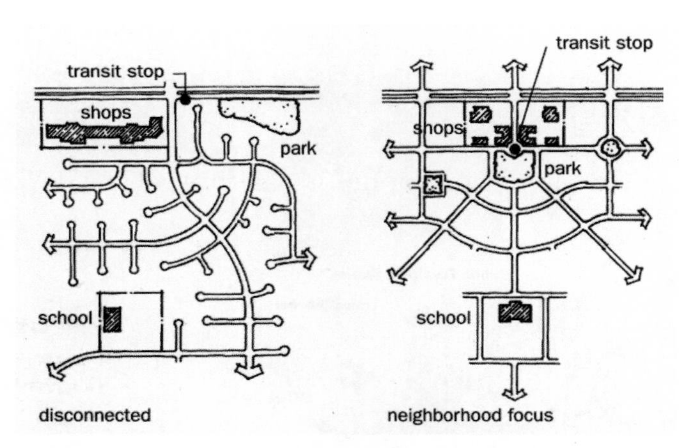

TOD(Transit Oriented Development), Design uidaho.edu

2) TOD의 목표

1. 대중교통, 자전거, 도보 등을 이용하여 주거지역과 상업지역에 대한 접근성을 제고
2. 대중교통의 이용을 활성화함과 동시에 대중교통 이용수요를 극대화
3. 교외화에 의한 도시의 평면적 확산을 억제하고 도심 공동화를 방지

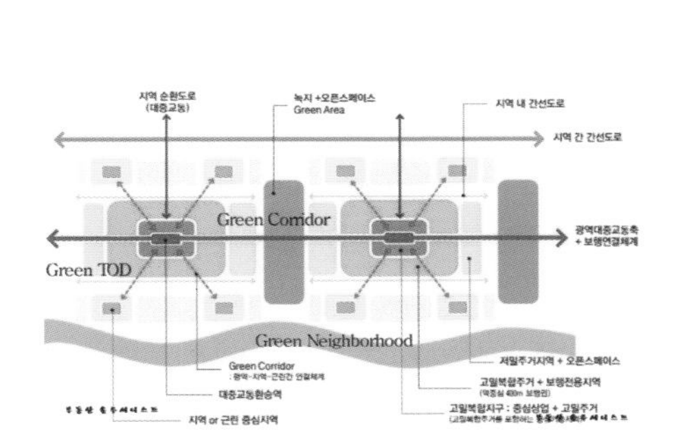

TOD(Transit Oriented development),
m.naver.com

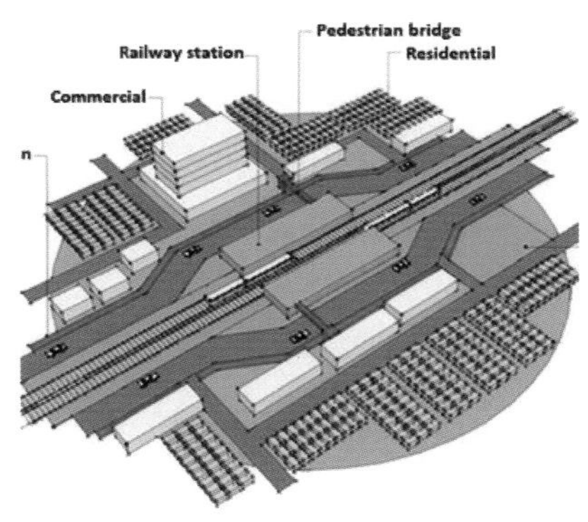

TOD(Transit Oriented Development),
ResearchGate

브라질 쿠리치바의 BRT 정류장 중심 TOD, 나무위키

3) TOD의 주요원칙

1. 대중교통 서비스를 제공할 만한 수준의 고밀도 유지
2. 역으로부터 보행거리 내에 주거, 상업, 직장, 공원, 공공시설 설치
3. 지구 내에는 걸어서 목적지까지 갈 수 있는 보행친화적인 가로망 설치
4. 주택의 다양한 유형, 밀도, 가격의 혼합 배치
5. 복합용도 대중교통 위주의 보행 가능한 개발
6. 양질의 자연환경과 공지 보전
7. 생태적으로 민감한 지역이나 수변지 양호한 공지의 보전 추구
8. 공공공간을 건물 배치 및 근린생활의 중심지로 조성
9. 기존 근린지구 내에 대중교통노선을 따라 재개발 등 촉진

4) TOD의 계획요소인 3D

1. 밀도(Density)
2. 다양성(Diversity)
3. 디자인(Design)

5) TOD의 유형

1. 입지형태에 따라 도시형과 근린주구형으로 구분
2. 개발형태에 따라 도시, 재개발형과 신도시 개발형으로 분류

6) TOD의 기대효과

1. 대중교통 이용률을 증가시키는 반면 승용차 이용률을 감소시킴
2. 이동수단의 선택 폭을 넓혀 안전한 이동을 제공
3. 공해와 에너지 소비의 감소
4. 토지이용면적을 감소시키고 오픈스페이스를 증가시킴
5. 콤팩트한 개발로 인프라 비용을 감소
6. 대중교통 투자재원의 효과적 조달이 가능하도록 유도
7. 대중교통이용자 집약에 따른 교통투자의 효율성을 향상
8. 가계의 가처분소득을 증대시킴

오송역 중심의 TOD, m.naver.blog

❙ TOD의 주요원칙과 계획 및 설계기법

목표	주요 내용
주요 원칙	• 고밀, 대중교통 역세권 중심 개발 • 대중교통, 정류장으로부터 보행거리 내에 상업 · 업무 · 공공시설 등을 혼합배치(반경 600m) • 지역 내 목적지 간 보행친화적인 가로망 구축 • 생태적으로 민감한 지역이나 수변지 등 양호한 공지의 보전 • 주택 유형, 밀도, 가격의 혼합배치 • 공공공간을 근린생활의 중심지로 배치 • 대중교통 노선을 따라 재개발 촉진
계획 및 설계기법	• 교통계획과 토지이용계획의 연계 • TND(전통근린지구 개방 방식), MXD(복합용도개발) 입체도시개발 • 대중교통 수요량에 따른 탄력적 토지이용제도 운영 • 대중교통 중심의 교통체계 운영 • 보행자 중심의 보행환경 조성 • 자전거 교통 활성화 및 보급 확대 • 장소 만들기

❙ 근린주구와 TOD의 설계요소 비교

설계요소	기존 근린주구이론	TOD 이론
커뮤니티 크기	반경 400m	반경 600m(10분 거리)
근린의 밀도	20~25세대/ha	45세대/ha
커뮤니티 중심	초등학교	대중교통환승역 (커뮤니티+상업)
토지이용구성	용도 분리	용도 혼합(가로활성화)
주요 이동수단	자동차	보행(대중교통에 의한 지원)
가로 · 블록체계	슈퍼블록(쿨데삭)	중규모블록/그리드
가로기능	보차분리	보차혼용(보행자우선가로)
주택 유형	유형 간 분리	유형, 밀도, 계층, 혼합

20 어반 빌리지(Urban Village: 도시마을, 1989년 찰스황태자의 영국건축비평서에서 발표)

1) 어빈 빌리지 배경

1. 모더니즘의 대안으로 쾌적하고 인간적인 스케일의 도시환경 건설을 위함
2. 1989년 영국에서 시작된 운동으로, 찰스 황태자의 '영국건축비평서'가 출발점이 됨

2) 어빈 빌리지 목표

1. 도시 속 마을의 특징을 가지는 마을 건설
2. 복합적 토지 이용 지향
3. 지속가능한 규모에 다양한 계층의 사람들이 함께 거주
4. 다양한 용도와 유형의 커뮤니티가 혼합되어 있는 전원도시
5. 자동차 없이 보행으로 도시생활이 가능
6. 계획의 입안에 있어 주민참가를 전제로 하는 등 "지속가능한 환경"의 실현을 지향

Master Plan for Greenwich Millenium Village, Greenwich Millenium Village

3) 어반 빌리지 설계원칙

1. 복합적인 토지이용
2. 친보행환경(도보권 내 학교, 공공시설 및 편익시설 배치) 조성
3. 융통성 높은 건물계획
4. 보행자 우선계획
5. 적정개발규모(40ha, 300~5,000인)
6. 지역특성을 반영한 고품격 도시 및 건축설계
7. 다양한 건물 유형과 주거유형혼합
8. 지속가능한 커뮤니티환경 조성
9. 토지소유권의 혼합

어반 빌리지 개념이 적용된 런던 남부의 그리니치밀레니엄 빌리지(GMV), 조선닷컴

▌뉴어바니즘(New Urbanism), 어반 빌리지(Urban Village) 압축도시(Compact City)의 비교

설계 원리	뉴어바니즘	어반 빌리지	압축도시
적용 도시	미국 교외지역 (플로리다주 시사이드, 새클라멘트의 라구나 웨스트)	영국 런던의 도크랜드 (웨스트 실버타운), 파운드베리)	유럽도시 (프랑크푸르트, 프라이부르크)
사회계층	• 다양한 사회계층 • 연령층의 공존	• 계층별 섞임(social mix) • 중저소득층에 주택 공급	• 계층별 섞임(social mix)
토지 이용	용도 및 기능의 섞임	복합개발	고밀도 토지이용 및 건물의 복합화
인본주의	인간적 척도 도입	휴먼스케일 중시	-
개발밀도	• 다양한 주거 유형 • 혼합적 밀도에 의한 개발	주거밀도의 다양성 확보	• 도심부 고밀도 개발 • 도심부고층물 위주의 업무 · 상업지역의 개발
접근성	도시 내 시설 간의 교류를 도보로 접근	도보권 도시	• 도심부 보차공존도로 • 특색 있는 건물
교통	• 도시 내부 서비스 차량 • 대중교통중심개발(TOD) • 자동차 노선 분리 • 보행 중심	• 대중교통 • 도보 장려	• 지하철역 및 지하철 교통축 중심개발(TOD) • 자가용억제 • 경전철(LRT)도입
에너지	• 에너지 절약형 주거단지 • 환경공생 (예 주택 내 태양광온수장치)	• 에너지 소비 절감 주택자재 사용 (예 그리니치 밀레니엄 빌리지)	• 에너지절약 설계요소 이용 • 대중교통수단 이용을 통한 도시 에너지 감소

어반 빌리지 개념이 적용된 영국 파운드베리 단지

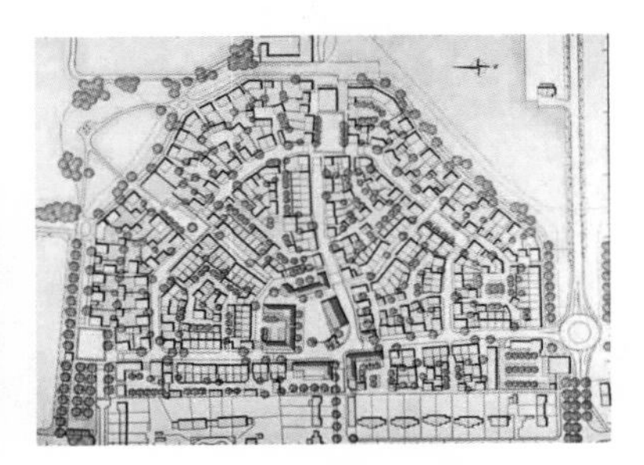
Poundbury Urban Design Plan, Pinterest

21 전통적 근린주구 개발(TND: Traditional Neighborhood Development, Duanny와 Ziberk(1991) 발표)

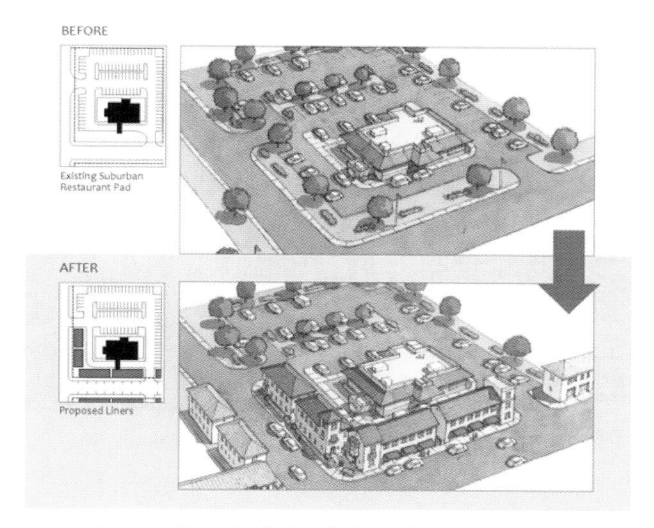

Urban Sprawl Repair Kit by Galina Tahchieva, Inhabitat

1) TND의 배경

1. 전통적 근린주구개발인 TND는 뉴어바니즘 조류의 하나로 듀아니(A. Duanny)와 프래터(Plater)－지벅(Ziberk)에 의해 주창
2. 자동차 중심의 설계에서 탈피하여 사람중심의 근린주구 설계기법을 주장
3. 환경친화적이고 보행 우호적인 근린주구 이미지를 만들기 위한 개발 기법

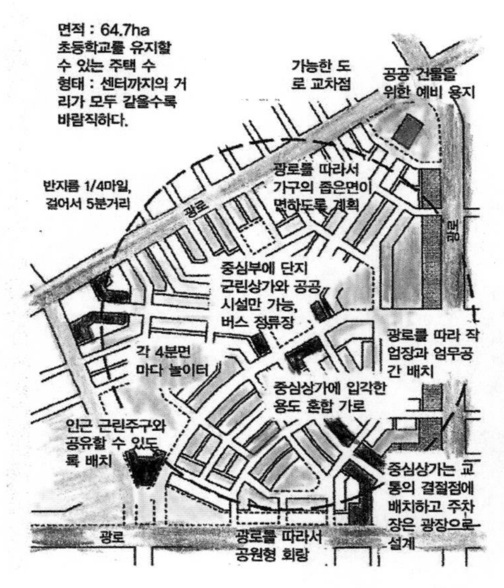

Duany and Plater-Zyberk의 근린주구 개념, Leccese and McComick, 2000

Traditional Neighborhood Structure, Pinterest

2) TND의 개념

(1) 토지이용

1. 혼합적 토지이용
2. 기성 시가지 또는 재개발 지역 중심으로 적용 권장
3. 자연환경의 보존

(2) 교통

1. 보행자 중심계획
2. 대중교통과의 연계성 강화

(3) 커뮤니티

1. Social Mix(다양한 계층 혼합)가 가능한 다양한 커뮤니티 제안
2. 다양한 주거 형태

3. 자치제로 운영
4. 주민참여 장려

TND: Traditional Neighborhood Development, Example Ideas Pinterest

3) TND의 설계원리

1. 근린주구에는 광장, 공원, 또는 사람이 많이 모이거나 장소성이 있는 중심공간이 있어야 하며 정류장은 이곳에 위치
2. 대부분의 주거지는 중심에서 보도로 5분 이내, 평균거리는 400m 정도에 위치
3. 근린주구 내 주거형태는 젊은이와 노인, 독신자, 가족, 저소득층과 고소득층 모두 함께 살 수 있도록 단독주태, 저층연립주택, 아파트 등 다양하게 구성
4. 근린주구의 경계부에는 상점과 오피스가 위치
5. 각 주택의 뒷 마당에는 작은 보조(작은) 건물의 건축을 허용
6. 통학거리가 1.6km가 넘지 않는 범위 내에서 어린이들이 초등학교까지

도보로 통학할 수 있어야 함

7. 거주지에서 가까운 거리에 작은 운동장이 있어야 하고, 이 거리는 200m를 넘어서는 안 됨
8. 근린주구 내 도로는 격자형으로 연계되어 교통혼잡을 분산시킴
9. 도로의 폭은 가급적 좁아야 하고, 차량이 속도를 줄이도록 유도하면서 보행과 자전거이용이 편리하고 안전한 환경을 조성
10. 근린주구의 중심건물은 장소성을 확보하기 위하여 도로에 인접하도록 유도
11. 주차는 도로를 통해 건물의 뒷면으로 처리
12. 장소성이 있는 공간은 주민의 공용도로로 활용하도록 하고, 건물은 도로의 끝 부분이나 근린주구의 중심에 위치

Traditional Neighborhood DeveloppmentConcepts: Mayfield Development

22 스마트 성장(Smart Growth, Daniel(2001); Alexander & Tomalty(2022); Downs(2005) 발표)

1) 스마트 성장의 배경

1. 미국 도시들은 평면적 확산이 본격화되면서 교통 혼잡, 환경오염, 녹지공간의 훼손, 서민형 주택(affordable housing)의 부족, 기성시가지의 쇠퇴와 같은 복합적이고 만성적인 도시문제에 직면하였음
2. 2차 대전 후 개인승용차의 보급 확대, 고속도로망의 건설, 교외의 넓은 단독주택에 대한 높은 선호도에 의하여 중산층들이 교외로 대규모 이주하기 시작
3. 중심도시는 기반시설의 유지관리에 필요한 세수 부족, 저소득층과 소수인종의 집중, 일자리 부족과 같은 사회경제적 문제가 심화
4. 교외지역은 단독주택 중심으로 저밀도의 외연적 확산이 가속화되었음
5. 이러한 각종 도시문제에 대한 대응책으로 나온 스마트성장 패러다임은 경제성장, 환경보전, 삶의 질 개선을 동시에 추구하기 위해 도시성장을 계획적으로 수용, 유도하기 위한 도시성장관리방식임. 스마트 성장은 기성시가지의 효율성제고, 대중교통 및 보행환경개선, 녹지공간보존, 주거선택의 다양성 등에 목표를 두고 이 목표를 달성하기 위한 패러다임임

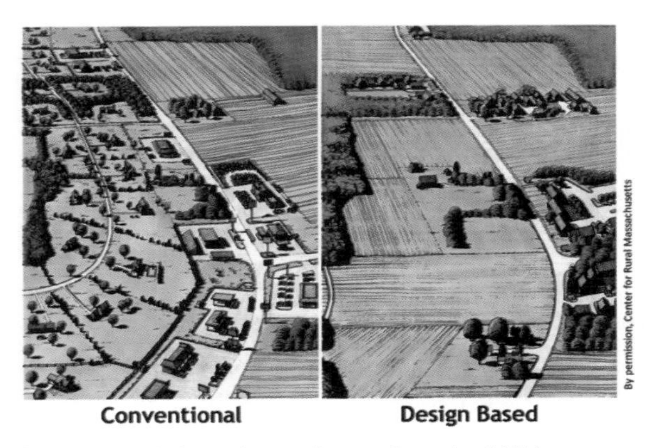

Conventional Growth vs. Smart Growth, MSU

2) 스마트 성장의 목표

1. 국가 및 도시 간 경쟁에서 살아남을 수 있는 강한 경제를 유지함으로써 지속가능한 경제성장과 고용창출에 기여
2. 녹지공간의 훼손, 대기오염 및 수질오염, 교통혼잡, 직주의 원거리화, 기존시가지의 쇠퇴를 유발하는 교외지역의 난개발 방지
3. 기존 시가지의 계획적 정비에 우선순위를 둠으로써 교외의 전원도시 및 신도시 개발수요의 억제
4. 기반 시설의 추가건설에 따른 재정 부담을 완화, 양호한 농경지와 오픈스페이스를 보존
5. 대중교통 결절점을 중심으로 고밀도의 복합용도 개발(TOD), 나대지나 저이용토지(brownfield)의 적극적 활용을 추진
6. 성장의 속도, 위치, 방향, 방식을 계획적으로 결정함으로써 예측가능하고 비용효과적인 방식으로 도시개발을 진행
7. 시민들에게는 선택의 다양성을 제공하며 다양한 이해당사자(stakeholder)들의 이해와 협력관계를 바탕으로 지역의 현안을 이해하고 개발의 방향을 설정하는 의사결정과정을 중시
8. 사회계층 다양화에 따른 수요변화를 수용하고 이해당사자 간 협력관계 구축
9. 주택유형과 소유형태의 다양화, 교통수단 선택의 다양화, 대화와 협력 중시(참조: 국토정책 Brief, 2006)

Plan El Paso, The Best Smart Growth Projects in America, CityLab

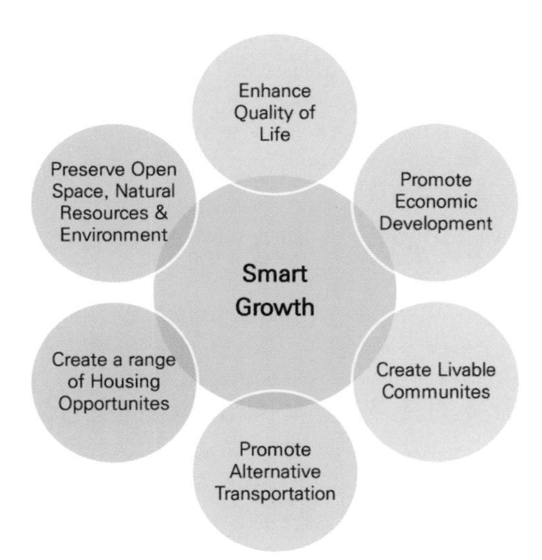

Smart Growth Principle ResearchGate

3) 스마트성장의 계획 및 설계 원칙

1. 토지용도 간 혼합
2. 고밀건축 설계방식 채택
3. 주거기회 및 선택의 다양성 제공
4. 보행에 편리한 커뮤니티 건설
5. 강한 장소성을 지닌 차별화되고 매력적인 커뮤니티 조성

도시성장이론, 서울시 도시계획포털

6. 오픈 스페이스, 농지, 자연경관 및 환경적으로 중요한 지역의 보전
7. 교통수단의 다양성 제공

23 압축도시(Compact City: Danzig(1973) 발표)

1) 압축도시의 배경

1. 신도시를 만들어 도시공간구조를 도시를 외연으로 확장해오던 도시 정책의 반성에서 출발
2. 도시 중심부가 외곽으로 흩어지면서 도시의 외연화에 따른 각종 사회비용이 발생함. 이에 대한 대안정책으로 압축도시가 부각
3. 교통체증 현상과 환경오염 문제를 해결하고 경제적 효율성을 추구하기 위해 도시를 고밀도로 개발하는 콤팩트시티(Compact City)의 개발 필요성 제기

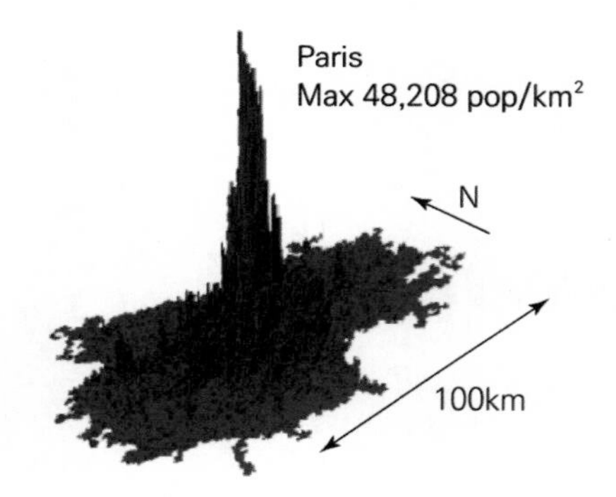

Compact City Policies, OECD

2) 압축도시의 정의

1. 압축도시는 자동차 이용을 억제하여 교통수요 및 통행거리를 감소시키고, 지하철 위주의 대중교통 이용을 유도하는 도시형태임. 특히 보행과 자전거 이용을 장려함. 다시 말하면 압축도시는 고밀형 복합토지이용 개발이 중심이 됨
2. 압축 도시는 도시의 확산을 억제하고 주거, 직장, 상업 등 일상적인 도시 기능들을 가급적 도시의 내부로 유도하여 고밀과 복합개발을 유도하는 도시

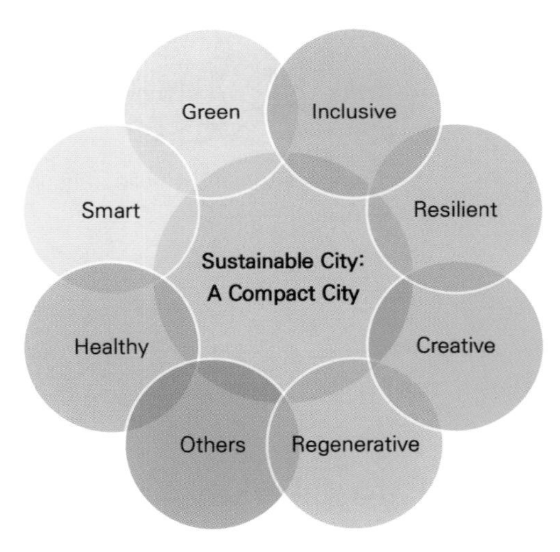

Compact City, Semantic Scholar

3) 압축도시의 계획 및 설계 원칙

1. 고밀 복합적 토지 이용과 대중교통 중심의 개발
2. 대중교통 정류장으로부터 보행거리 내에 상업시설, 업무시설, 공공시설 등을 혼합배치
3. 지역 내 상호 목적지간 친화적 보행 가로망 구축
4. 생태적 민감지역, 수변지역 등 녹색공간의 보전 관리

5. 대중교통을 중심으로 한 TOD계획기법을 도입하여 복합토지이용 및 직주근접의 실현
6. 건축계획에 있어 주택 유형, 밀도, 가격의 혼합적 공간배치
7. 공공공간을 근린생활의 중심지로 배치하여 주민활동의 주요 초점으로 활용
8. 개발의 규모는 대중교통 기반의 형태가 될 수 있는 규모

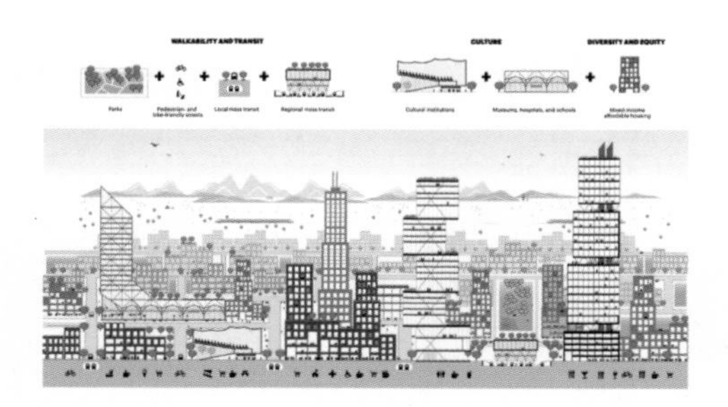

Compact City, RersearchGate

Compact Cityand Public Tansport, Britanica

4) 압축도시의 장점

1. 공공시설 및 교통시설에 접근성이 높아짐
2. 친환경 교통수단 의존도를 높임
3. 에너지 저감과 대기오염 물질 배출이 감소되어 환경이 보존됨
4. 도심쇠퇴를 방지함
5. 사회 계층간 통합을 도모할 수 있음

5) 압축도시의 단점

1. 고밀 도시환경이 가져오는 도시사회적 편익에 대한 합의와 공감대가 부족
2. 도시 내 녹지, 공공공지의 감소로 삶의 질이 떨어질 우려
3. 이미 개발된 도심 외곽의 시가지와 신도시의 공동화 현상을 야기시킬 것이라는 우려
4. 고밀 압축도시의 교통혼잡으로 오히려 에너지 소비의 증가 우려

5. 도시 내 녹지, 공공 공지의 감소로 삶의 질이 낮아질 수 있음
6. 혼잡과 과밀한 대도시의 혼잡과 오염을 가중시킬 수 있음
7. 인당 에너지 소비량은 감소되더라도 높은 밀도로 대기중 오염물질은 더 증가할 수 있음

Sustainable Design for Compact City RIL

24 복합용도개발

(MXD: Mixed-Use Development: ULI에서 1976년 정의)

1) 복합용도개발의 배경

1. 포스트모던도시는 다결절 구조, 융합, 관민 파트너십, 다양한 도시 활동 등으로 특징지을 수 있고, 가장 큰 특징은 도시의 토지이용 용도 간의 복합화임
2. 단일 품종의 대량생산체계가 다품종 소량생산체계로 바뀜에 따라 도시 내 산업시설이 환경친화적으로 변하여 산업, 서비스, 주거 기능이 도시 내에서 공존이 가능함

모던 도시	포스트모던 도시
• 소수의 결절점 • 단일용도 • 관주도 • 동질적인 도시 활동 • 단일 품종 대량생산 체계	• 다극화된 여러 개의 결절점 • 융합 및 복합용도 • 관민 파트너십 • 다양성 있는 도시 활동 • 다품종 소량생산

Northumberland Mixed Use Development, Blitzzard Property

2) 복합용도개발의 기본조건

 **ULI(Urban Land Institute)에서 규정한 복합용도 건축물의 기본조건**

1. 독립적인 수익성을 가진 3가지 이상의 용도 수용
2. 혼란스럽지 않은 보행동선체계로 모든 기능을 연결하여 물리적, 기능적으로 통합
3. 하나의 복합용도개발 마스터 플랜에 의해 일관성 있게 개발

3) 복합용도개발의 설치 유형

1. 건물 기준: 수직형, 수평형, 플랫폼형 등
2. 기능 기준: 주거+상업, 주거+업무, 상업+업무 등
3. 주거비율 기준: 주거중심형, 주거보조형, 직주분등형 등

4) 복합용도개발의 효과

1. 주상복합건물의 경우 도시 내에서 살고자 하는 사람들에게 주택을 공급할 수 있으며 이로 인해 도심공동화 현상 방지
2. 복합기능의 수용에 따라 도시 내 상업기능만이 급격한 증가 현상을 억제함으로써 도시의 균형잡힌 발전 도모
3. 도심지 주변에 주상복합건물을 건설할 경우 이 지역이 도소매업, 광고업, 인쇄업 등 서비스 기능으로 변화하는 것을 방지
4. 도심지 내 주생활에 필요한 근린생활시설 및 각종 생활편익시설의 설치가 가능하게 되어 도심지가 활력이 넘치고 다양한 삶의 장소로 전환

5. 주상복합건물을 건설할 경우 기존 시가지 내 공공시설을 활용함으로써 신시가지 또는 신도시의 도시기반시설과 공공서비스시설 등에 소요되는 공공재정이나 민간자본 투자비의 절감
6. 주상복합건물에 직장과 주거가 공존하는 도시민의 경우 직장과 주거지와의 거리가 단축되므로 출퇴근 시 통행자의 교통비용 및 시간의 절약과 교통혼잡도 완화
7. 차량통행량 증가가 완화됨에 따라 대기오염요인 감소와 에너지 절감 효과
8. 주차장이용에 있어서 주거, 상업, 업무 등 기능별로 이용시간대가 분산되므로 복합건물 내의 한정된 주차공간을 효율적으로 이용 가능

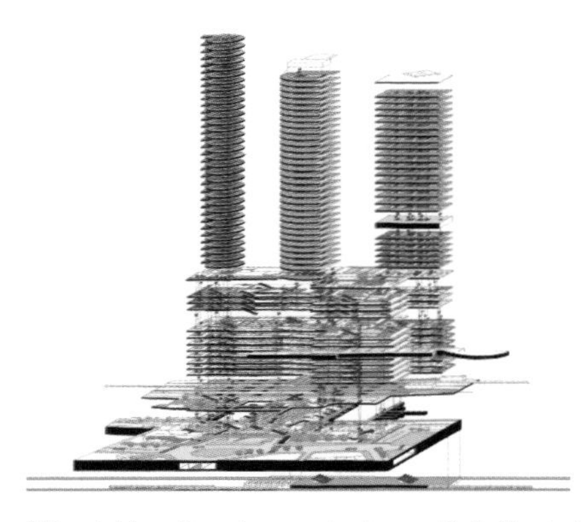

Mixed-Use Development, Japan Rail Central Towers and Station, Nagoya, Japan, 2000 KPF

복합용도개발의 효과

경제적 측면	공간적 측면	사회적 측면
공간의 절약화	토지이용의 고밀화	지속적인 정비를 통한 애착심 강화
시설 또는 설비의 효율적 이용 (에너지 소비 절감)	공공기반시설의 정비	민관파트너십의 강화
건설비, 운영비의 절약	공익시설 확충	커뮤니티의 활성화
	자전거 보행자 도로체계 구축	지역이미지 향상
	녹지 및 오픈스페이스 확보	지역서비스 수준 향상

자료: 원제무, 탈근대 도시재성, 도서출판 조경, 2012

25 창조도시

(Creative City: Landry(2005); Hall(2002); Florida(2002) 발표)

The UNESCO Creative Cities Network Ajuntament, Barcelona

1) 창조도시의 정의

1. 창조적 인재가 창조성을 발휘할 수 있는 환경을 갖춘 도시
2. 도시의 창조성을 이끌어 가는 창조적 인재들이 도시 내에서 활동하면서 예술적 영감과 그들이 지닌 창조성을 충분히 발휘할 수 있을 정도로 문화 및 거주 환경의 창조성이 풍부하며, 동시에 혁신적이고 유연한 도시 경제 시스템을 갖춘 도시
3. 제이콥스(Jacobs): 탈 대량생산시대에 풍부한 유연성과 혁신성으로 경제적 자기조정능력을 갖춘 도시를 창조도시라고 보고 있음. Jacobs가 주목했던 창조도시는 뉴욕이나 런던, 파리와 같은 세계 도시가 아니라 비교적 작은 도시인 볼로냐와 피렌체를 꼽았는데 이는 숙련된 기술과 장인정신을 지닌 전문화된 중소기업들의 클러스터 형성을 통한 혁신에 주목했기 때문임
4. 랜드리(Landry)(2000): 예술과 문화가 지닌 창조적인 힘에 착안하여, 자유롭게 창조적인 문화활동을 영위할 수 있도록 문화적 인프라가 갖추어진 도시로 정의

5. 마사유키(2004): 창조도시란 독자적인 예술문화를 육성하고 지속적으로, 새로운 산업을 창조할 수 있는 능력을 갖춘 도시. 또한 인간이 자유롭게 창조적 활동을 함으로써 문화와 산업의 창조성이 풍부하고 혁신적이고 유연한 새로운 문화적 생산 시스템을 갖춘 도시(원제무, 창조도시예감, 한양대 출판부, 2011)

UNESCO 창조도시인 가나자와의 시민예술촌과 21세기 미술관

2) 창조도시의 특징

1. 창조도시는 도시의 고유한 문화예술 산업을 길러내면서 지속적으로 새로운 산업을 창조할 수 있는 잠재력을 지닌 도시
2. 창조도시는 도시민들에게 창조적 행위나 활동을 할 수 있는 토대를 마련하여 창조적 문화와 산업을 일구어내게 하는 도시
3. 창조도시는 창조 계급을 토양으로 하여 개인, 산업, 사회적으로 복합적인 도시경쟁력을 갖춘 도시
4. 창조도시는 역사성, 혁신성, 유연성, 다양성, 쾌적성의 바탕 위에 창조적

인 새로운 문화생산여건을 갖춘 도시

5. 창조도시는 그 도시만이 갖는 정체성 속에서 문화예술 활동이 두드러지고, 산업, 경제, 환경을 만드는 원동력인 창조적 공동체 정신이 깃든 도시

1

2

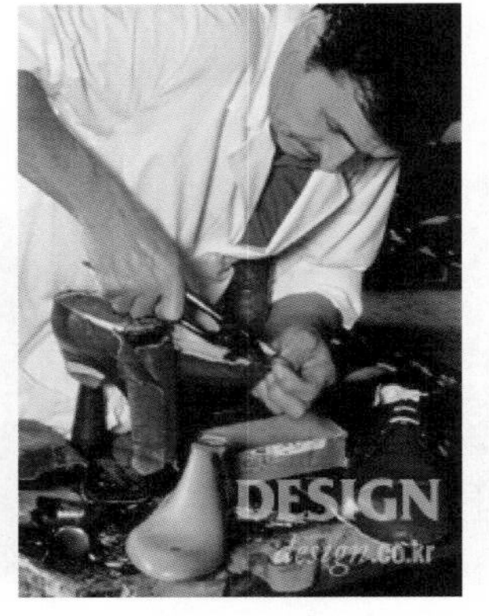

볼로냐 공방 협동조합에서 명품 브랜드로 성장한 아 테스토니, mdesignhouse.co.kr

3) 플로리다(Richard Florida)의 창조도시(Creative City)

Richard Florida, The Daily Beast

(1) 플로리다의 창조도시란?

1. 창조적 인재가 창조성을 발휘할 수 있는 환경을 갖춘 도시
2. 역사적 · 문화적 정체성을 바탕으로 고부가가치의 무형의 부와 고용을 창출할 수 있는 도시 여건을 갖춘 도시

(2) 창조도시가 되기 위한 필요 요소: 3T

① 기술(Technology)

② 인재(Talent)

③ 관용성(Tolerance)

(3) 창조 계층

① 창조성을 주요 업무 요소로 활용하는 전문가 집단

② 과학자, 기술자, 건축가, 디자이너, 작가, 예술가, 음악가

(4) 창조산업

① 독창적 아이디어와 컨텐츠에 바탕을 둔 산업

② 개인의 창의성과 기술, 재능을 활용한 고부가가치 산업이 발달

(5) 창조 환경

① 인적, 사회적 문화적, 경제적 다양성이 확보된 환경

② 창조적인 인재와 창조산업 종사자가 선호하는 도시환경

26 공공디자인(Public Design)

1) 공공디자인의 정의

1. 공공디자인은 공공 시설물의 심미적·상징적·기능적 가치를 높이기 위한 창조적 디자인 행위
2. 공공디자인은 불특정 시민들을 위한 공적인 성격이 강한 디자인
3. 공공을 위해 디자인되고, 또 공공에 의해 디자인됨
4. 개인적 취향보다 공공에 의한 사용성을 중시하며, 유행을 따르기보다는 시민사회의 필요와 욕구, 지속가능성에 디자인의 초점을 맞춤

공공디자인의 법적 정의

1. "공공디자인이라 함은 국가 및 지방자치단체가 제작 · 설치 · 운영 · 관리하는 것으로서 국민이 사용하거나 국가 및 지방자치단체가 직접 사용하는 공간, 시설, 용품, 정보 등의 심미적 · 상징적 · 기능적 가치를 높이기 위한 창조적 행위를 말한다."
2. 협의: 국가나 지방자치단체가 제작, 설치, 운영하는 각종 공간, 시설, 용품, 정보와 관련된 디자인
3. 광의: 사적 소유물이지만 공공성이 확보되어야 하는 영역의 디자인을 포함
4. 공공디자인의 목적 · 주체 · 소유 · 대상은 모든 사용자이다. 장애인 · 노약자를 포함하여 외부 방문객(외국인, 여행자)까지 포함

2) 공공디자인의 목표

1. 공공디자인은 도시의 품격과 시민들의 삶의 질을 총체적으로 향상시키기 위한 도시 인프라의 일종임
2. 공공디자인은 문화적 성숙의 척도와 더불어 경쟁력 제고의 필수 조건임
3. 공공디자인은 시대상황에 맞는 도시의 예술문화환경의 조성하는 원동력이 됨

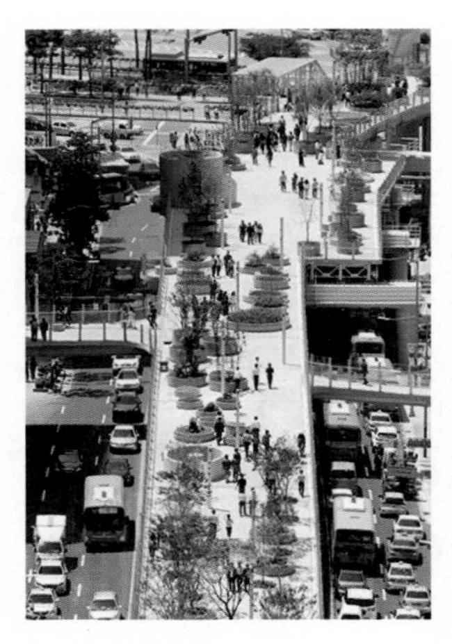
서울로 7017(이미지 출처 : 서울시 제공)

스페인 마드리드 헤타페의 우산 거리

3) 공공디자인의 목적, 주제, 대상, 혜택

(1) 무슨 목적인가?

1. 모두를 위한 디자인
2. 사회 구성원을 위한 디자인
3. 최대 다수의 최대 행복을 위한 디자인
4. 공익의 증진을 위한 디자인

(2) 어떤 주제인가?

1. 대중에 의한 디자인
2. 사회구성원이 참여하는 디자인
3. 공공의 의도와 목적이 반영된 디자인
4. 공공기관, 국가에 의한 디자인

(3) 대상은 누구인가?

1. 모두에게 전달되는 디자인
2. 대중의 특수한 필요를 충족하는 디자인
3. 공익에 기여하는 디자인
4. 공중에게 영향을 미치는 디자인

(4) 누가 누리나?

1. 사회구성원 누구나 가질 수 있는 디자인
2. 집단의 정체성이 표현되는 디자인
3. 공공을 위한 디자인
4. 대중이 함께 누리는 디자인

Plastic Garbage, m.blog.naver.com

선유도공원 디자인: 서안조경(조경가: 정영선), 조성룡도시건축(건축가: 조성룡), design.co.kr

27 회복탄력성 도시(Resilient City: 생태학자 Holling(1973); MIT Conference(2002) 발표)

1) 회복탄력성 도시의 배경

1. 도시계획분야에서는 2001년 뉴욕의 대규모 테러사건(9·11)을 계기로 2002년 MIT-Conference에서 'The Resilient City: Trauma, Recovery, and Remembrance.'라는 용어가 처음 등장
2. 그 이후 도시를 주제로 Vale and Campanella에 의해 'The Resilient City: How Modern Cities Recover from Disaster'라는 책자가 발간됨 (Kegler 2014).
3. 따라서 회복탄력성(Resilience)이란 개념이 도시연구에 쓰이기 시작한 것은 2000년 이후의 일
4. 본래 심리학에서 사람이 가진 위기나 역경을 극복하고 긍정적인 상태로 돌아갈 수 있는 역량을 가리키는 용어였음. 그러다가 자연재해나 테러 등에 직면하여 큰 재난을 겪은 사회나 도시가 그 이전의 상태를 회복할 수 있는 역량을 가리키는 말로도 바뀌어 쓰이게 됨
5. Grosvenor의 보고서에서는 회복탄력성을 '도시가 위해한 사건을 피하거

나 재기할 수 있는 능력'이라 말하며, 이는 '취약도(Vulnerability)와 적응력(Adaptive Capacity)의 상호작용'에 의해 비롯되는 것으로 정리

2) 회복탄력성 도시의 학문적 접근 방식

(1) 생태학적 리지리언스

초기 생태학자들의 경우 리질리언스(회복탄력성)를 균형상태(equilibrium or steady state)에 있던 시스템이 외부교란(disturbances)에 의해 균형이 일시적으로 깨질 때 이에 대한 회복시간으로 정의

(2) 사회적 리질리언스

사회적 리질리언스는 사회 그룹들 또는 공동사회가 사회적·정치적·생태학적 변화에서 기인하는 외부 충격과 위험을 다루는 능력을 의미(서지영, 2014)

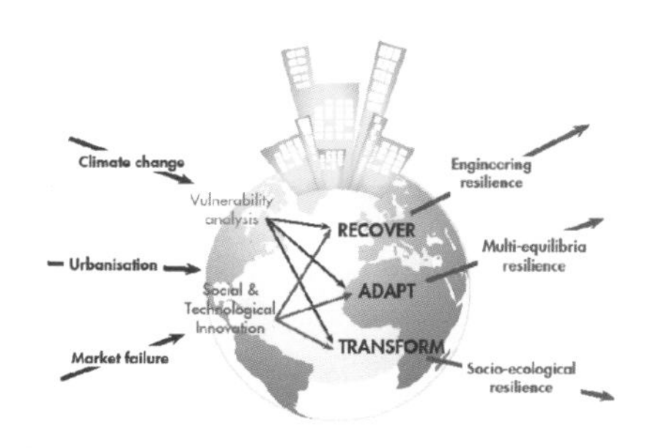

Dimensions of a Resilient City, ResearchGate

Resilient City, Leonard by VINCI

3) 연구자별 회복탄력성의 정의

1. Holling(1973): 리질리언스를 '변화와 방해를 흡수하고, 인구나 상태 변수 간의 동일한 관계를 유지하는 시스템 능력
2. Folke(2006): 회복력을 첫째, 기존 상태로 빠르게 다시 복구되는 능력, 둘째, 외부 충격이나 완만한 변화들에 대한 시스템의 저항능력, 셋째, 변화하는 조건에 적응하는 시스템의 능력으로 3가지 차원에서 논의

3. Folke(2010): 사회-생태적 리질리언스(Social-ecological resilience)를 가장 유용한 리질리언스 개념으로 제시함(Pisano, 2012). 그리고 리질리언스를 '상태'가 아니라 '과정'으로 보고, 적응 과정, 학습과정, 혁신과정을 고려할 것을 제안(Folke et al., 2010).
4. 이들의 정의에서 공통적인 요소는 변화하는 환경에서 회복을 위해 필요한 외부 충격을 견디고 흡수하며 적응하는 능력. 즉 제자리로 돌아오는 능력이라는 의미를 공통적으로 내포하고 있음을 알 수 있음(UN ESCAP, 2013; 하수정, 2014)

Now is the Time to Invest in Resilient City, World Bank Group

4) 도시계획 분야 속에서의 회복탄력성 의미

1. 도시계획분야에서 논의와 연구되는 리질리언스(회복탄력성)는 외부요인에 의해 야기된 스트레스와 방해에 대처하기 위한 생태학적 시스템의 연구 방식에서 차용된 것으로 보며 '도시 리질리언스(Urban resilience)'라는 용어가 사용됨
2. 리질리언스는 '방해'에 대처하는 능력, 끊임없이 변화하는 환경에서 외부 충격을 견디고 흡수하여 적응하는 능력, 이전 수준보다 더 진화된 수준으로 되돌리는 도시의 능력을 의미함
3. 시공간 차원에 걸쳐 바람직한 기능으로 빠르게 유지 또는 복귀시키고, 변

화에 적응하며, 현재 또는 미래의 적응 능력을 제한하는 시스템을 빠르게 전환시킬 수 있는 능력을 가진 도시로 정의

4. 유기적인 시스템으로 인하여 스트레스나 위협으로부터 지속적인 전환을 추구하는 과정의 도시

5) 회복탄력성 도시 관련 정책적 시사점

1. 자연재해나 테러 등에 직면하여 큰 재난을 겪을 경우 도시가 그 이전의 상태를 회복할 수 있는 역량을 구축하기 위해 도시 시스템(소프트웨어 및 하드웨어)의 근본적인 변혁이 요구됨
2. 재난 대응형 의사결정체계로 변화 필요: 혼란(disruption), 위기(crisis), 저항(resistance), 변혁(transformation)의 단계별 극복전략이 요구됨
3. 도시 정부는 '혼란'과 '위기', '저항'에 대처하는 사회학습프로그램 등을 통하여 회복력 있는 도시 목표를 추구할 수 있는 전략 수립
4. 계획과 정책의 의사결정과정에 리질리언스(회복탄력성) 의사결정 체계를 도입하여 '변혁'되어야 함
5. 혼란과 위기로부터 리질리언스가 높은 도시가 되기 위해서는 리질리언스 예측 분석 기법의 개발과 평가체계 개발이 요구됨
6. 지속적으로 도시를 위협하고 있는 위기와 혼란을 방지하기 위하여 도시 주요기반시설이 스스로 위험을 모니터링하고 대응하면서 회복력을 갖출 수 있는 '도시 통합 리질리언스 시스템'을 구축해야 함
7. 기후변화에 적응하는 도시계획 및 도시설계 과정(현황분석 → 영향분석 → 목표 및 전략수립 → 계획 및 설계 → 기후변화적응도시 실천(집행))의 정립이 요구됨
8. 커뮤니티 단위에서 회복탄력성을 위한 요소가 무엇인지 진단하고 규명함으로써 커뮤니티에서 회복탄력성의 의식을 고취시키고 생활 비용과 에너지 절약을 동시에 달성하는 방안을 모색

28 포용도시(Inclusive City: UN-HABITAT(2016) 의제에서 발표)

1) 포용도시의 탄생 배경

1. 그동안의 성장 위주 도시정책이 경제적 양극화와 계층적 갈등, 사회적 배제를 불러 왔기 때문에 지속적인 성장이 불가능하다는 반성에서 출발한 개념
2. 포용도시는 유엔 해비타트 III(United Nations Conference on Human Settlements III)이 20년을 단위로 설정하는 도시 의제로 2016년에 제안한 어젠다
3. 기존의 유엔 해비타트 II의 주제였던 '지속가능한 도시(Sustainable City)'를 넘어 '도시에 대한 시민의 권리와 모두를 위한 도시(The Right to the City and Cities for All)'를 지향하는 패러다임이 포용도시임
4. 함께 사는 공동체로서의 도시가 추구하는 사상으로서 '포용도시(Inclusive City)'가 부각
5. 경제성장 과정에서 발생한 차별과 빈곤, 불평등을 해소하고 참여를 확대해야만 지속가능한 성장이 가능하다는 것을 인식하게 되었기 때문에 포용도시가 부각됨

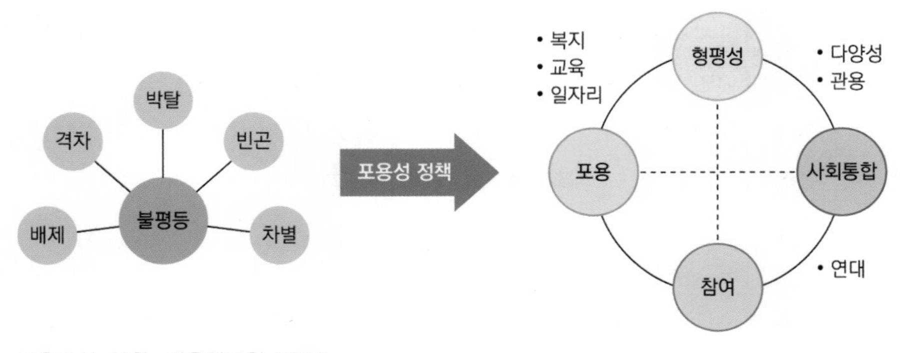

포용도시 서울, 서울연구원 2016

수원시, '지속가능한 포용도시', 수원뉴스

2) 포용도시의 정의

1. 포용도시란 경제성장 과정에서 소외된 계층에 대한 차별을 없애고 빈곤 감소, 불평등 해소, 참여확대, 지속가능성 추구 등의 포용 성장을 지향하는 '모두를 위한 도시'
2. 포용도시는 지속가능 도시보다 더 포괄적인 개념. 사회적 약자를 포함한 모든 시민들이 도시의 공공 공간과 공론의 장에 참여, 다양한 문화를 향유할 수 있는 도시민의 권리를 보장하는 도시
3. 포용도시의 계획철학은 '포용성(inclusiveness)'임. 포용의 개념은 서로 다른 것들을 끌어안고 조화롭게 살아가는 모습을 지향

3) 포용도시의 계획 철학

1. 포용도시는 '가치', '절차와 과정', '공간과 시설'을 중요한 개념 요소로 하고 있음(이재준, 2016)
   ① 가치: 그간 도시성장 과정에서 소외되었던 계층을 배려하려는 지향성
   ② 절차와 과정: 민주적이고 자발적인 시민 참여의 보장
   ③ 공간과 시설: 균형 있고 평등하게 접근할 수 있는 공공인프라의 제공을 지향
2. 포용도시의 실질적 내용을 규정하는 차원으로는 '역량 형성', '공간적 개

방', '상호 의존', '참여' 등이 제시되고 있음(박인권 · 이민주, 2016)

① 역량 형성은 도시민들이 참여와 상호 의존관계를 맺기 위해 필요한 실질적 능력을 형성하고 강화시키는 것을 의미

② 공간적 개방은 이 모든 것들이 도시라는 공간에서 일어날 수 있도록 현재의 주민뿐만 아니라 미래의 거주 희망자에게까지 열려 있어야 한다는 것을 의미

③ 상호 의존은 도시민 들이 공적, 사적 관계를 통해서 서로 도움을 주고받는 관계를 의미하고, 참여는 정치적 의사결정, 경제, 사회, 문화 등 여러 영역 활동에서 도시 주민들이 한 부분을 맡는다는 것을 의미 (Gerometta et al., 2005)

포용도시 서울, 서울연구원 2016

2020 부산건축제-포용도시, 머니투데이

4) 디지털 포용(Digital Inclusion)

1. 최근에는 포용적 성장을 위한 구체적인 수단으로 디지털 포용(Digital Inclusion)이 부각
2. 디지털 시대 정보력 차이와 디지털 문해력(digital literacy) 차이에 따른 디지털 격차(digital divide)를 해소할 필요성이 생김

> **디지털 포용을 위한 3가지 전략(선지원, 2019)**
>
> ① 디지털 전환에 따른 갈등과 역기능 방지(Inclusion of Digital)
> ② 디지털 혁신에 기반한 공공서비스 혁신과 민관협력체계 정착(Inclusion by Digital)
> ③ 기업 간 인프라 균형, 사이버 위험 해소 등을 통한 디지털 격차해소 및 디지털 역량 강화(Inclusion for Digital)

29 빌바오 효과

(Bilbao Effect: 1997년 구겐하임 빌바오 미술관 개관 이후)

1) 빌바오 효과란?

1. 한 도시의 랜드마크 건축물이 그 도시나 지역에 미치는 영향이나 현상을 이르는 말
2. 1997년 개관 이후 구겐하임 빌바오 미술관의 독특한 건축물을 보기 위해 인구 40만이 되지 않는 빌바오시에 한 해 100만 명의 관광객이 찾아왔고 수십억 달러의 관광수입이 생겨남
3. 이후 빌바오 효과는 도시의 랜드마크인 건축물이 도시경쟁력을 높이면서 도시마케팅 효과를 나타내는 의미로 쓰이고 있음
4. 세계가 주목하는 이유는 쇠퇴해가는 도시가 미술관 하나로 세계적 명소로 탈바꿈했다는 사실, 즉 거의 불가능한 일이 현실이 됨. 여기에는 세계적인 미술재단 구겐하임과 도시재생의 의지가 강한 빌바오시, 독특한 디자인으로 세계적 주목을 받는 프랭크 게리의 작품이 탁월한 조화를 이뤄 기적 같은 결과를 만들어 낸 것임
5. 이 구겜하임미술관에는 미국 철강계 거물인 솔로몬 구겐하임이 직접 수집한 현대미술작품들이 보관되어 있음
6. 전시 미술품보다 미술관 자체가 더 유명한 이 미술관은 쇠퇴해가는 빌바오시를 경제적으로 재생시킨 원동력이 됨으로써, 단순한 건축물 이상의 의미를 담고 있음

2) 도시 재생정책이 빌바오 효과를 창출

빌바오 구겐하임 미술관, kado.net

빌바오 구겐하임 미술관, 한계레

(1) 빌바오의 도시 현황 및 문제점

① 스페인 대서양 연안 바스크 지방에 있는 인구 35만 명의 도시

② 19세기 후반부터 20세기 중반까지 철강 · 조선산업으로 호황

③ 전 세계적 제조업 침체와 바스크 분리주의 운동 → 1980년대부터 도시 쇠락

④ 1983년 최악의 홍수로 수변 도심지 폐허화 및 실업률 증가

(2) 빌바오의 홍수 피해 복구(도시재건) 사업

① 홍수 피해 복구사업 추진

② 지역주민과 토론을 통해 문화도시로의 변화에 대한 합의 도출과 적극적 참여를 유도

③ 법률가, 건축가 등 민간 전문가 15인으로 구성된 도시재생협회(SURBISA) 주도

④ 1987년 도시기본계획 수립 시 '문화를 통한 도시재생전략' 수립

⑤ 철강 · 조선 등 전통산업 유지 대신 문화산업 유치를 통한 문화도시 지향

⑥ 건물주들도 개축비의 20~60% 지원 대신 경관지침, 차량규제 등을 준수

⑦ 성당을 공연장으로, 학교를 창작촌으로 활용

⑧ 항만·철도 등 방치된 산업지대를 무상양여 받아 주택지, 체육공원 등의 도시 인프라를 건설하여 수익 창출. 이러한 개발개발이익을 구겐하임 미술관 등에 재투자하여 건립

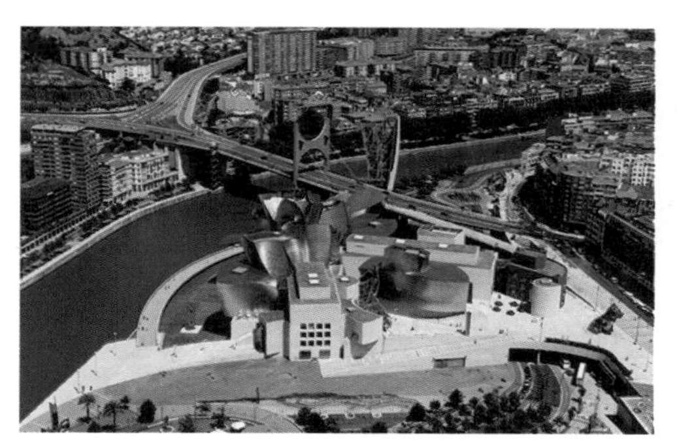

구겐하임 미술관 주변 환경, 매경 2021. 09.30

3) 빌바오의 문화도시 효과

1. 공업도시에서 문화도시로 변모
2. 경쟁력을 상실한 철강·조선산업 대신 문화산업을 유치
3. 기존 산업시설 용지를 문화시설로 개발, 개발이익을 재투자
4. 문화벨트 형성
5. 주요 문화시설(구겐하임 미술관 등) 주변에 호텔, 컨벤션 센터, 공연장 등 유치로 문화벨트 형성
6. 문화시설에 기반한 산업의 성장과 고용인구 증가
7. 공공부문의 과감한 투자와 민간부문의 참여로 문화벨트 형성
8. 문화산업이 근대 산업을 대체하여 고용증진 등 경제적 효과 창출
9. 주변도시와 연계한 광역경제권의 신장

영국 건축가 노먼 포스터가 설계한 빌바오 지하철. 지구상에서 가장 매혹적인 지하철로 인정받고 있다. 매일경제, 2021.09.30

30 공공미술(Public Art: 1967년 Willett이 'Art in a City' 저서에서 'Public Art' 용어를 처음 사용)

1) 공공미술의 배경

1. 존 윌렛(John Willett)은 그의 저서, 『도시 속의 미술(Art in a City)』(1967/2007)에서 공공미술이라는 용어를 처음 사용했다. 이후 공적 장소에 설치되는 예술작품을 일컬어 공공미술로 부름
2. 공공미술이 '개방된 장소에 위치한 하나의 완성되고 고정된 조형물'에 한정
3. 공공미술이 설치되는 장소는 대부분 도시이며, 조각 · 벽화 · 스트리트퍼니처 · 디자인 등 다양한 장르를 포괄
4. 장소에 결합하는 예술이라는 의미를 갖기도 하지만, 조나단 보롭스키(Jonathan Borofsky)의 '망치질하는 남자(Hammering Man)'나 헨리 무어(Henry Moore)의 작품은 여러 곳에 설치됨. 청계광장에 있는 클래스 올덴버그(1929~)의 '스프링'과 플로렌타인 호프만(1977~)의 '러버덕' 등이 있음

5. 공공미술 작품들은 사회적 관심을 이끌어내어 작품이 설치된 장소를 랜드마크화하고, 사람들이 그것을 보기 위해 모여들게 함으로써 장소 마케팅의 수단이 되기도 함

청계천 조형물 스프링, m.sege.com

Ugo Rondinone's Seven Magic Mountains, art installation in Las Vegas, Nevada in 2016-2018
Source: soundbitemagazine.net

2) 공공미술의 목표

1. 공공미술은 예술을 통해서 공공선과 공공성을 실현하는 수단
2. 도시를 아름다운 미적 공동체로 만들려는 공동체의 노력
3. 공공미술을 통해서 도시와 장소의 격을 높임

3) 공공미술의 정의

1. 대중에게 공개된 장소에 설치되거나 전시되는 조형물
2. 지정된 장소의 설치미술이나 장소 자체를 위한 디자인 등을 포함
3. 장소를 사회적·문화적·정치적 소통의 공간으로 보아 그런 의미에 걸맞은 작품 설치하는 장르
4. 지역공동체와 관람객의 참여하는 공공미술 행위 등

4) 공공미술의 3가지 분류와 의미

 **공공미술을 3가지 분류**

▮ 공공장소 속의 미술(Art in Public Space)

1. 광장이나 대형 건물의 내 외부 등 비교적 공공성이 있는 장소에 설치되는 미술작품
2. 특정 계층만이 접근할 수 있는 미술관이라는 폐쇄적 대상에서 공공 누구나 체험할 수 있는 미술로 자리매김.

▮ '공공장소로서의 미술'(Art as Public Space)

환경 미술, 또는 장소성을 구현하기 위한

1. 미술 등과 같은 현대미술의 일종
2. 삶과 자연의 영역으로 장소에 미술의 외연 확장 시도
3. 미술 작품의 전시 대상으로서의 공공장소를 선정
4. 도시의 디자인으로 그 외연을 확장

▮ '공공의 관심 속의 미술'(Art in Public Interest)

1. 일반적으로 커뮤니티 아트, 공공미술, 공공디자인 등으로 부르기도 함. 공공미술에서 공공성을 보다 적극적으로 부각
2. 도시 속의 공공미술로서의 그 역할과 의미를 모색. 그리고 미술의 외연을 도시 속으로 자리잡게 하는 역할
3. 공공의 의견을 반영한 주민 참여형 미술의 형태도 이 범주에 포함

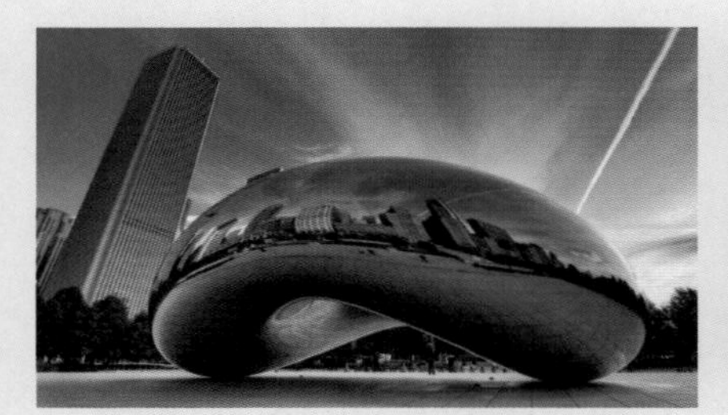

미국 시카고 밀레니엄 공원의 〈구름 문〉, My Modern Met

Red Ball Project Art Installation, gpidesign.com

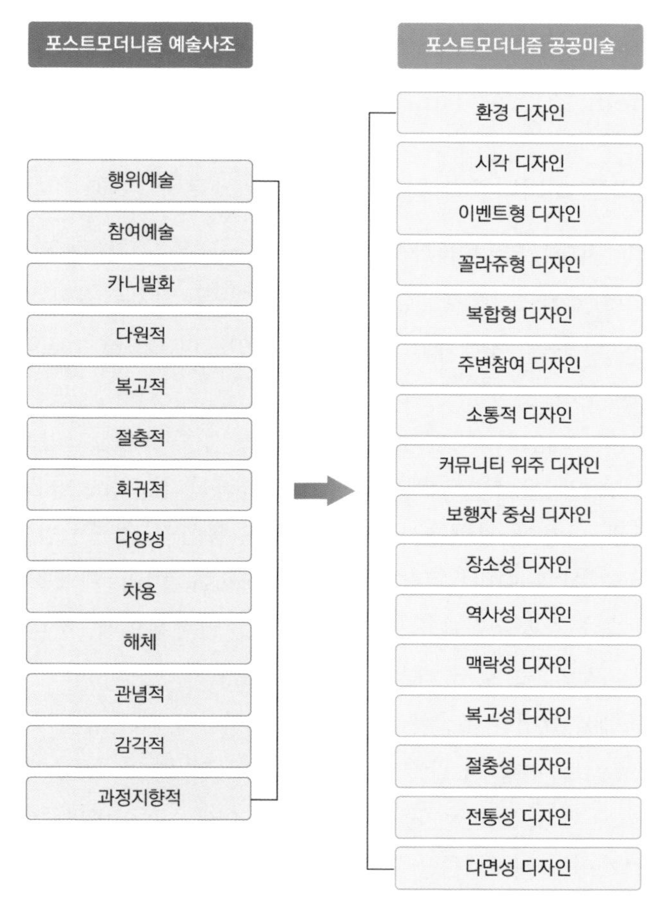

자료: 포스트모더니즘 예술사조와 포스트 모더니즘 공공디자인(원제무, 탈근대 도시재생, 2012)

31 랜드스케이프 어바니즘(Landscape Urbanism: Waldheim(2002); Tuner(1996); Corner(2003) 발표)

1) 랜드스케이프 어바니즘의 탄생 배경

1. 산업화 시대부터 지금까지 경관(landscape)을 시각적으로만 인식이 되어 옴. Landscape를 풍경, 경치, 공원, 조경 등 일차원적인 시각으로 접근하는 방식으로는 복잡하고 거대한 도시인프라(Urban Infrastructure)라는 과제를 다루지 못하는 한계에 직면함
2. 탈산업화, 외연화, 자연파괴, 난개발, 도시 공동화, 그리고 자연재해라는 환경 속에서 분야별로 개별적이고 단편적인 접근방법만을 내놓았던 도시 및 조경 디자인 관행을 넘어선 새로운 통합적 접근방법이 요구됨
3. '랜드스케이프 어바니즘(Landscape Urbanism)'이라는 패러다임 또는 이론이 다양한 스펙트럼과 스케일의 도시를 연속체로서, 하나의 경관으로 바라보는 방법론으로서 태동
4. 포디즘에서 발생한 복잡한 도시문제를 해결하기 위해 유럽에서 시작된 도시재생 프로젝트 수행 시 찰스 와일드하임(Charles Waldheim), 제임스 코너(James Corner) 등과 같은 전문가들에 의해 랜드스케이프 어바니즘이 탄생하여 발전
5. 랜드스케이프 어바니즘을 "경관을 도시 인프라스트럭처'로 이해할 것을 주문

랜드스케이프 어바니즘이 적용된 오사카의 대형 쇼핑아케이드, '난바파크스', urban114

6. 미국과 유럽에서, 랜드스케이프 어바니즘 전략은 수변 공간 재생 프로젝트, 미분양 건물 및 아파트 문제 해결, 도시 농업, 친환경 인프라스트럭처 등의 분야에서 광범위하게 사용됨

2) 랜드스케이프 어바니즘의 개념

1. 도시공간의 비움과 채움을 연결시켜 주는 계획 철학임
2. 건축물, 도시인프라, 나무 등 도시를 구성하고 있는 각각의 모든 요소들이 서로 얽혀 발생하는 다양한 힘(에너지)과 관련된 모든 요소들이 랜드스케이프 어바니즘 속에서 스스로 작동하는 도시로서 순환하는 자연생태계의 체계를 의미
3. 도시, 도시설계, 건축, 조경 등 각 개체들이 개별적으로 풀 수 없는 다양한 스케일의 도시를 연속체로서, 하나의 경관으로 바라봄
4. 서로 다른 학문적 영역의 협력과 통합에 의한 융합적 산물임
5. 도시를 경관 생태학에서의 경관의 개념으로 접근
6. 자연 그 자체보다는 인간과 자연의 융합에 의한 도시문화 속에 녹아들게 함
7. 경관의 개념을 건축, 공원·녹지 등의 다양한 그린 인프라를 포함한 각종 인프라스트럭처와의 융합을 통해 '변화', '형성과정과 진화를 수용하는 매트릭스 장 또는 유동체(Terra Fluxus, Waldheim, 2006)'로서 받아들임

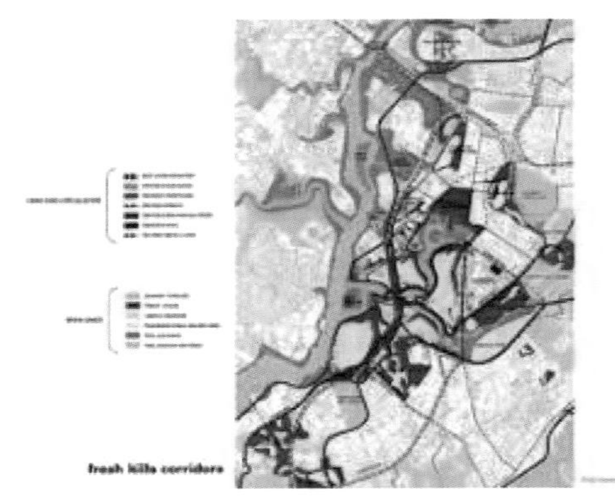

랜드스케이프 어바니즘이 적용된 뉴욕의 레쉬 킬스 공원 마스터플랜 Large Park, Julia Czerniak & George Hargreaves, 2007

3) 랜드스케이프 어바니즘의 정의

1. 도시설계 이론의 일종으로, 도시가 건물이나 사물의 배치가 아닌 다양한 관계 속에서 형성된, 즉 생태학적 복합성을 지닌 수평적 대지 위에서 벌어지는 상황을 기반으로 구성된다는 시각을 담고 있음
2. 경관 생태학(Landscape Ecology)적 이론을 적용한 도시설계 수법
3. 역동적으로 움직이고 진화하는 도시를 실체로 수용하면서 탄생한 패러다임
4. 다양한 도시적 요소와(그린) 인프라와 도시, 자연, 인간의 생태적 과정이 생성되도록 경관 계획을 수립하고 디자인함
5. 랜드스케이프(Landscape)'와 '어바니즘(Urbanism)' 두 용어 사이의 사상적, 패러다임적 설계요소의 차이를 함께 수용하거나 통합하는 개념
6. 랜드스케이프 어바니즘이 조경과 건축, 도시 사이를 관통하는 혼성의 영역임을 나타내기도 함

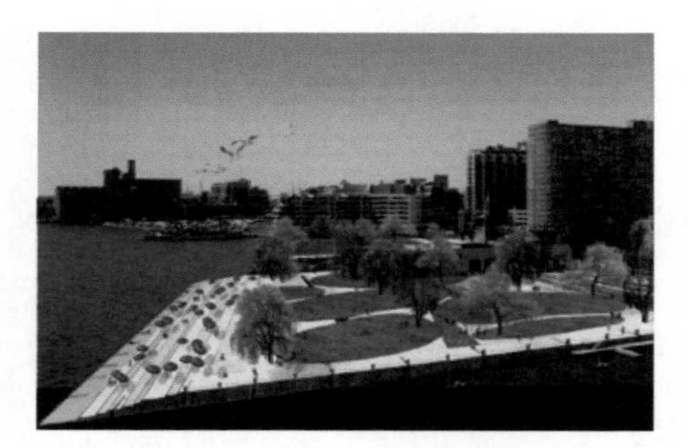

도시 워터프론트의 랜드스케이프 어바니즘적 디자인, Lafent

4) 터너(Tom Turner, 1996)의 랜드스케이프 어바니즘의 특징

1. 광범위한 스케일의 맥락을 고려함. 특정한 스케일에 국한되지 않음. 소규모 · 대규모 프로젝트 모두에서 적용됨
2. 경관(Landscape)이라는 맥락에는 건축과 도시 공학이 포함
3. 경관은 구성 요소를 연결짓는 세 번째 팔과 같은 존재로 간주
4. 랜드스케이프 어바니즘 프로젝트는 사회적 교류를 촉진하는 기회를 제공할 수 있음. 에밀리 탤런은 랜드스케이프 어바니즘 프로젝트 관련해 "탈

구조주의, 생태학, 그리고 마르크스주의가 만나는 이론적 연합을 구성"한다고 언급한 바 있음
5. 기능은 랜드스케이프 어바니즘이 다루는 중요한 요소가 됨
6. 랜드스케이프 어바니즘은 경관이 가진 기회와 가능성을 탐색
7. 랜드스케이프 어바니즘 프로젝트에서는 인프라스트럭처가 강조됨
8. 자연적 시스템과 인공적 시스템 사이의 관계를 융합적으로 접목
9. 도시와 경관의 경계를 무너뜨리며 둘을 하나로 통합시킴
10. 생태학적 철학의 기반 속에 복합성을 가진 프로젝트를 풀 수 있는 열쇠가 랜드스케이프 어바니즘임

32 도시브랜드(City Brand)

1) 도시브랜드의 탄생 배경

1. 세계화, 지방화로 인해 국가보다는 지역 및 도시가 경제와 마케팅활동의 주체로 부각
2. 도시의 이미지 제고와 브랜드 가치 향상이 도시경쟁력을 제고시키는 수단이 됨
3. 도시관련 상품을 구매하고자 하는 소비자들에게 도시에 대한 강한 인상을 갖도록 하는 마케팅 활동

The City Brand Hexagon ©2000, Simon Anholt

Nantes Sketch Urtesi

It's
Daejeon

Brand Color of Korean Cities, Behance

2) 도시브랜드의 개념

1. 도시브랜드란 도시정체성에 기반을 둔 장소마케팅 기법으로서 도시 전체나 도시의 특징 등을 나타내는 집약적 단어로 브랜드화하는 것
2. 도시가 가지는 다양한 환경 · 기능 · 시설 · 서비스 등에 의해 다른 도시와 구별되는 상태를 표출한 것임
3. 1970년대 뉴욕 주의 'I LOVE NEW YORK' 캠페인이 도시브랜드의 본격적인 시작

3) 도시브랜드 창출과 관리

(1) 역사 · 문화적 정체성

1. 역사·문화적 맥락과 도시산업을 연계하여 상품화하여 세계적인 도시브랜드 창출
2. 고유의 특성을 발굴하여 도시브랜드로서의 가치를 높임
3. 도시행정과 정책을 도시브랜드에 접목하여 시너지 효과 창출
4. '장인의 혼이 살아있는 세계적인 예술문화도시'를 도시브랜드로 설정(예로서 안동시 등)
5. 조선시대 왕실의 도기를 제작했던 안성시의 '안성맞춤' 브랜드가 대표적 사례

(2) 도시 자산의 강화 및 개발 예

1. 당해 도시가 갖고 있는 유·무형의 자원을 소재로 도시브랜드화 하는 것
2. 영화산업을 중심으로 한 부산시의 PIFF광장
3. 지역의 자산인 머드(Mud)를 산업화한 보령시의 머드축제
4. 만화라는 브랜드 자산을 개발한 부천시

(3) 도시경관 관리

1. 도시브랜드와 일체화된 도시공간 디자인과 시설물 디자인을 통해 도시브랜드의 가치를 제고
2. 도시환경, 건축환경, 색채계획, 야간경관 등 도시공간 디자인에 도시브랜드를 반영
3. 교통시설, 편의시설, 공급처리시설 등 공공시설물에도 도시브랜드와 통일된 경관을 연출

4) 도시브랜드의 향상과 관리를 위한 전략

1. 장기적인 도시의 비전을 수입하라.
2. 도시가 처한 상황을 정확하게 인식하라.

3. 고객이 누구인지 분명히 설정하라.
4. 고객의 요구에 맞추어 도시 상품을 정비하라.
5. 경쟁자가 누구인지 정확하게 파악하라.
6. 차별적인 독특한 도시 상품을 개발하라.
7. 하나의 목소리를 내어라.

33 도시마케팅(City Marketing)

1) 도시마케팅의 정의

1. 도시마케팅은 도시정부가 주체가 되어 자본, 방문객, 이주민 유치를 위해 도시공간을 판매하고 교환하는 마케팅 활동
2. 도시 내의 공적·사적 주체가 타 도시와의 비교경쟁에서 우위를 점유하기 위해 경쟁도시보다 효과적으로 도시 상품을 제공하고, 이러한 도시상품의 구성요소를 관리하는 행위

2) 도시마케팅의 필요성

1. 1990년대 이후 세계화의 영향으로 도시 간의 투자 및 방문객 유치를 위해 경쟁이 치열하게 전개
2. 이러한 도시경쟁력 제고를 위하여 도시마케팅 전략이 필요하게 됨

3) 도시마케팅 구성요소

1. 경쟁 시장: 공공서비스를 생산하고 공급하는 도시정부들 또는 해당 도시와 인접해 있는 도시
2. 고객: 투자기업, 관광객 및 방문객, 주민으로서, 도시정부는 경쟁시장에서 고객과 만남
3. 상품: 도시의 이미지, 역사적·문화적 자산, 자연환경, 건조환경 등 다양

4) 일반 마케팅과 도시마케팅의 비교

구분	일반 마케팅	도시마케팅
상품의 성격	단일재, 단일성	집합재, 복합성
상품의 유동성	이동성	비이동성
상품의 가격	상대적 저가	공공재로서 측정 불가

도시마케팅의 주체와 내용

주 체	내 용
국 가	중앙정부(국가브랜드 등)
도 시	도시정부, 시의회, 시정부의 공공기관, 구청
민간기업	도시 내 기업, 금융사(대기업, 중소기업, 금융, 외국기업 등)
주 민	주민, 커뮤니티
NGO등	NPO, NGO 등 시민단체

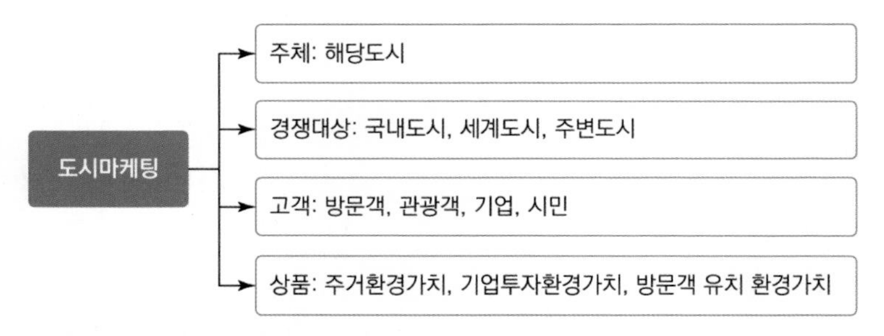

도시마케팅에 관련된 대상, 고객, 상품

도시마케팅 전략의 프로세스

5) 도시마케팅 요소

1. 도시마케팅은 도시가 지니고 있는 철학과 이념 등의 가치를 발굴하고 개발하여 고객에게 공급
2. 도시의 다양한 가치를 고객에게 제공함으로써 도시발전에 기여
3. 고객에게 도시의 공간과 장소를 이용해 달라는 촉진행위

6) 도시마케팅 정책적 시사점

1. 도시 건조환경(Built Environment)이 해당 도시 특유의 개성을 표출할 수 있도록 조성
2. 기업, 자본, 관광객의 유치를 위한 산업기반시설이나 교통시설, 문화관광시설 등의 공급 및 개선
3. 타 도시와 차별화된 분야를 발굴하여 홍보하고 이를 브랜드화
4. '있는 그대로'를 홍보하기보다 도시이미지의 재구축, 재구성에 노력
5. 창의적 아이디어를 통해 타 도시와 차별화된 해당 도시만의 이미지 또는 정체성을 생성

34 장소마케팅(Place Marketing)

1) 장소마케팅의 정의

1. 장소마케팅은 장소를 상품화해 장소의 경쟁우위를 도모하여 의미 있는 곳으로 '장소를 만드는 일(place making)'이다.
2. 장소를 관리하는 개인이나 조직에 의해 추구되는 일련의 경제·사회적 활동을 함축하는 행위
3. 공적·사적 주체들이 기업가와 관광객뿐만 아니라 그 지역 주민들에게 매력적인 장소가 되도록 하기 위해 지리적으로 규정된 특정한 지역의 이미지를 판매함으로써 지역을 활성화시키기 위한 다양한 노력

2) 장소마케팅의 배경

1. 디지털 전환으로 인한 초연결 시대에 장소마케팅의 중요성 부각
2. 장소의 혼, 끼, 가치가 장소마케팅의 중요한 요소로 부각됨
3. 예술문화 수요가 늘어남에 따라 장소정체성 발현에 대한 욕구(needs)도 증가
4. 문화, 생태, 지속가능한 장소의 창출이 도시정부의 중요한 비전과 목표로 설정되는 추세에 있음

3) 장소마케팅의 필요성

1. 지역의 역사와 문화를 통한 장소의 이미지와 정체성 확립
2. 지역경제를 활성화시키고 장소 경쟁력을 확보하는 지역개발의 경제적 수단
3. 지역 주체가 능동적으로 참여하여 장소마케팅 전략의 수립
4. 지역발전 자원을 활용하여 지역 불균형을 해소하는 데 유용한 전략

▌코틀러(Kotler)의 장소자산의 예

상품으로서의 장소의 요소	장소자산의 예
도시의 물리적 구조	• 도로망 • 항구 • 공항 • 교량 • 주요 가로 및 건물들로 이루어진 도시의 뼈대(인프라) 등
사회간접자본	• 도로 • 항구 • 댐 • 하수도 • 통신선 등
도시공공서비스	• 경찰 • 소방 • 교육 등
매력성	• 자연의 미와 특성 • 역사(스토리, 인물 등) • 시장 • 문화적 · 인종적 매력 • 레이레이션과 오락 • 스포츠 경기장 • 이벤트와 행사 • 건축물과 기념비 • 조각 등 예술작품 • 주민(친절함의 정도, 도움 등)

4) 장소마케팅의 전략

(1) 장소 전략(Place Strategy)

1. 장소의 사명(임무) 규정: 장소가 추구하는 최종적인 가치와 철학을 규정해야 함
2. 장소 평가: SWOT 분석으로 포괄적 진단이 필요함
3. 장소의 비전과 정체성 정립: 전문가팀의 구성을 통해 비전과 정체성 도출
4. 장소마케팅의 목적 규정: 주요 표적집단의 규정, 대표 이미지 설정, 장소마케팅 요소 발굴
5. 장소마케팅의 유형: 경제추구형, 정치추구형, 문화추구형 등 유형 정립

(2) 장소마케팅 전략(Marketing Strategy)

1. 시장분석: SWOT 분석을 통한 시장기회분석, 세분화·표준화 분석 진행
2. 목표시장 선정: 단일시장형, 제품특화형, 시장특화형, 선택특화형, 전체시장형 중 택일
3. 마케팅믹스: 조직, 이미지, 상품 포인트, 표적집단, 수단과 채널 등을 구체화하고 연계시키는 세부전략을 수립
4. 실행: 목표시장 반응 조사 → 전략 수정 또는 강화

5) 장소마케팅의 주요내용

1. 장기적인 장소의 비전을 수립
   - 지역주민을 비롯한 지역 주체들의 광범위한 참여가 필수
2. 장소가 처한 상황을 정확하게 인식
   - 포괄적 시장조사를 통해 장소의 장단점과 고객들에게 인지된 장단점 파악
3. 고객이 누구인지 분명하게 설정

- 실제 고객이 누구이고 그들의 요구와 어떠한 영향을 줄 수 있는지 파악

4. 고객의 요구에 맞추어 상품을 정비
   - 인프라 정비, 관광 여건 조성 등 상품을 조정하고 개선
5. 경쟁자가 누구인지 정확하게 파악
   - 경쟁자가 누구이고 어떤 부분에서 경쟁하고 있는지 파악
6. 차별적이고 독특한 장소 상품을 개발
   - 고객의 마음속에 장소가 매력적으로 보일 수 있는 차이점을 제공
7. 하나의 목소리
   - 여러 장소마케팅 관련 조직들이 하나의 명확한 메시지를 동시에 고객에게 전달

35 장소만들기(Place Making)

1) 장소(Place)란?

1. 장소는 공간과 사람 간의 상호교류에 의해 만들어진 물리적, 정신적 영역
2. 장소는 다양한 자연의 모습과, 인간의 삶이 농축된 공간
3. 장소의 본질은 내적 경험에 있으므로 장소의 의미는 장소를 경험하는 사람마다 달라짐
4. 장소는 고유성, 특수성, 구체성을 지닌 지표면 상의 일정 공간
5. 장소는 장소가 형성하게 된 역사적 맥락을 다채로운 문화유산의 형태로 지니고 있음
6. 장소는 과거를 바탕으로 새로운 문화를 만들어나가는 공간

8. 장소는 공간상에 존재하는 물리적 실체와 그에 대한 인간의 감성적·정서적 느낌의 융합체이다(원제무, 2012).

8. 공간(Space)이 동일한 소환경(최소한의 공간 범위를 갖는 환경을 포함)에 대한 추상적이고 물리적인 공간에 대한 것이라면, 장소(Place)는 문화적이고 지역적인 것을 기반으로 하여 나타나는 맥락적 의미가 담긴 장소로

구분됨(국토연구원, 2019)

9. 장소는 추상적이고 물리적인 공간이 문화적이거나 지역적인 것을 기반으로 나타나는 맥락적 의미를 담게 됨으로써 비로소 장소가 됨
10. Jonas and Simpson(2006)은 상황적인 맥락에 따른 장소의 의미 변화를 제시. 예컨대 장소와 공간에 대한 개인적이 지식에 따라, 새로운 삶의 경험 여부에 따라, 그곳에서만 사용되는 독특한 언어 화법에 따라, 장소나 '공간을 어떻게 상상하느냐?'에 따라, 혹은 장소나 공간을 신비로움이나 경이로움의 의미와 연결할 때 장소의 의미는 달라진다고 함
11. 장소는 구체적인 체험이 이루어지는 공간
12. 장소는 고정적이고 영구적인 시각이 아니라 연속성과 변화의 맥락에서 살펴보아야 함
13. 장소는 구체적인 체험이 이루어지는 공간
14. 장소는 개인적, 사회적, 정치적, 시간적 관점에 따라 의미가 변화하는 역동적, 상황적인 실체로 보아야 함

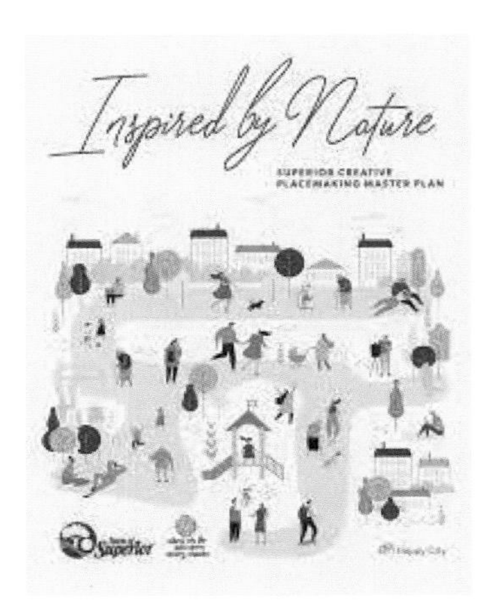

Superior Creative place-making, Town of Superior

2) 장소성(Place Identity or Placeness)이란?

1. 장소성은 물리적 환경에서 인간의 체험을 통해 나타나는 의식 또는 인식
2. 장소는 인간에 의해 의미를 부여받아 장소성을 드러내게 냄
3. 특정 장소를 중심으로 한 사물과 사건이 어떻게 기억되고 재현되는가에 따라 장소성은 달라지게 됨
4. 장소성은 집단의 정체성이나 권력 관계 등 사회의 여러 모습을 보여주게 됨
5. 장소성의 구성요인으로 자연환경, 인공 환경, 인간, 문화적 정체성이 있음
6. 장소에서 형성된 정체성과 장소 애착이 나타난 것이 장소성이라 할 수 있음(이석환 · 황기원, 1997)
7. Relph(1976)는 현상학적 관점에서 장소의 구성요소를 인간의 활동과 의미, 그리고 정적인 물리적 장치의 3가지 요소로 보았고 여기에 시공간적인 맥락이 결합되고 요소들 간의 상호 조합이 이루어져 다른 환경과 구분되는 장소의 특성을 갖는다고 하였음. 물리적 환경은 표면적이고 관찰 가능한 인간 활동의 배경이 되고, 인간 활동에 의해 보완되어 그 의미를 갖게 됨. 또한 각 요소들은 다시 상호작용을 일으키며 장소성을 형성함. 장소성은 역사적 · 사회적 · 문화적 과정을 통해 형성되고 변화하는 사회적 구성물임
8. 장소란 고정된 실체가 아니라 끊임없이 형성되어 가는 과정이며 한 장소 안에도 다수의 정체성이 존재하는 경우가 있음

3) 장소 만들기(Place Making)란?

1. 제이콥스(Jacobs, 1961)는 '거리에 초점 맞추기(Eyes on the Street)'관점을 통해 시민이 장소나 거리의 주인의식을 가지게 함으로써 '장소 만들기'의 철학적 기반을 깔아 주었음
2. 장소만들기는 사회성, 이용성, 활동성, 연결성, 이미지 등을 매체로 사람과 장소 간의 장소성을 만드는 과정이라고 할 수 있음
3. 장소만들기는 도시 내의 '특정한 장소'를 대상으로 하여 물리적인 공간에 사람들의 의미와 경험을 부여할 수 있는 장소로 만드는 과정임

4. 장소만들기는 장소의 매력을 증진시킬 목적으로, 장소의 이미지를 창출하고 지역민에게 쾌적한 삶을 실현할 수 있는 매개체로 작용하게 됨
5. 장소만들기는 인간의 인식체계를 통해 특정한 이미지와 가치를 지닌 인지된 공간을 조성하는 행위 또는 전략임

36 스마트시티(Smart City)

1) 스마트 도시가 생겨난 배경

1. ICT기술의 발전 및 ICT산업의 급속한 성장
2. 글로벌 경제의 저성장 추세
3. 4차 산업혁명에 적극적 대응 필요
4. 지속가능한 도시에 대한 요구
5. 도시개발 수요 증가
6. 기존 도시인프라의 효율적 활용 추구
7. ICT에 의한 저비용으로 도시문제 해결책 모색

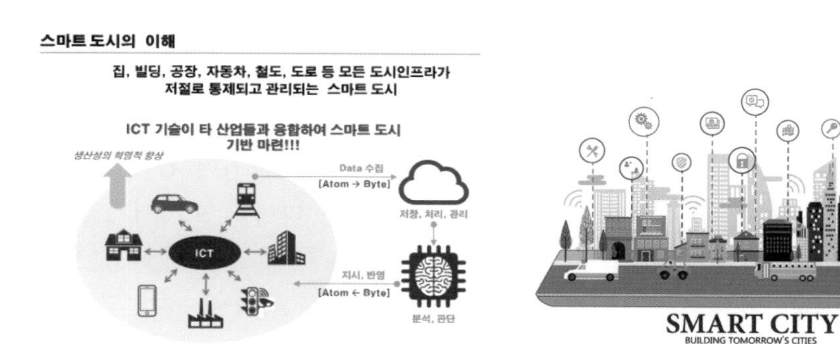

Smart City, B2N Blog

2) 스마트시티의 정의

(1) 일반적 정의

1. 도시에 ICT 빅데이터 등 신기술을 접목하여 각종 도시문제를 해결하고, 도시민의 삶의 질을 개선할 수 있는 도시
2. 스마트시티는 인공지능(AI), 사물인터넷(IoT), 빅데이터(Big Data) 등의 정보통신기술(ICT)이 인간의 신경망처럼 도시 구석구석까지 연결된 된 도시
3. 스마트 시티는 '도시에 ICT · 빅데이터 등 신기술을 접목해 각종 도시문제를 해결하고 지속가능한 도시를 만들 수 있는 도시모델'을 의미
4. ICT의 주요 특징인 '초연결성'과 '초지능화'가 일상생활에 적용되는 도시
5. 도시 공간과 시설에 인공지능(AI), 사물인터넷(IoT), 빅데이터(Big Data), 등의 정보통신기술(ICT)이 적용되어 활용되는 도시
6. 다양한 혁신 기술을 도시 인프라와 결합해 구현하고 융·복합할 수 있는 "도시 플랫폼"으로 활용되는 도시
7. 스마트거버넌스, 에너지, 빌딩, 이동성, 인프라, 기술, 헬스케어, 시민 등 8개 부분이 스마트하게 되는 도시(Frost & Sullivan)

(2) 스마트도시의 법적 정의

스마트도시법 제2조: 도시의 경쟁력과 삶의 질의 향상을 위해 건설 정보통신기술을 융·복합하여 건설된 도시기반시설을 바탕으로 다양한 도시서비스를 제공하는 지속가능한 도시

Smart City Illustration by Christina Voitsekhivska

3) 스마트 도시의 정책목표

1. 서비스의 효율성: 공공 자원의 사용을 최적화하고 고품질의 시민 서비스를 제공할 수 있는 여건이 갖추어진 도시
2. 지속가능성: 환경적 영향에 대한 깊이 있는 고려를 기반으로 지속가능한 도시의 성장과 개발을 추진할 수 있는 도시
3. 이동성(Mobility): 시민과 방문객들이 도시를 좀 더 편하게 다닐 수 있도록 하기 위해 이동성(도보, 자전거, 차량, 대중교통) 인프라가 구축된 도시.
4. 안전 및 보안: 일상생활 및 특별한 행사에 있어 공공 안전 및 보안성을 향상시키고, 응급 상황 및 재난 재해에 가능한 최선의 준비 태세를 갖추어진 도시(예 다양한 센서와 연결된 카메라가 경찰과 초기 대응 기관들이 사건 및 응급 상황에 효율적으로 대응하고 해결할 수 있도록 지원)
5. 투자 및 관광: 기업, 투자자, 시민, 방문객들을 선호하는 스마트 기반 도시
6. 도시 평판 및 브랜드: 스마트 기반의 도시 이미지, 평판, 브랜드를 지속적으로 관리하는 도시
7. 거주 적합성(Livability): 거주의 쾌적성과 적합성이 뛰어난 스마트 도시
8. 도시문제개선: 스마트 도시를 통해 도시 노후화, 교통혼잡, 에너지 부족, 환경오염, 범죄 등 다양한 도시 문제를 개선할 수 있는 여건이 조성된 도시
9. 플랫폼 도시: 디지털 플랫폼에 의해 스마트 거버넌스, 에너지, 빌딩, 이동성, 인프라, 기술, 헬스케어, 시민 등의 부분이 스마트하게 되는 도시

4) 스마트 도시의 도시공간 대상

1. 거주 공간(Smart Living Space)
2. 서비스 시설 공간(Smart Urban Service Space)
3. 오픈 스페이스(Smart Open Space)
4. 다양한 네트워크공간(Smart Networking Space)
5. 공유근무공간(Shared Working Space)

5) 스마트 시티의 편익

1. 교통비용 감소, 에너지 절약, 환경오염 저감 등 기존의 고질적인 도시문제를 개선할 수 있는 도시
2. 빅데이터, 인공지능(AI) 등 지능형 인프라와 자율차, 드론 등 혁신 기술이 상호 융합되어 도시문제를 해결함으로써 도시민들의 삶의 질을 높여 주는 데 기여
3. ICT기반의 서비스 플랫폼 구축과 적용을 통해 도시문제를 해결하는 데 기여
4. ICT기술을 활용한 지역 내 삶과 작업 환경의 변화
5. ICT기술을 도시 정부시스템내에 반영함으로써 효율적인 공공 데이터 관리 및 서비스 전달 체계의 디지털화
6. ICT기술과 사람들을 통합하는 사회적 관행의 제공

Wired Magagine-Smart City Illustration On Behence

6) 스마트 시티의 효과는?

1. 스마트시티는 제4차 산업혁명의 도시디지털 플랫폼을 기반으로 하여 도시기반시설은 물론 주거, 의료, 물류, 교통, 문화, 복지 등의 생활밀착형 스마트 도시행정 서비스 제공으로 국민들의 삶의 질의 증대
2. 노후화된 도시 인프라 시스템을 지능형 관리시스템으로 전환해 국가 전

체 유지관리 비용을 획기적으로 절감하는 것은 물론 많은 새로운 일자리 창출

3. 지능형교통시스템, 시설물관리시스템, 재난관리시스템, 환경관리시스템 등의 도시관리시스템을 통해 도시 운영 효율성 증대
4. 스마트시티는 자원의 효율적 활용을 통한 비용절감, 도시 서비스의 향상과 삶의 질 개선, 도시의 생산성과 지속가능성 향상이라는 미래상 제시
5. 도시 플랫폼 기반 생태계 형성에 따라 전문인력의 양성, 새로운 기술과 서비스 도입이 용이
6. 인프라 · 데이터 · 서비스의 상호 운용성 확보를 위해 입체적인 표준화 작업이 필요

Smart City Isdometric Outline, GraphicRiver

Portlanf Making the Most of Smart City Daily Journal of Commerce

7) 스마트 시티의 미래 모습

1. 스마트시티는 '도시 전반의 정책, 인프라, 기업, 시민 관련 데이터가 모두 연결되어 데이터를 통한 분석, 학습, 시뮬레이션을 통해 도시 문제 해결 솔루션을 제공하는 도시
2. 도시 내 공간과 사물을 가상으로 구현한 디지털 트윈(메타버스 포함)을 통해 데이터를 가상 환경에 연결하는 사이버물리시스템이 구축된 도시
3. 디지털 가상공간 구축뿐 아니라, 데이터의 연결 및 운용을 위한 공간정보 기반 스마트시티 플랫폼이 활발하게 운영되는 도시
4. 공간정보 분야가 적극적으로 활용되어 시민생활에 편의를 제공하는 도시

5. 3D 공간정보 구축되고 3D 공간정보의 모듈화를 중심으로 가상공간이 구현된 도시
6. 데이터들이 연결되어 동기화, 스마트서비스를 위한 공간 분석이 강화된 공간정보 기반 스마트시티 플랫폼 운영도시
7. 공간데이터 및 서비스 거래시장형성 등의 활용기반 강화와 지방정부 중심의 협력적 거버넌스가 조성된 도시(임시영, 2018)
8. 4차산업 관련 스마트서비스 산업 육성과 비즈니스 창출로 지역경제가 성장하는 도시
9. 사물인터넷과 AI등이 교통, 에너지, 정부 서비스 및 의료 서비스가 획기적으로 개선된 도시

펜데믹 코로나19

37 도시 커먼즈(Urban Commons)

1) 커먼즈(Commons)의 개념

1. 커먼즈는 어느 개인이 독점적으로 소유하여 이용하지 않고 누구나 사용할 수 있는 숲, 공동 어장, 산, 들, 동산, 호수 등과 같은 공적 성격이 강한 공동의 자원을 일컬음
2. 커먼즈는 '공통적인 것'이라는 사상이 그 바탕에 깔려 있음. 사람들이 재

화를 공유하고, 그 재화를 바탕으로 공동으로 생산하며, 생산물을 공동으로 분배하고, 이 소유·생산·분배 과정을 참여자들 모두가 함께 결정한 규칙에 따라 운영하는 공동체를 의미

3. 토지에만 국한되지 않고 공기, 물, 지하자원과 같은 공유의 자연재 및 문화, 언어, 무상교육, 공유 기업 등 해당 공동체 성원들이 평등한 권리를 갖는 역사적·사회경제적 자원 내지 재화를 커먼즈라고 규정함(곽노완, 2015)
4. 커먼스는 공원·저수지·마을공동목장 등 자연자원을 비상업적으로 공유하는 행위를 의미함
5. 커먼즈의 예로는 젊은 예술가들이 빈 집이나 건물 등을 활용하여 예술활동을 펼친다든가 토지를 공동으로 확보하여 과도한 투자 이윤을 남기지 않고 신탁방식으로 주택을 공유하는 공동체 토지 신탁을 도입하는 형태(박인권, 2021)

   이 대목에서 "사유재산이 전부인 부동산 시장에서 과연 이러한 공유지가 나타날까?"하는 의구심이 강하게 들기도 함
6. 디지털 시대에는 플랫폼에 참여하는 모든 이들이 자신들의 자원을 합치고 운영하며 거기에서 나온 수익을 함께 배분하는 전체 과정을 함께 관리하는 시스템을 커먼즈라고도 부름
7. 커먼즈는 하딘(Hardin)의 '공유지의 비극'에서 공유지에서 자신의 소를 더 많이 몰고 와 먹일수록 이익이 되므로 모두 경쟁적으로 소를 방목하게 되고 그 결과 방목지가 황폐해진다는 현상을 의미함. 이를 막기 위해 역설적으로 '사유화'가 필요하다고 주장함
8. 이런 관점에 대하여 오스트롬(Ostrom)은 공유지 비극이 벌어지지 않는 커먼즈를 연구하면서 공유지와 자원이 공동으로 잘 관리되고 있는 사례를 찾아냄. 그에 의하면 사람들은 이기심에만 집착하여 공동의 가치, 관행, 규범을 통해 지속 가능한 커먼즈를 도외시했다고 함. 오스트롬은 자원을 이용하고 그 이용을 감시하고 집행하고, 갈등을 해소하고 그 밖의 다른 거버넌스 관련 활동을 수행할 권한은 반드시 마을·지역·국가·국

제에 이르기까지 여러 차원에서 공유되어야 한다는 의미로 '다중심(polycentric) 거버넌스'라는 개념을 제안한 바 있음(Bollier, 2015: 59)

9. 현재 커먼즈 사상은 토지, 물, 공기, 지하자원뿐 아니라 문화, 언어, 플랫폼 등의 영역으로 확대되고 있음
10. José Maria Ramos가 편집한 '커먼즈로서의 도시'는 사람들에게 금전적 수익을 넘어서, 환경적 지속가능성을 통해 보는 시각이 사람과 삶을 어떻게 긍정적으로 변화시키는지 상상하게 하는 좋은 지침서가 되어줌

커먼즈의 도전-경의선공유지,
서울대학교 아세아연구소

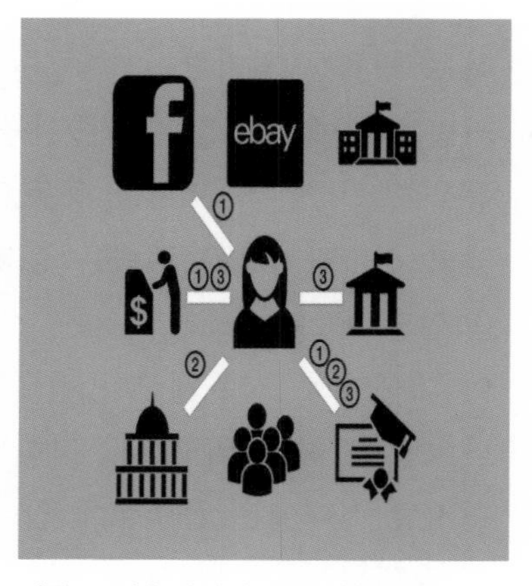

커먼즈 파운데이션　테크월드뉴스

2) 커먼즈 사례

(1) '경의선 공유지' 사례

1. 마포구 공덕동 부근의 빈터인 경원선공유지는 한국철도시설공단이 2013년 3월부터 2015년 말까지 지역주민이 한시적으로 사용하도록 마포구에서 임시사용 승인한 곳
2. 이에 마포구청은 시민협동단체 '늘장'에 부지 사용을 허가하였음. 이곳을 시민 시장이 열리는 등 청년, 예술가들의 공터를 사용했었음
3. 그런데 사용기간이 만료되자 '늘장'은 '경의선공유지 시민행동'으로

단체명을 바꾸고 부지를 점거하여 활동을 지속. 이후 도시재개발사업에서 내몰린 상인들, 세입자들과 새로운 시험을 해보려는 청년, 예술가들이 몰려오게 되었음

4. 그러자 주체들 간에 공간 이용에 대한 권리 주장, 관리와 의무의 소홀 등으로 갈등이 일어남. 이곳에서는 수익을 내려 하거나 주거지로 삼는 집단, 다양한 실험의 장소로 쓰려는 집단 등 이질적인 집단들이 존재했는데 이들 간의 갈등이 성공을 거두지 못하게 하는 요인으로 작용했음
5. 철도시설공단 측은 계약조건 위반을 이유로 철거를 강력히 요구했고, 지역 주민들도 그동안 쌓였던 불만을 표출하면서도 결국 점유했던 집단이 철수하게 됨

공덕역 경원선 철도부지(공유지), brunch

경원선 공유지를 떠나며, 문화연대

(2) 마을 호텔

1. 커먼즈로서의 마을 호텔은 이탈리아의 알베르고 디푸소(Albergo Diffuso)에서 찾을 수 있음. 알베르고 디푸소는 1970년대 지진 이후에 복구된 주거지와 로컬을 관광차원으로 끌어올리기 위해 시작됨. 방문객은 역사 도심부의 삶의 경험을 체험할 수 있도록 모든 제반 호텔 서비스를 제공받는 한편, 방문객들을 위한 공동 서비스 및 시설, 공간 등을 포함하는 서비스 인프라를 구축. 모든 거주 공간은 알베르고 디푸소의 핵심(리셉션, 공공환경, 휴식지역)으로부터 200미터를

넘지 않는 거리 내에 위치한다는 물리적인 경계를 설정. 이미 존재하는 물리적인 환경을 복구하거나 리모델링하면서 유기적인 망을 구축(곽형선. 2010)

알베르고 디푸소 마을 호텔, expedia.co.kr

2. 우리나라에서도 커먼즈로서의 마을 호텔이 시도되고 있음. 로컬 벤처들이 시도한 새로운 형태인 마을 호텔은 이윤추구성을 가진 영리사업임. 그러나 영리사업만을 목적으로 하는 것이 아니라 주민 협력과 공유 자원을 재해석하고 활용하는 커머닝 방식으로 구성하고 운영(실제로 매출 전액을 마을발전기금으로 기부하는 사례도 있음). 또한, 마을호텔은 이미 존재하고 있는 호텔에 지역성과 장소성을 접목하여 '마을'호텔로 재탄생한 후 지역 자산이 되고 있음. 마을호텔의 목적은 지방소멸, 인구절벽의 시대에 지역을 찾는 수요를 늘려 지역 재생을 도모하는 것임. 따라서, 지역재생이라는 커먼즈 목표 속에 영리목적을 일부 포함한 형태 혹은 경제성과 규범성의 균형을 추구하는 형태라고 볼 수 있음(김미향, 2019)

* 커머닝(Commoning): 커머닝이란 집단적 이익을 위한 공동체의 자원관리를 돕는 사회적 실천들과 규범들임

3) 커먼즈 관련 쟁점

1. 도시커먼스는 도시라는 요소와 커먼즈라는 요소가 긴장관계 속에서 모순적으로 결합되어 형성된 것이기 때문에 늘 많은 도전에 직면하게 됨(박인권 · 김진원 · 심지연, 2019)
2. 커먼즈는 공유경제가 아닌 공유자원의 공동관리를 의미함에도 불구하고, 우버(Uber), 에어비엔비(Airbnb) 등 플랫폼 경제(Platform Economy) 서비스의 공유경제와 헷갈려 하고 있음. 커먼즈 개념의 혼선 문제는 타다 서비스 갈등, 경의선 공유지 갈등으로 더욱 불거졌음
3. 지자체 차원의 커먼즈 관련 정책은 공유 방식 활성화나 커먼즈 생태계 구축보다는 지자체의 일방적인 정보제공형 서비스 제공에 머물러 있을 뿐 시민주도형의 실질적인 커먼즈가 형성되지 못하고 있음
4. 커먼즈를 커먼즈 도시, 공유도시 등과 혼용되면서 일부 추상적 담론이 펼쳐지기도 함
5. 정책으로서의 커먼즈는 여전히 모호하고 추상적인 측면이 많아 현실에 제대로 정착이 되지 않고 있음

4) 정책적 시사점

1. 커먼즈가 유지되기 위해서는 공유지와 공동 자원을 유지하고 관리하는 주체로서 공동체, 그리고 공동 자원을 관리하고 운영할 자치적 규범과 제도 등 세 가지 요소가 균형을 이루어야 함(박인권, 2021)
2. 커먼즈에 대한 주민의 인식, 커먼즈 필요성에 대한 공감대 형성이 요구됨
3. 무엇보다 커먼즈 생태계를 바람직한 방향으로 조성하기 위해서는 기존의 커먼즈의 현장 사례를 평가할 수 있는 평가지표가 정립되어야 함
4. 변화하는 지역 또는 커뮤니티 상황을 반영하여 지역별, 분야별, 프로젝트별 커머닝 방식의 특징과 시사점, 커먼즈 형성을 위한 최소한의 실천적인 가이드라인도 마련되어야 하고, 커먼즈의 성공과 실패의 요인에 대한 분석이 필요함
5. 로컬 커먼즈의 경우는 리빙랩(living lab)에서 이용하는 방식처럼 주민의

니즈(Needs)를 파악할 필요가 있음. 주민의 수요를 커머닝으로 조직하고 그 과정에서 파생하는 이윤을 다시 돌리는 순환형 구조를 형성해야 함

커먼즈의 세 가지 요소

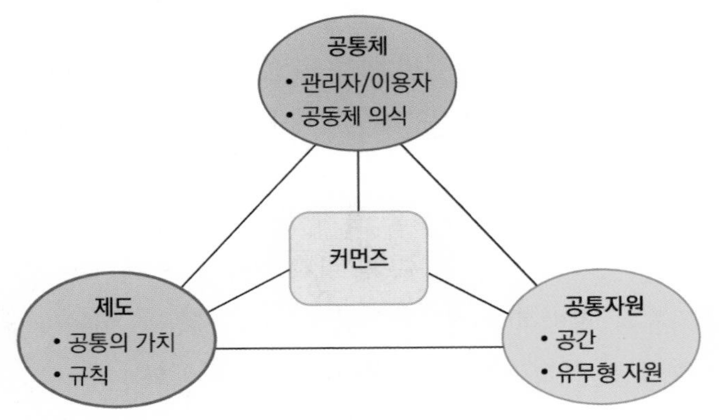

자료: 박인권, 도시 커먼즈와 사회적 부동산, 국토 제478호(2021)

38 공유경제도시(Sharing Economy City: 2008년 Lessig 교수가 그의 저서 'REMIX'에서 'Sharing Economy' 처음 사용)

1) 공유경제가 나타난 배경 및 정의

(1) 공유경제 배경

1. 경쟁보다는 협력, 이윤보다는 사회적 가치, 성장보다는 삶의 질을 추구하는 정신이 공유경제의 철학
2. 모바일 인터넷과 ICT기반의 초연결사회가 확산되면서 공유경제가 새로운 시장을 견인하는 원동력으로 부상하고 있음
3. 공유경제는 수요예측의 불확실성을 완화하고 현시장의 한계를 극복할 수 있은 대안의 성격을 가짐. 예로서 차량공유서비스는 수요와 공급의 불균형을 해소하고 택시 잡기와 승객 찾기에 드는 시간을 줄여줌
4. 공유경제에도 다양한 스펙트럼이 존재. 개인과 개인, 개인과 기업,

사익 추구, 가치 추구 등으로 구분됨. 다시 말해 공유경제가 시장 논리로 작동할 것인지, 사회적 가치에 의해 전개될 것인지 공유경제의 성격에 따라 달라짐

5. 성장이 정체된 지역사회에 공유경제가 새로운 활력 요소로 자리잡을 수 있음
6. 공유경제는 우리 생활 곳곳에 자리잡고 있음. 대표적인 예로서 숙박 공유서비스인 에어비엔비(Airbnb), 차량 운송 서비스인 우버택시(Uber Taxi) 등이 있음
7. 도시 내 공간에 대한 공유형태로는 숙박과 주거의 공유, 사무실, 회의실 공유, 낮 시간에 비어 있는 주차장의 공유, 그 외에도 가게, 독서실, 텃밭, 교회, 창작공간 등에 있어서 다양한 형태의 공간에서 공유가 가능
8. 커뮤니티(마을)에서 공유자원들을 연계하여 집합적인 공유공동체로 발전시켜야 할 것임

Why are sharing economy companies so successful? Applico

From Airbnb to city bike-Sharing Economy Brave New Europe

(2) 공유경제 정의

1. 물품을 소유의 개념이 아닌 서로 대여해 주고 차용해 쓰는 개념으로 인식하여 경제활동을 하는 것을 가리키는 표현
2. 대량생산체재의 소유 개념과 대비하여 여럿이 함께 공유해서 사용하는 협력소비경제를 의미

3. 각자 가진 것을 필요한 사람과 나누는 활동
4. 공동으로 사용하고 같이 소비하는 활동
5. 사장되어 있는 자원의 가치와 효율을 높이는 활동
6. 물품을 소유의 개념이 아닌 서로 빌려주고 빌려 쓰는 경제 활동
7. 물건 · 공간 · 경험 · 정보 등의 자원을 함께 나누는 행위
8. 유휴 자원의 사회적 활용과 협력적 소비를 위한 경제활동
9. 효율적으로 자원의 경제적 · 사회적 · 환경적 가치를 높이는 활동
10. 공유 경제란 생산된 물건이나 지식, 공간, 경험 등 개인이 가진 자원을 다른 사람과 공유하며 자원의 효율성을 높이고 협력적 가치를 생산하는 경제활동을 의미
11. 소유권에서 접근권으로의 전환을 의미
12. 로렌스 레식(L. Lessig) 교수는 협력적 공유사회라는 새로운 경제시스템이 등장하고 있다면서 공유경제는 한 번 생산된 제품을 여럿이 공유하며 쓰는 행위라고 정의

Benefits of Sharing Economy, Coworker.com

아세아에서 공유경제 사례

1. 고젝(Gojek): 인도네시아 1위 오토바이 공유서비스업체. 마카림 창업자는 교통체증이 심한 인도네시아에서 오토바이 택시 수요가 급증하고 있다는 데 착안해 오토바이 택시 기사와 승객을 연결해주는 애플리케이션을 도입해 대성공을 거두고 있음.
2. 그랩(Grab): '동남아시아판 우버'라고 불림. 그랩이 동남아 도시를 장악하여 니들 도시의 핵심교통수단으로 자리 잡고 있음. 현재 동남아 6개국 31개 도시에서 운영 중해 있음'

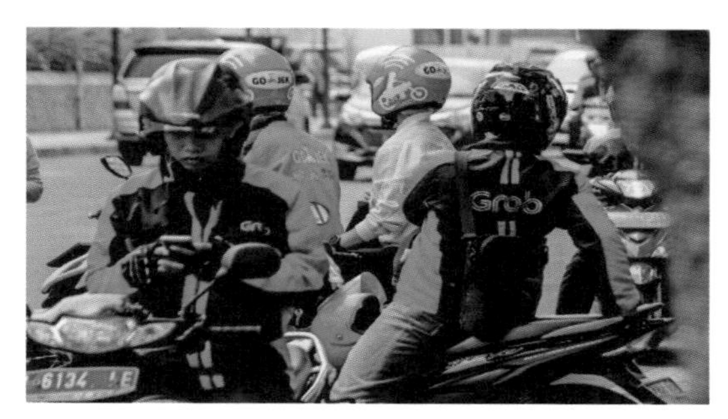

Grab, 이바닥뉴스

(3) 공유경제의 찬반논쟁

가. 지지하는 입장

1. 공급자 입장에서는 효율을 높이고, 수요자 입장에서는 상대적으로 싼 값에 이용할 수 있는 장점이 있음
2. 새로운 서비스 시장(택시, 숙박 사무실 등) 관련 일자리를 만들고 다수에게 편익을 높일 수 있음
3. 기존에 거래되지 않던 유휴 자원을 더 효과적으로 사용할 수 있게 됨
4. 사회적 배려 계층의 소득 증대와 생활 안정화에 기여할 수 있음
5. 미국 연방거래위원회(2016.11.29)는 공유경제 플랫폼이 승용차 운송, 단기 숙박 분야에서 파괴적 혁신으로 장터를 만들어 공급자와 소비자를 서로 거래할 수 있도록 만들었고, 이는 소비자, 공급자 모두에게 많은 이익을 가져다줬다고 평가

6. 공유경제 성장의 중심에는 소비자와 공급자가 서로 신뢰하고 거래할 수 있는 시스템 구축이 있었음. 소비자와 공급자가 서로 평가하게 해 이러한 평판이 소비자, 공급자에게 공유되게 함. 예컨대 우버는 운전자의 운전 이력, 소비자의 신용카드 부적격 참여자를 걸러내는 방법으로 신뢰를 구축
7. 탄생부터 찬반으로 갈등이 가득했던 우리의 '타다'서비스는 타다 대표의 기소와 타다금지법이 상정되었음. 그 후 2021년 6월 27일 헌법재판소는 이른바 '타다금지법'이라 불리는 여객자동차법에 대한 헌법소원은 합헌이라고 판단했음. 공유경제 옹호편에서는 혁신 기업의 억압이고 시민의 택시선택권을 박탈한 예라고 비판
8. '타다'의 인기는 선풍적이었음. 출범 후 회원 수가 60만명을 넘고, 운행 대수도 1,500대 정도로 많았음. 기존 택시의 불친절, 골라태우기에 식상한 소비자가 이런 고급서비스를 희망한다는 의미
9. 시민들의 새로운 택시 서비스 이용에 따른 편리함과 현행 택시 기사보다 더 나은 일자리 포기 등 엄청난 사회적 가치의 손실이 발생
10. 차가 필요하면 언제든 공유플랫폼을 통해 택시를 부르고 집 앞으로 찾아오는 택시를 이용하고자 하는 시민의 기본 욕구를 충족시켜 주어야 할 것임

나. 반대하는 입장

1. 공유경제가 소비 감소와 제조업과 전문서비스업의 쇠퇴를 부추길 수 있음
2. 공유경제 도입으로 인해 일자리 감소로 실물경제에 위축을 가져올 수 있다는 우려
3. 고급 택시서비스를 제공했던 우버의 경우 현행법 위반과 관련해 서울시와 대립하다 서비스를 전면 중단
4. 공유지에서 각자 이익을 추구하다 결국 공유지를 황폐하게 만든 사례들도 많음. 공유지의 비극과 같은 공유경제의 비극도 다시 나타날

수 있음

(4) 공유경제, 플랫폼 경제, 구독경제 차이

1. 우버나 에어비엔비는 공유경제의 철학을 벗어나 플랫폼경제의 성격이 강함. 차량 연결의 플랫폼인 우버나 숙박장소 연결의 에어비엔비는 플랫폼의 중개에 의해 운영자와 이용자를 매칭시켜주는 플랫폼경제 방식임. 이들 기업은 공유경제에 속하기보다는 플랫폼경제에 더 가까운 회사라고 볼 수 있음
2. 상품을 구입해 간편하게 정기 배송을 받는 서비스, 혹은 일정 구독료를 내고 상품을 빌리는 구독경제시스템은 분명 자원을 공유하는 공유경제와는 차별화됨

Airbnb 정말안전할까? 오마이뉴스

2) 도시공간 공유 유형

(1) 주택공유

1. 주거 공유(셰어하우징): 주거공간을 공유하려는 참여자들이 주택으로 공유하여 사용
2. 숙박 공유(민박 등): 민간이 공유플랫폼을 통하여 제공자와 이용자를 연결하고 수수료를 받는 형태

(2) 사무실 공유

1. 사무실, 회의실을 여러 사람이 공유하거나 협업공간으로 활용하는 형태
2. 임차인 입장에서는 저렴한 가격을 지불하고 임대하는 방식임

(3) 주차장 공유

1. 낮에 비어 있는 아파트 주차장, 주택가의 노상주차장 공간을 대여하여 저렴한 비용으로 주차장을 이용하는 형태
2. 서울시의 주차장 공유 정책에 여러 자치구에서 참여(국토연구원, 2015)

▌도시공간 공유의 도시 정책적 의미

공간유형	특징	도시정책적 의미
숙박공유	빈집 및 빈방의 숙박공유(도시민박)	• 운영자소득증대 • 저렴한 이용료로 이용자 혜택
주거공유	1인 가구의 증가에 대한 대응(셰어하우징)	주거안정 및 사회적 안전망 구축
사무공간 공유	사무공간, 작업공간을 협업공간으로 활용(코워킹 스페이스)	창업지원, 일자리 창출
주차공유	유휴주차면의 공유(주차공유)	주차문제 해결
공공시설 공유	주민센터, 문화, 체육, 교육시설 등 공공시설을 평일 야간 및 주말에 개방 및 활용	공공시설의 활용성 제고
기타 유휴공간 공유	텃밭, 교회, 독서실, 빈 가게, 창작공간 등 다양한 영역의 공간 공유(창의적 공유모델 창출)	공간공유의 영역 확대와 활용성 증대

자료: 국토연구원, 공유경제 기반의 도시공간 활용 제고방안 연구, 2015 참조하여 재작성

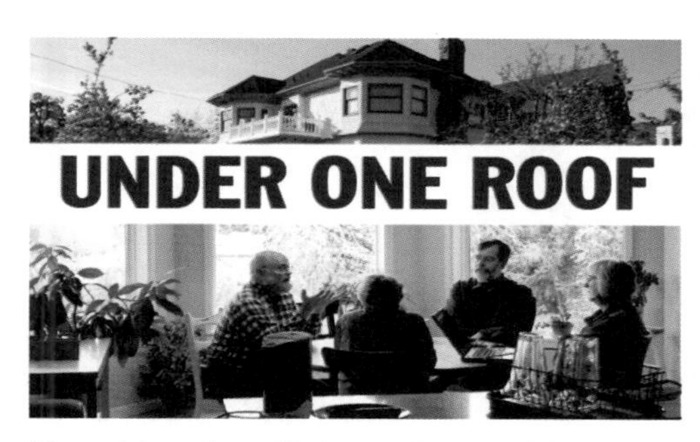

Shared housing, Christian Science Monitor

3) 공유경제 적용사례

(1) 공유 교통

1. 2011년 파리 시는 벨리브 공유 자전거와 비슷하 방식으로 운영하는 오토리브(Autolib)를 시행. 오토리브는 파리 전역에 걸쳐서 전기자동차 공유시스템을 위한 전기자동차 충전소와 전기자동차를 구입. 시민들은 나비고 카드를 이용하여 오토리브를 필요한 이동 목적에 따라 공유하여 이용한 후 가까운 오토리브 주차장에 세워 놓으면 됨.
2. 미국, 캐나다, 영국에선 차량공유서비스를 제공하는 집카(Zipcar)가 탄탄히 자리를 잡음. 전화나 인터넷으로 차량으로 예약하면 지정한 주차 장소로 가서 차량을 인수하여 이용하면 됨
3. 서울자전거라고 불리는 '따릉이는' 누구나, 언제나, 어디서나! 쉽고 편리하게 이용할 수 있는 서울시의 공유 경제서비스임. 저렴한 요금으로 이용할 수 있다는 점, 일일권, 정기권을 선택할 수 있다는 점, 스마트폰 앱을 통해 편리하게 이용할 수 있다는 점이 장점임
4. 공유시스템의 접근 용이성과 젊은 층을 중심으로 한 차량 소유에 대한 인식 변화로 세계도시에서 우버 차량공유비즈니스가 자리잡음. 우버는 이동을 원하는 소비자와 이동 서비스(차량과 기사 제공)를 제공하는 사업자를 연결, 주로 P2P형태로 운영되고 있음

Autoliv(Auto+Liberti'e),
cafe.daum.net/tesamis

Uber Taxi, 서울경제

(2) 협력적 커뮤니티 분야

1. 에어비앤비는 숙박업의 대표 공유경제 서비스임. 2018년 기준으로 서울에만 30,000개의 호실이 마련될 정도로 정착. 공간을 빌려주는 사람과 여행객을 이어주고 결제 금액의 일부를 수수료로 받는 서비스임
2. 임대보증금 부담이 없는 공유오피스에 대한 수요가 높아짐. 재택 근무, 원격 근무가 많아지면서 유연해진 업무환경에 잘 이용할 수 있고, 보다 접근성 있는 곳에서 일할 수 있다는 장점이 있음
3. 런던에 본사를 둔 'Stowga'는 기존 물류창고 내 공간을 서로 공유하고 사고파는 플랫폼을 제공하고 있음. 영국 전역에 있는 창고 내 공간을 크기에 상관없이 누구나 제공하거나 이용할 수 있어, 유통 창고 공유로 물류비용을 절감하고 있음. 물류창고의 빈 공간은 잠재적인 매출의 손실이라는 점에 초점을 두고 창업. 공간 제공자는 효율적이고 탄력적으로 물류창고를 운영하고, 공간 이용자는 고객에게 물건을 배달하기까지 시공간적 비용을 최소화할 수 있는 장점이 있음

How Stowga helped fight warehous industry? IT Supply Chain

4) 공유경제도시의 정책적 시사점

(1) 공유 자동차

1. 목소리 큰 소수(기존의 개인택시와 법인택시)가 이익을 가져가고, 그에 따른 손실은 평범한 일반인(공유 택시서비스를 원하는)들에게 전가되는 불균형을 바로 잡아야 할 것임
2. 기존 택시 기사의 승객에 대한 불친절과 필요할 때 잡기 어려운 택시로 인하여 엄청난 사회적 비용이 발생되고 있음. 시민들은 새로운 택시 서비스(타다, 우버 등) 이용에 따른 편리함을 만끽한 바 있음. 소비자는 공유 자동차 이용을 간절히 바라고 있는 실정임. 이에 따라 정책 현행 공유택시정책의 법과 제도상의 개선이 뒤따라야 함
3. 정부는 승용차가 필요하면 언제든 공유플랫폼을 통해 택시를 부르고 집 앞으로 찾아오는 택시를 이용하고자 하는 시민의 기본 욕구를 충족시켜 주어야 할 것임
4. 공유자동차의 유형별 현황, 전망, 이해관계자의 이해 및 갈등관계 등을 분석하여 데이터를 구축하는 작업이 필요. 추후 유사한 사회적 이슈 발생 시에 대비

(2) 도시공간 공유

1. 공유경제, 공유 공간의 보편화 추세로 제공자와 정부, 제공자와 이용자 간 다양한 법제도적 갈등이 표출되므로 이에 대한 정책적 보완이 요구됨
2. 소유에서 공유 경제로 전환되고 있으나 법과 제도는 공유경제를 적극 수용할 수 있는 여건이 안 되어 있으므로 정비가 필요함
3. 공유서비스 제공자와 이용자의 신원이 투명하게 공개되어 상호 신뢰 속에서 공유서비스가 제공되는 제도적 뒷받침이 있어야 함. 예컨대 공유주택에 있어서 입주자의 주거안정성과 재산권 피해를 방지하기 위한 법적 개선 조치가 요구됨
4. 도시재생지역에 공유창업공간이 설치될 수 있도록 제도적 장치를 마련
5. 도시재정비계획 수립 시 공유공간의 활용방안을 분석하여 적절한 공유 시설 유형을 포함시켜야 할 것임
6. 도시재생 지역계획 단계에서 공유경제 유형과 결합된 계획을 수립하도록 하는 제도적 장치를 마련하여 이해관계자들이 상생(Win－Win) 할 수 있는 구도를 만들어야 함
7. 공유자동차와 긴밀하게 연계한 주차 공유 정책(모빌리티 앱 하나로)으로 시민들의 이동성(Mobility)을 향상시켜야 함
8. 도시공유공간 유형별 특성 및 현황, 전망, 이해관계자의 이해 및 갈등관계 등을 분석하여 데이터를 구축하는 작업이 필요

39 4차 산업혁명 도시(4th Industrial City)

1) 산업혁명의 역사

(1) 1차 산업혁명(1760-1830)의 배경

1. 1차 산업혁명은 농사나 수공업을 하던 시대에서 공장을 세우고 제품을 대량 생산하는 시대로 접어든 것을 의미
2. 1차 산업혁명의 핵심기술인 석탄, 철도, 증기기관, 직물업, 방적기, 도로와 운하, 코크스 제조법 등에 의한 혁명
3. 17세기 후반의 명예혁명에서 비롯된 정치적, 제도적 기반에 자유시장경제 속의 기업가 정신이란 사상. 중세까지는 하루 두 끼를 먹었는데, 기업이 생기면서 아침에 출근하는 인구가 늘면서 점심을 포함해 하루 세 끼가 됨
4. 비밀결사체인 러다이트(Luddite)의 기계파괴운동이 일어난 후 공장과 기업조직이 등장
5. 글래스고 공장의 대량생산과 항구의 자유무역에 기반한 근대 자본주의가 태동하자 애덤 스미스는 1776년 '국부론'에서 개인의 이익, '보이지 않는 손'인 자유시장, 사회적 공익 프레임의 세 가지 요건이 국부를 창출하는 원천이라고 주장
6. 이전에는 먹을 것을 스스로 생산했다면, 이 시대에는 시장에서 먹을 것을 구매하는 새로운 소비자가 생겨나게 됨
7. 증기기관차를 동력으로 하는 철도는 도시 간의 교통 시간을 획기적으로 단축시켜 도시공간구조를 개편하고, 사람들의 라이프스타일과 정치사회문화를 송두리째 바꿈
8. 자본주의 출현으로 노동의 착취와 하류 계층의 빈곤한 삶을 목격한 마르크스는 계급 갈등과 자본주의를 비판한 '공산당 선언'을 발표하고 1867년 '자본론'을 출간

(2) 2차 산업혁명(1870-1920)의 배경

1. 2차 산업혁명은 1910년 영국의 '패트릭 게데스'의 '도시의 진화'에서 최초로 언급됨. 2차 산업혁명은 1차 산업혁명 이후인 19세기 중·후반부터 19세기까지 이어진 산업 활동을 의미
2. 전기, 통신, 정유, 자동차산업 중심으로 변혁이 이루어졌고 대기업 중심의 기술혁신이 이루어졌음
3. 기술혁신의 여파는 독일과 미국으로 이어져 대학에서 과학, 기술, 경영교육을 받은 기술자들이 기업에서 혁신을 주도. 과학에 기반한 기술이 대량생산의 포드주의와 과학적 관리의 테일러주의가 경제시스템을 지탱하는 주요 패러다임(사상)이 됨
4. 자원의 무질서한 남용과 난개발에 의한 도시 건설은 자원고갈 위협, 환경오염, 기후 위기 등 지속 가능한 성장과 개발을 저해하는 요소로 등장

(3) 3차 산업혁명(1970-2010)의 배경

1. 20세기 중반 컴퓨터, 인공위성, 인터넷의 발명으로 촉진되어 일어난 산업혁명. 이전에 없었던 정보 공유 방식이 생기면서 정보 통신 기술이 본격적으로 발달하기 시작한 시기임
2. 3차 산업혁명은 컴퓨터의 탄생과 발달 시기로 봄. 이 시기는 컴퓨터, ICT분야의 발전으로 정보화, 자동화 시스템이 등장함.
3. 인터넷과 사람들의 커뮤니케이션에 주목한 제레미 리프킨이 2012년에 펴낸 '3차 산업혁명'이란 용어가 나옴. 그는 오늘날에도 3차 산업혁명이 진행중이라 보고 있음.
4. 공유를 중심으로 한 수평적 권력구조에 따른 경제활동이 3차 산업혁명이라고 주장하는 학자 있음. 리프킨은 공유경제의 개념을 처음으로 발표
5. '3차 산업혁명'은 정보 혁명과 크게 다르지 않음. 이처럼 3차 산업혁명은 4차 산업혁명이 부각 되면서 생겨난 용어로 아직 학술적으로 정착되지는 않았음

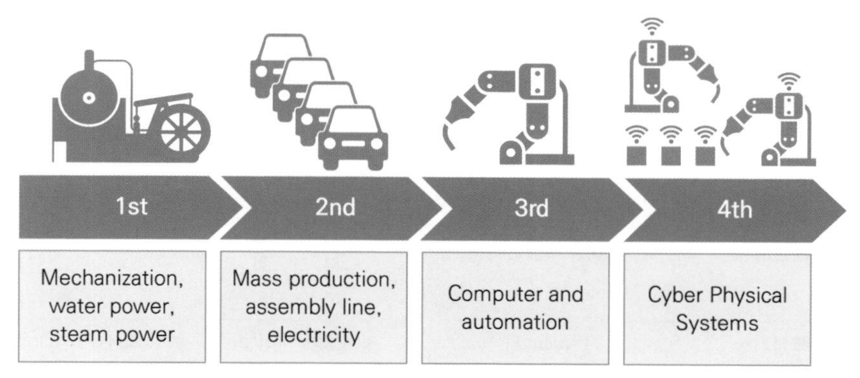

4차 산업혁명의 역사와 시사점 이해하기, 브런치

(4) 4차 산업혁명(2010 이후)의 배경

1. 4차 산업혁명은 정보통신기술의 융합으로 이루어지는 초연결과 초지능의 혁명임
2. 이 혁명의 핵심은 빅 데이터 분석, 인공지능, 로봇공학, 사물인터넷, 무인 운송 수단(무인 항공기, 무인 자동차), 3차원 인쇄, 나노 기술과 같은 7대 분야에서 새로운 기술 혁신(Schwab, Klaus, 2016)임
3. 연결, 탈중앙화와 분권, 공유와 개방을 통한 맞춤 시대의 지능화 세계를 지향(강명구, 2018)함
4. 지능화 세계를 구축하기 위해 빅데이터, 인공지능(AI), 블록체인 등의 여러 가지 기술들이 뒷받침되고 있음
5. 4차 산업혁명은 ICT기술과 다양한 첨단기술이 개방형 혁신(Open Innovation)을 기반으로 광범위한 융복합을 통해 확산되며 기존에 없었던 다양한 신산업과 비즈니스 시회가 생기는 게 특징임
6. 4차 산업혁명의 핵심요소기술인 인공지능, 빅 데이터, 사물 인터넷, 센서, 자동화 기술, 신소재, 바이오 신기술 등 핵심요소 기술과 직접적으로 관련이 있는 5개의 산업을 국제표준산업분류를 기준으로 4차 산업혁명의 기반 산업이라고 정의(현대경제연구원, 2017)함

▌시기별 산업혁명의 특징

시기	19세기-20세기 초반	20세기 후반	21세기
패러다임	산업혁명	정보화 혁명	디지털 혁명
혁신 부문	증기의 동력화, 전력	전자기기, ICT혁명	AI, Big Data, IoT
생산방식	소품종대량생산	다품종소량생산, 부분 자동화	ICT와 제조업 융합, 시뮬레이션을 통한 자동 생산, 플랫폼서비스
핵심기술	전기에너지	반도체, 인터넷	빅데이터, IoT, AI
입지 방식	산업단지, 생산시설	생산+지원시설	생산+삶+문화 등 복합용도시설
커뮤니케이션수단	전화기, TV 등	인터넷, SNS 등	IoT, 서비스 간 인터넷
인재상	숙련기술자	지식근로자	창의인재
산업 및 사회의 변화	포드주의(Fordism)와 테일러리즘(Tayerim)에 의한 대량생산	디지털 혁명으로 ICT기업 부상	사람, 사물, 공간의 초연결 및 초지능화로 산업 및 사회시스템 혁신
공간 유형	물리적 공간	디지털 공간	사이버물리시스템(하드웨어와 소프트웨어 융합)

4차 산업혁명: AI에 묻다, 공학저널

2) 4차 산업혁명이 도시에 미치는 영향

(1) 도시공간구조

1. 도시는 4차산업을 주도하는 지식 생산의 거점으로서의 역할이 강해질 것임
2. 독일 상무성에서 펴낸 'Advanced Manufacturing－Industry 4.0 and Urban Development'의 주장처럼 4차 산업혁명으로 공장용지면적이 축소되고 환경친화적인 공정이 도입되어 미래 제조업체의 입지가 도시 내부에 입지하게 되어 복합토지이용을 촉진하게 될 것으로 전망
3. 4차 산업혁명에 의한 디지털 네트워크의 확충이 대면 접촉의 필요성을 감소시키는 반면, 기존 도시에서 더 많은 연결 수요를 촉발시키면서 오히려 집적 이익이 상대적으로 강화될 것으로 예상(정창무, 2017)
4. 이해당사자(Stakeholder)들이 복합 용도를 선호하게 되므로 토지이용규제 수단인 용도지역지구제(Zoning)에 의한 용도의 구분이 점차 모호해질 것임
5. AI, IoT를 기반으로 한 신산업이 발달되면 시간과 공간에서 상대적으로 자유로운 창조계급은 그들이 선호하는 쾌적하고 생동감 넘치는 장소에 거주함에 따라 기존의 중심업무지구 등과는 다른 도시지역에 소규모 클러스터형 업무지구가 형성될 가능성이 있음
6. 도심이나 부도심이 제공하는 집적의 이익으로 인하여 도시에서 멀리 떨어진 지역보다는 도시 가장자리(Edge City)에 새로운 클러스터 등의 집적이 일어날 수 있을 것임
7. ICT가 시공간 제약의 감소를 통해 접근성을 강화시켜 주기도 하고, ICT가 도심으로의 집중을 유도하여 도심 밀도를 높여 주는 데 기여하기도 함
8. ICT의 공간 영향 연구가 집중과 분산이라는 이중성(Duality)의 결론을 내고 있음. 도시와 지역에 따라 ICT가 집중을 유도하기도 하고, 분산을 견인하기도 한다는 것임(Siegen, 2010; van Dijk, 2010)

9. 많은 연구에서 ICT의 도시 공간적 영향이 더디게 나타난다고 주장함. 그 이유로는 ICT가 도시공간의 맥락과 요소에 적응하는 데 시간이 걸리고, ICT가 공간 속에서 개인정보, 신뢰, 안전, 인프라 비용, 공간 집적 등의 요소로 인해 자리를 잡는 데 시간이 걸린다고 함(원제무, 도시에 미치는 ICT의 연구동향, 도시정보, 2021)

(2) 디지털 전환 시대의 산업구조의 변화 방향

1. 초연결성, 초지능화, 융합화 등을 기반으로 한 플랫폼 경제(Platform Economy), 온디맨드경제(On-Demand Economy), 공유경제(Sharing Economy)에 대응하는 산업생산시스템으로의 변화가 전망됨
2. 4차 산업혁명이 가져올 특징적인 변화는 ICT기술의 융합화로 인해 산업 간 경계가 허물어지게 되어 산업에 따라서는 기존의 산업분류 자체가 무의미해질 것임(예컨대 테슬라기업은 전기차 업체가 아니라 고객에게 다양한 소프트웨어 서비스를 제공하는 서비스업체임)
3. 사이버물리시스템(Cyber-Physical System)을 구축한 기업과 네트워킹하기 위하여 많은 기업들이 빅테크 기업 주변에 입지하는 경향을 보이고 있음(실리콘벨리, 보스톤의 생명과학단지, 판교테크노밸리 등). 도시 내의 사이버물리시스템 인프라에 근접하여 집중하는 경향을 보일 것으로 예상됨
4. 하드웨어와 소프트웨어의 융합으로 인한 제조업과 서비스업이 점차 융합될 것으로 전망됨
5. 4차 산업혁명은 AI, 빅데이터, 자동 로봇 기반의 제조업 혁명을 통해 도시 간 교역량을 감소시킬 것으로 전망됨
6. 4차 산업의 집적으로 통한 산업클러스터의 형성은 지식 및 기술 그리고 정보 측면에서 동종 산업뿐만이 아니라 다른 산업에까지 영향을 준다고 할 수 있음(용인의 반도체 클러스터 등)
7. 복합용도개발은 산업 간, 토지용도 간 다양한 교류를 촉진시켜 사회적 자본을 강화시킬 것으로 예상됨

8. 4차 산업혁명의 영향으로 단기형 프로젝트 형태의 네트워크 조직 또는 애자일(Agile) 조직으로 전환될 가능성이 있음. 이에 따라 유동성이 높은 프로젝트 기반의 공간을 위한 임대형 지식산업단지 등에 대한 수요가 늘어날 것임
9. 초연결성과 초지능화 확산에 따른 제품과 서비스의 스마트화와 시스템화가 진행될 것임
10. 지식산업단지 등에서 공유 공간을 설치하여 활용하게 되면 자원 공유를 통한 비용절감 및 기업 간 교류를 확대할 수 있다는 관점에서 적극적으로 도입할 필요성이 있음

금융 종가 부활을 꿈꾸는 시티 런던 테크시티, 한국경제

(3) 디지털기업과 창조 계급이 선호하는 입지와 공간으로의 전환

1. 디지털전환시대에 생산방식의 재편은 소비자와의 상호 교호 작용이 더욱 중요한 가치로 자리잡음으로써 소비자가 많은 대도시로 테크 기업 등이 이동하는 경향이 예상됨
2. 산업이 일자리를 차출하는 기존의 형태(people follow jobs)에서 창조계급이 산업을 창출하는 형태(creative class creates industry)로 전환될 것임
3. 디지털 산업은 창조계급이 밀집해 있는 도심이나 부도심에 집중되므로 창조계급을 유치할 만한 지식산업센터 등의 공간이 요구됨
4. 플랫폼 경제가 확대됨에 따라 사용자와 근로자가 대면하지 않고 업무를 진행하는 방식이 일반화되고 이러한 수요에 대한 공간 구축의 필요성이 늘어나게 됨

5. ICT융복합 기업이 늘어남에 따라 이에 적합한 임대형 지식산업단지나 사무실에 대한 공급 대책이 마련되어야 함
6. 창조계급은 도시생활에 있어서 자연 환경이 우수하고, 쾌적성(Amenity)이 높으면서 예술문화시설이 집중된 대도시나 중소도시로 집적하는 경향이 있음

(4) 통행 행태

1. ICT와 통행 간의 상호보완성이 존재한다는 연구가 많이 나오기는 하지만, 아직은 이에 대한 연구 결론이 명확하지가 않음
2. ICT는 개인의 활동의 선택과 기회의 포착에 도움을 주고, 이는 다시 다양한 행태 패턴을 이끌어가는 원동력이 됨(Parvaneh, 2013). 아울러 ICT는 통행과 활동의 대체, 변경, 재분배 등을 통해 도시민들의 미팅 약속과 일정 관리에 적지 않은 변화를 줌(Arentz, 2010)
3. 텔레(원격근무)센터가 설치된 외곽에서의 원격 근무는 공해, 통행 주기, 개인 교통수단 이용, 교통정체, 에너지 소비를 줄여주게 됨(Muhammad, 2007). 이와 대조적으로 도시 외곽의 텔레센터는 도시 확산을 부추겨서 지속가능성의 목표와 정면으로 충돌하게 됨.
4. 원격 근무가 한편으로는 통근 통행을 줄여주지만, 또 한편으로는 통행자가 출근하지 않음으로써 남는 통행시간으로 쇼핑이나 레저통행 수요를 자극할 수도 있음(Rietveld and Vickerman, 2004).

Teleworking, Air Force Safety Center

(5) 라이프스타일과 근무형태

1. 초고속 네트워크와 클라우드, 온라인 비즈니스의 증가, 메타버스의 보편화, 인공지능과 자동화로봇의 확산, 무인자동차시대의 도래, 초고속교통수단의 도입 등으로 인간의 노동시간이 감소하고 여가시간은 증가하게 될 것임
2. ICT기반의 4차 산업혁명시대의 근무 형태는 재택근무 등으로 인하여 회사라는 특정 장소, 특정시간에 매여 있지 않게 될 것임
3. 초연결성이 확보된 스마트 기반 도시에서 지식근로자들은 프로젝트 중심의 비대면 업무에 참여하게 되므로 팀과 조직의 결합과 해체가 보다 유연하게 이루어질 것임
4. 지식근로자들이 근무시간과 근무장소로부터 비교적 자유로워지면서 공유오피스나 공동 작업실 개념의 업무 공간이 대안적 공간으로 자리잡게 되어 필요할 때 수시로 만나 회의나 업무를 수행하게 됨

40 빅데이터 도시(Big Data City)

1) 빅데이터도시의 개요와 활용방안

(1) 빅데이터도시의 개요

1. 현대인의 필수품 스마트폰. 일상이 된 인터넷 검색과 소셜 네트워크 등 우리가 곳곳에 남긴 흔적들이 빅데이터로 쌓이고 있음. 디지털 세상이 되면서 사람들은 하루에도 수많은 데이터를 쏟아냄
2. 유튜브(Youtube), 페이스북(Facebook), 카카오톡과 같이 우리가 일상 속에서 사용하는 것들은 모두 데이터임.
3. 빅데이터란 과거 아날로그 환경에서 생성되던 데이터에 비하면 그 규모가 방대하고, 생성 주기도 짧고, 형태도 수치 데이터뿐 아니라 문자와 영상데이터를 포함하는 대규모 데이터를 말함

4. 빅데이터는 기존 데이터에 비해 규모(Volume)가 방대하고, 형식이 다양(Variety)하며, 순환속도(Velocity)가 매우 빨라 기존 방식으로는 관리 및 분석이 어려운 데이터 집합임
5. 빅데이터는 데이터 집합만을 의미하는 양적 개념에서 대용량 처리 및 분석 기술이 발전함에 따라 대용량데이터를 분석해서 가치 있는 정보를 추출하고, 생성된 지식을 바탕으로 다양한 도시 문제에 대응하거나 미래의 변화를 예측하는 데 활용됨
6. 빅데이터는 도시분야에서 도시행정, 도시관리, 환경, 교통, 교육, 도시 경제, 복지 정책 등에 적극적으로 활용되고 있음
7. 빅데이터 기반의 스마트시티는 기존 도시에 스마트 플랫폼을 활용하여 신기술로 도시의 효율성을 제고하고 데이터를 활용하여 새로운 가치를 창출하는 도시임
8. 도시지역에서 발생하는 인구, 환경, 교통, 자원, 건물, 녹지, 강 등에 관한 빅데이터를 가지고 도시계획, 도시관리, 교통정보 제공, 재해대응, 안전관리, 도시행정을 구현함
9. SNS 등 인터넷 사용자의 정보와 거리에 설치된 센서를 통해 추적한 도시민의 활동상황과 행동 및 이력을 결합하여 지역 또는 지구를 빅데이터화하고, 각 사용자 분석을 통해 개개인에 최적화된 정보를 제공

빅데이터-도시를 보다 스마트하게 만드는 모바일 데이터, SPH

2) 도시에서 빅데이터 활용방안(예시)

(1) 도시환경분야

1. 플랫폼을 이용하여 스마트폰의 마이크로부터 얻은 소음 정보와 GPS 정보를 종합하여 소음 지도 제작
2. 도시 지역별로 대기오염 수치를 예측해 실시간 대기오염 경고 지도 제공(현재 우리나라의 미세먼지 측정 방법과 동일)
3. 지역별 강우량, 배수, 지표면 고도, 지질, 토양, 홍수 이력 등의 정보를 활용해 위험지역을 도출하고, 웹을 통해 실시간으로 정보제공
4. 도시의 녹지가 어느 지역에 더 많이 위치하고 있으며 그것이 공기의 질과 어떤 연관이 있는지를 규명
5. 와이파이나 GPS 위치 추적기 등 지리적 위치 시스템을 통해 많은 정보들이 축적 가능함. 이런 공공인프라를 통해 자연재해의 영향을 예측하는 것도 가능함. 예로서 2017년 큰 홍수를 유발한 허리케인 '하비'라 불리는 재해에 대해 휴스턴 지역의 여러 동네들이 어떻게 반응했는지를 모은 빅데이터 분석을 통해 이후에 중장기적으로 조금 더 회복탄력성이 높은 도시로 재생하는 개선대책을 세울 수 있었음

빅데이터, 도시 위기해결방안으로 급부상, Sciencetimes

(2) 도시재생 지역 진단과 평가

1. 빅데이터를 활용한 도시재생 우선사업지구 진단 및 평가
2. 쇠퇴지역의 원인 파악을 위한 빅데이터 분석을 실시하여 표출되는 공통적인 현상을 파악하고 도시재생 정책 및 전략을 추진
3. 빅데이터 기반의 도시재생지역 노후도 및 평가 지수 등을 활용한 도시재생의 적합성 여부 평가
4. 도시계획 및 재건축계획과 과정에서 빅데이터를 통한 지역주민의 요구사항 반영

(3) 공간정보

1. 위치기반서비스를 활용한 다차원 공간데이터 모델 구축 가능
2. 위치기반 소셜미디어 데이터와 지가 간의 상관관계 분석
3. 공간 정보 기반의 빅 데이터는 다양한 기술·산업분야에서도 널리 활용(한국판 지도 '브이월드'에서는 생생하게 구현되는 3차원 공간정보를 입체적으로 볼 수 있음)
4. 위치정보를 이용하여 지오코딩(Geoding)하거나 지적도와 같은 공간 자료와 결합하여 공간 정보로 변환 가능
5. 공간 정보는 빅데이터와 함께 활용하면 트랜드와 패턴이 발생되어 공간적인 맥락을 이해하는 데 도움을 줌(김대중 외, 2013)

Geocoding- Facebook, Facebook

(4) 도시교통분야

1. 교통카드데이터를 통해 출발지와 목적지(Origin and Destination), 피크 시와 비피크 시의 통행량 파악
2. 버스위치정보로 승객 수요에 걸맞은 버스노선 배정
3. 교통정보데이터를 수집·분석하여 교통 혼잡도 및 위험도를 예측
4. 택시위치정보 데이터로 택시와 이용자들간의 택시 서비스의 매칭
5. 여러 기관이 보유한 실시간 교통정보, 웹과 SNS데이터, 교통통계정보 등을 분석하여 교통사고를 예측하고 이를 스마트폰으로 제공
6. 기존 공공조직(예컨대 교통안전공단, 경찰청 등)과의 협력을 통해 검증된 교통데이터를 활용하여 교통혼잡구간의 교통흐름을 제어하고 사고다발구간의 교통사고 감소
7. 교통상황을 예측하는 지능형 교통정보 시스템을 통해 교통 혼잡도 예측의 고도화와 지능형 교통서비스 시스템 구축
8. 딥러닝(Deep Learning)기술을 기반으로 하여 시뮬레이션을 통해 신호주기 최적화를 실시함으로써 차량통행속도 향상
9. 빅데이터 분석으로 예측된 혼잡도 및 교차로 위험도는 시간별, 상황별로 핸드폰앱이나 내비게이션을 통해 교통량 분산을 유도하고 통행자의 최적 경로 선택에 도움을 제공
10. 교통카드와 같은 민간부문의 대중교통 정보를 융합하여 공간적으로

Bus Tracking App., Fleetroot

대중교통의 이용 패턴을 분석함으로써 대중교통 노선 조정과 배차 간격 설정에 기여

(5) 범죄 및 화재 예방

1. 범죄 발생 지역 및 시각을 예측해 범죄를 미연에 방지
2. 잠재적으로 화재의 위험성이 있는 산업체나 기업 등과 관련된 빅데이터를 기반으로 화재예측모델 개발
3. 빅데이터와 AI를 사용해서 범죄자와 노숙자 등과 관련한 데이터 서비스를 제공

3) 빅데이터가 도시에 적용된 사례

1. 뉴욕뿐 아니라 많은 도시들이 교통통계데이터, 에너지 소모 및 GPS지도 등 정부데이터를 오픈하고 있음
2. 시애틀은 마이크로소프트와 엑센츄어와 함께 빅데이터를 활용한 절전 프로젝트를 시행하고 있음. 분석과 예측을 통해서 빅데이터 시스템은 실행 가능한 에너지절약 방안을 찾아내고 전기소모량을 줄이는 게 목표임
3. 파리 시는 어플리케이션을 이용하여 스마트폰의 마이크로부터 얻은 소음 정보와 GPS정보를 종합하여 소음 지도를 제작함(경기연구원, 지자체의 공공 빅데이터 정책사례연구)
4. 서울시 심야시간대의 통화량 등을 이용하여 서울시 각 지역의 유동인구 밀집도를 수집하고 이를 분석하여 최적의 노선을 도출한 후, 이렇게 도출된 노선을 기준으로 다시 한 번 유동인구 빅데이터를 이용하여 배차 간격을 조절함
5. 시카고에서는 보도 "눈치우기" 어플리케이션을 구축했고 시민은 폭설 시 자신이 지정한 보도 구간에 대해 폭설을 제거하게 됨
6. IBM은 리옹 시를 위하여 'Decision Support System Optimizer 시스템'을 개발하여 실시간 교통정보 제공함으로써 교통혼잡을 탐지 및 예측함. 교통관리자가 특정 지역에서 교통혼잡과 정체를 발견하게 되면 즉시 교통 신호등을 조정하여 효율적으로 교통 운영을 실시함

도로교통 소음 측정, 소음 지도, 3D모델, inertance

(1) 세계경제포럼(도시글로벌미래위원회가 빅데이터를 활용하여 시민의 삶의 질을 높인 세계적 도시 20개 사례발표(2017.11.)(Data Driven Cities: 20 Stories of Innovation)

가. 시민

디지털 기술의 발전은 시민과 시민, 시민과 정부 사이의 관계와 행동을 변화

보스턴	온라인 도시 현황판 시티스코어(CityScore)를 개발, 도시 내 행정 서비스 정보를 실시간으로 제공
키토 (에콰도르)	대중교통 내에서 성추행이 발생할 경우 이를 신고할 수 있는 모바일 플랫폼을 개발 및 향후 성범죄를 줄일 수 있는 정책 자료로 활용
모스크바	도시 서비스를 요청하거나 이에 대한 불만을 표현할 수 있는 포털을 만들고, 이에 대한 개인 맞춤형 답변을 받아볼 수 있음
젠슬러	세계 각국의 11,000명의 사무 근로자에 대한 업무 환경 조사를 바탕으로 도시의 생산성과 혁신을 촉진할 수 있는 방안을 제시

나. 경제

4차 산업혁명은 시민의 생산과 소비 방식을 획기적으로 변화

도시/주체	혁신 내용
두바이	2016년 블록체인 전략을 발표하고 2017년부터 시범 사업을 통해 블록체인 기술이 얼마나 정부 서비스의 효율성을 향상시킬 수 있는지 살펴보고 있음
멜버른, 더블린	• (멜버른) 토지이용 및 보행자 이동과 관련해 수년 동안 수집해온 데이터를 기업과 시민에 공개 • (더블린) 지방자치단체와 아일랜드국립대학교와 파트너십을 채결해 250개의 도시 데이터를 제공하는 웹사이트 개발
MIT	MIT 감응화도시연구소(Senseable City Lab)는 은행 데이터를 이용해 스페인 도시 및 지역별 소비 패턴을 모델화, 시각화, 예측하는 경제 모형을 개발
아마다바드(인도), 인촨(중국)	자동 요금 징수제를 도입하고 통합된 교통 요금 시스템을 구축하고 있으며, 인촨의 경우는 안면인식기술을 통해 버스 요금을 지불

다. 행정

데이터의 가용성과 도시 문제의 복잡성은 보다 개방적이고 포용적 도시 행정을 필요

도시/주체	혁신 내용
멜버른, 키토, 보스턴	• (멜버른) 기후변화에 대처하기 위한 세금을 신설하는 과정에서 시민 패널의 활용을 2배로 증가 • (키토) 더 많은 시민 참여를 가능하게 하는 정보 공유 플랫폼 Mi Ciudad를 개발 • (보스턴) 12~25세 시민들이 10억의 도시 예산을 어떻게 사용할지 논의하는 데 참여
아일랜드, 샌프란시스코, 피츠버그	도시 내 토지 이용 규제나 지역 발전 계획 등의 정보를 제공하기 위해 아일랜드의 myplan.ie, 샌프란시스코, 팔로 알토, 피츠버그의 buildingeye.com 등이 활용되고 있음
리우데자네이루	도시 내 범죄 데이터를 공개하고 범죄 확률을 예측하는 플랫폼인 크라임레이더(CrimeRadar)를 개발해 시민들의 의사결정에 참고자료로 활용하도록 함
콜카타	비영리 사회 기업인 “Addressing the Unaddressed”는 무허가 거주지에 우편 주소를 제공하여 거주민들이 기초적인 서비스를 받을 수 있는 방안을 제공함

라. 사회기반시설

사물인터넷 등 최첨단 기술은 사회기반시설을 개선하고 유지하는 데 기여

도시/주체	혁신 내용
보스턴, 뉴욕, 세부	내비게이션 앱과 교통 정보 데이터 등을 활용해 도시 내 교통 혼잡에 대한 정보를 수집
키토, 코펜하겐, 후쿠오카	• (키토)시민에게 수자원 사용량과 절약법을 알려주는 온라인 서비스를 제공 • (코펜하겐) 강우량을 예측해 폐수 방류량을 조정 • (후쿠오카) 하수도 시설에서 생성되는 수소 연료 전지로 차량 운행
휴스턴	소방청은 시스코와 파나소닉과 파트너십을 맺고 응급 대응 어플리케이션을 개발해 불필요한 병원 방문을 감소시킴
루브르 박물관	블루투스 센서를 이용해 방문객들의 이동 동선과 소요 시간 데이터를 만들어 관광객들의 방문을 늘리는 방안을 개발하는 데 활용하고 있음

마. 환경

도시가 차지하는 면적은 2%에 불과하나, 이산화탄소 배출의 80%를 차지하고 있어 이에 대한 환경 문제 대응이 중요

도시/주체	혁신 내용
젠슬러	건축설계회사 젠슬러(Gensler)는 에너지와 수자원 소비에 대한 보고서를 매년 발표해 지속가능한 개발에 대한 경각심 부여
트리피디아	주민들이 나무들의 위치와 크기에 대한 정보를 입력하고 이를 공유할 수 있도록 플랫폼을 제공
코펜하겐	자전거가 멈추지 않고 달릴 수 있도록 변동형 표지판과 지능형 신호등 활용
1concern, 키토	시민들에게 자연재해에 대응하고 피해를 복구하는 방법에 대한 데이터와 우수사례 등을 소개

4) 빅데이터도시 관련 정책적 시사점

1. 대부분의 도시의 데이터 관리실태가 아직 미흡한 단계이지만 보다 장기적으로 스마트 도시계획의 중요한 데이터 기반으로 발전시켜야 할 것임
2. 도시에서 관리하는 주요 빅데이터의 유형, 관리실태 및 적용 현황 등을 모니터링하여 평가 및 검토

3. 빅데이터 기반 정책 수립에 대한 시민의 인식 및 요구사항 파악
4. 실제 빅데이터를 활용해 수립한 기존 정책에 대한 인지도, 만족도 평가를 실시하여 향후 빅데이터 기반 정책방향성을 모색
5. 도시 공공 빅데이터를 활용한 도시정책 발굴 및 제안과 수요조사, 빅데이터 보유 현황을 종합하여 도시정책에 활용
6. 다양한 도시 정보에 대한 빅데이터 활용방안 마련
7. 실시간 도시 데이터를 기반으로 새로운 도시서비스와 데이터가 선순환하는 생태계가 만들어져야 함
8. 빅데이터 수집, 저장, 관리, 분석 등을 수행할 수 있는 하드웨어와 소프트웨어 시스템 구축
9. 빅데이터 활용 정책의 효과성을 사전 검증하기 위해 VR(가상현실) 기반의 미니 테스트베드(정책실험실)의 활용도 모색할 필요가 있음
10. 도시 정보와 관련된 빅데이터 분석이 가능한 전문인력 양성 및 확보
11. 도시계획 및 관리에 빅데이터를 활용할 수 있는 법제도 마련

41 초연결스마트시티(Hyper Connectivity Smart City)

1) 초연결스마트시티 배경 및 정의

(1) 초연결스마트도시 배경

1. 영화 속에서 흔히 볼 수 있었던 사람과 사물이 연결되는 세상이 도래함. 사람과 도시, 집, 자동차, 건물 등을 하나로 묶는 '초연결' 사회가 조만간 구현될 것으로 전망
2. 사물인터넷(IoT)이라는 기술을 통해 사람과 사물, 자동차와 사물이 연결되어 자율자동차가 주차장에 도착하여 스스로 주차하는 광경이 머지 않아 펼쳐질 것임. 또한 회사 사무실에서도 집 안의 조명을 끄거나, 가스 불을 켜고, 또한 집 안의 온도를 조절하는 등 직접 사물을

움직이지 않아도 조종할 수 있는 초연결스마트도시로 진화하고 있음

3. 초연결(Hyper-connectivity)은 캐나다 사회과학자인 Anabel Quan-Haase and Barry Wellman에 의해 시작된 용어로 네트워크를 통해 사람-사람, 사람-사물, 사물-사물이 통신하여 커뮤니케이션할 수 있는 상태를 말함
4. ICT가 일상화되면서 일반인들도 쉽게 PC를 소유하여 커뮤니티, 경제생활에 이용하기 시작했으며 최근 급부상하고 있는 센서, 모바일, 클라우드, 빅데이터는 사회변혁을 이끌고 있음
5. 장차 도시는 정보의 분석과 응용, 현실과 가상의 연계, 시뮬레이션 결과를 바탕으로 초연결 도시로 발전할 것임
6. 데이터의 수집, 저장, 분석, 피드백과 Iot, AI 기술 기반에 의해 미래도시는 초연결성이 강화된 도시가 될 것임
7. IoT를 비롯한 초연결 기술은 4차 산업혁명의 핵심으로 초연결스마트시티 형성에 큰 영향을 미치고 있음
8. 앞으로 다가올 초연결스마트시티는 거의 모든 사물이 인터넷에 연결되어 상호작용을 할 수 있게 될 것임

The Hyperconnected World,, Institute of the Future

(2) 초연결스마트도시의 정의

1. 초연결스마트도시란 ICT등의 발달에 따라 네트워크에 의해 사람, 데이터, 사물 등 모든 것이 연결되어 있는 도시를 의미함.
2. 사람과 사람, 사람과 사물, 사물과 사물이 온라인이나 오프라인을 통해 다대 일 또는 일대 일의 긴밀한 연결을 가능하게 하는 도시임
3. 모든 사물이 인터넷에 연결되고 여기서 축적되는 다양한 데이터를 지능적으로 처리하게 됨으로써 도시의 상황과 특성에 따라 도시 서비스를 필요한 적시에 제공할 수 있는 도시를 초연결스마트도시라고 부름
4. 초연결스마트도시에서는 인간뿐 아니라 사물에도 컴퓨팅 파워가 접목되고 인터넷을 기반으로 모든 객체가 연결됨으로써 사람과 사물의 운영프로세스가 고스란히 저장 및 관리되게 됨
5. 초연결 스마트시티는 '도시의 전반적인 데이터가 촘촘히 연결되어 데이터 기반의 분석과시뮬레이션을 통해 도시 문제를 해결하는 솔루션을 제공하는 도시'임
6. 초연결 스마트시티에서는 실시간 데이터 수집 및 획득, 다양한 센서를 통해 수집된 데이터의 연계 및 융복합 활용이 가능함

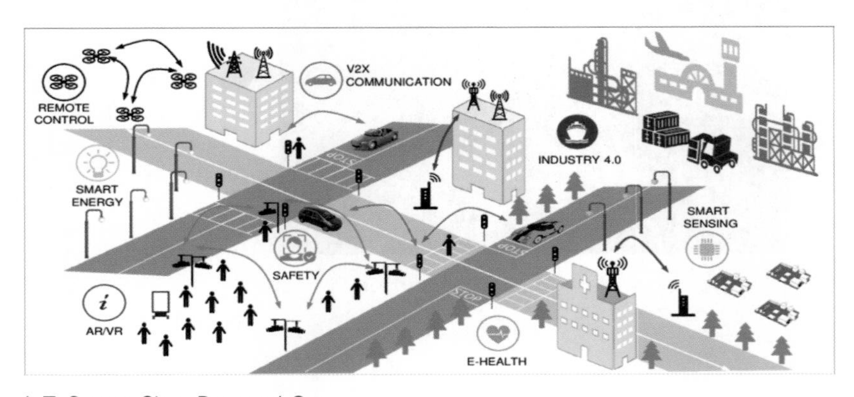

IoT Smart City, ReaearchGate

2) 초연결도시를 만드는 기술 요소

(1) 사물인터넷(Internet of Things: IoT)

1. 도시에서 사물인터넷 플랫폼은 커뮤니케이션 인터넷, 에너지 인터넷, 물류인터넷이 결합한 형대임
2. 천문학적인 숫자에 달하는 센서가 모든 기기와 전기제품, 기계, 장치 및 도구 증에 부착되며 경제적 가치사슬 전반을 아우르는 촘촘한 신경네트워크로 모든 사물과 인간을 연결하고 있음
3. ITU(2005): 모든 사물에게 네트워크 연결을 제공하는 네트워크
4. EU(2007): 대상물들(objects) 간에 통신이 가능한 네트워크와 서비스
5. CASAGRAS: 데이터 수집과 통신기능을 통하여 물리적 객체와 가상의 객체를 연결해주는 글로벌 네트워크 기반 구조
6. OSCO GE: 사람과 사물에 이어 프로세스와 데이터가 상호 밀접하게 연결되어 있는 새로운 형태의 네트워크 환경
7. 인간과 사물, 서비스 등 분산된 구성 요소들 간에 인위적인 개입 없이 상호 협력적으로 센싱, 네트워킹, 정보 교환 및 처리 등의 지능적 관계를 형성하는 사물 공간 연결망으로 진화
8. 연결의 대상이 사람에서 사물에까지 광범위하게 확장되며 정보의 수집도 직접 입력에서 센싱(sensing)의 개념으로 변천

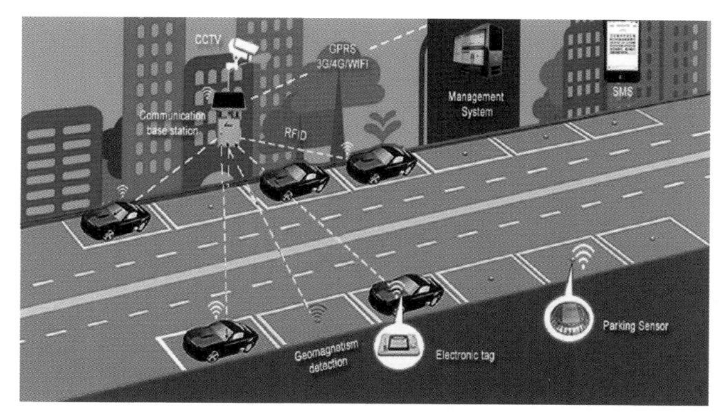

Use of IoT in Making Smart Parking Systems, Transport Advancement

(2) 클라우드 컴퓨팅(Cloud Computing)

1. 클라우드 컴퓨팅은 인터넷을 통해 서버, 스토리지, SW 등 ICT 자원 필요 시, 인터넷을 통해 서비스 형태로 이용하는 방식
2. 클라우드는 ICT자원을 소유하던 기존 방식을 접속으로 전환시켜 비용 절감은 물론 시·공간적인 제약을 해소시키는 IT플랫폼의 핵심 기반 기술
3. 클라우드는 ICT 자원의 통합, 공유, 분배를 통해 PC, 인터넷, 웹 등을 연결하는 ICT 중심의 비즈니스 모델을 구성하는 기반 요소

(3) 빅데이터(Big Data)

1. 빅데이터는 기존 데이터에 비해 규모(Volume)가 방대하고, 형식이 다양(Variety)하며, 순환속도(Velocity)가 매우 빨라 기존 방식으로는 관리 및 분석이 어려운 데이터를 모아서 분석함으로써 다양한 가치를 창출함
2. 빅데이터는 데이터 집합만을 의미하는 양적 개념에서 대용량 처리 및 분석 기술이 발전함에 따라 대용량데이터를 분석해서 가치 있는 정보를 추출함
3. 빅데이터에 의해 생성된 지식을 바탕으로 다양한 도시 문제에 대응하거나 미래의 변화를 예측하는 데 활용되고 있음
4. 빅데이터는 도시분야에서 도시행정, 도시관리, 환경, 교통, 교육, 도시 경제, 복지 정책 등에 적극적으로 활용되고 있음
5. 도시지역에서 발생하는 인구, 환경, 교통, 자원, 건물, 녹지, 강 등에 관한 빅데이터 분석결과를 가지고 도시계획, 도시관리, 교통정보 제공, 재해 대응, 안전관리, 도시행정을 구현
6. SNS 등 인터넷 사용자의 정보와 거리에 설치된 센서를 통해 추적한 도시민의 활동상황과 행동 이력을 결합하여 지역 또는 지구를 빅데이터화하여 도시정책에 활용

People collecting big data, Vecteezy

3) 초연결스마트시티의 예시 및 사례

(1) 초연결스마트시티의 예시

1. 자율자동차가 주차장에 도착하여 스스로 주차 구역을 찾아서 주차
2. 스마트 LED 조명은 센서가 움직임을 감지하여 에너지를 절약할 수 있으며, 공유기 역할을 하면서 소음, 공기 오염을 분석하여 인구 밀집도를 파악할 수 있음
3. 빌딩을 스마트화하여 에너지 모니터링을 통해 보다 효율적으로 빌딩 관리를 하는 등의 최적의 환경의 조성 가능
4. 실시간으로 검사가 필요한 환자나, 건강 관리에 예민한 사람이 웨어러블 센서가 착용된 의류로 하여금 실시간 심박수, 호흡 등의 신체 정보를 병원에서뿐만 아니라 밖에서도 실시간으로 보내주거나 받을 수 있어서 위급 상황에도 빠른 대처가 가능함
5. 바깥에서도 집 안의 불을 끄고, 온도를 조절
6. 스마트워치와 스마트 폰의 연동을 통해 운동 중에 필요한 신체 정보를 파악
7. 주차된 차량이 주변을 실시간으로 파악해 상태정보를 주인에게 전달함으로써 멀리 떨어져 있는 차량의 주인은 자동차의 상태를 실시간으로 확인할 수 있음

8. 다른 차량이 낸 접촉 사고에도 적시에 반응할 수 있음
9. 차량 탑승 전 의자의 온도를 미리 올려놓거나, 문도 미리 열어놓을 수 있음
10. IoT와 인터넷과 연결된 주차장에서는 도착 전 주차 자리를 미리 파악할 수 있음
11. 교통과 연결된 인터넷은 도로 교통 상황을 실시간으로 제공함으로써 교통 체증을 줄일 수 있음

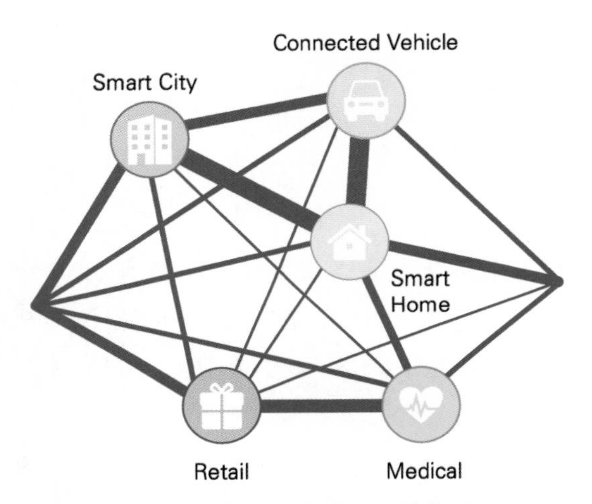

Smart cities as BM ecosystems of hyper connected, ResearchGate

(2) 초연결스마트시티의 사례

1. 미국 매릴랜드주의 몽고메리 카운티는 아파트 환경 관리 시스템을 통해 아파트 내 공기 상태나 화재, 가스 누출 등을 24시간 모니터링하여 수상한 연기와 이산화탄소, 온도나 습도 등의 문제를 파악하고 관리하고 있음
2. 신시내티 시는 각 가정에서 배출하는 쓰레기의 양을 모니터링하여 처리 비용을 부과하는 쓰레기 종량제 프로그램에 사물인터넷을 적용해 도시 내 쓰레기 배출량을 감소시키고, 재활용을 증가시키는 효과를 나타냄(LG이노텍 Newsroom, 2019)

3. 빅벨리솔라가 개발한 스마트 쓰레기통은 태양광을 이용한 압축기를 통해 담을 수 있는 쓰레기의 양이 5배나 증가되었고, 쓰레기의 상태와 양 등에 대한 정보를 클라우드로 공유하게 됨에 따라 환경미화원의 업무가 대폭 효율적으로 개선. 예컨대 스마트 쓰레기통이 설치된 지역에서는 쓰레기 수거 빈도가 80%나 감소함
4. 뉴욕 시에 설치된 대테러 감지시스템인 DAS(Domain Awareness System)는 마이크로소프트와 손잡고 개발된 시스템. 범죄 예측 시스템을 테마로 삼았던 영화 '마이너리티 리포트'의 실사판이라고까지 언급되었던 사례. 폭발물로 보이는 물건이 발견되어 911에 신고가 접수되거나 길거리에 갑자기 주인 없는 물건이 발견되면 주변 3천여 개 이상의 CCTV를 자동으로 분석해서 용의자와 용의차량을 추적해서 범인을 검거하게 되는 감지시스템임
5. 바르셀로나 시(市)정부는 사물인터넷(IoE)을 적용한 '스마트 주차'를 운영하고 있음. 아스팔트 바닥에 심어놓은 센서가 주차 공간에 차가 있는지 없는지를 감지해 냄. 이 센서는 주변에 설치되어 있는 와이파이(Wi-fi) 가로등과 무선으로 연결되어 있어, 주차를 하는 즉시 데이터 센터에 '주차 중'이라는 정보를 보내고 중앙 관제 시스템을 통해 스마트폰 애플리케이션에 반영됨(박정현, ChosunBiz, 2014.4.13.)

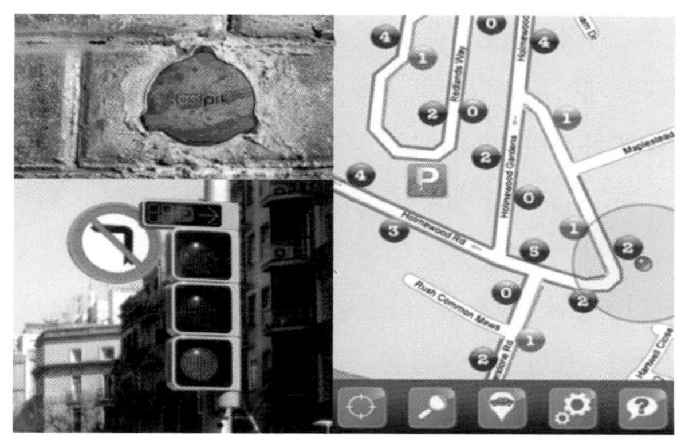

주차장 바닥에 센서? 스마트해진 바르셀로나, 매일경제

4) 초연결스마트사회의 정책적 시사점

1. 초연결스마트도시에는 대부분의 객체에 센서를 부착하여 지적 능력을 극대화할 것으로 예상되므로 데이터 간 연결과 연계가 되는 시스템 구축이 필요
2. 도시는 행정 목적이나 서비스 단위로 구분되므로 분야 간 이종데이터의 연결이 어려운 실정임. 분야와 부문 간 데이터를 연계하고 통합활용해야 진정한 초연결스마트시티를 구현할 수 있음
3. 도시의 사이버물리시스템 구축을 위해 현실세계와 동일한 가상세계를 구축하고, 현실의 데이터를 가상세계로 연결하여 모니터링, 분석, 예측, 시뮬레이션을 수행하고, 그 결과를 현실세계에 반영해야 함(KRIHS, 초연결스마트시티 구현을 위한 공간정보 전략 연구, 2018)
4. 초연결스마트시티는 기존 도시계획방식과는 다른 비전과 목표로 설계해야 함. 기존 도시계획이 먼저 건물을 짓고 ICT 인프라를 그 위에 얹는 방식이라면, 초연결스마트시티는 전체 도시의 ICT를 미리 설계한 후에 그에 맞춰 도로를 놓고 건물을 건설하는 방식이므로 시간과 비용이 훨씬 많이 요구됨
5. 기존 도시는 일정 비용 안에서 효율을 극대화하고 세금으로 유지 및 보수하는 방식을 쓰는데, 초연결스마트시티는 시민의 삶의 결을 향상시키고, 라이프스타일을 최적화하는 것을 목표로 설계되어야 함
6. 초연결스마트시티는 데이터 기반 도시로 계획되고 설계되어야 함
7. 초연결스마트시티 계획 시에는 글로벌 기업이 맨 앞에 서고, 전문기업과 공기업이 뒤를 받쳐주고, 지자체와 금융까지 함께 진출하는 협력체계를 구축해야 함
8. 초연결스마트도시의 계획 목표를 사람중심, 지속가능성, 혁신성장동력 확보, 맞춤형, 개방형, 융합형, 연계형 등에 초점을 맞추어야 함

42 도시 모빌리티(Urban Mobility: 도시이동성)

1) 도시이동성이 나타난 배경과 목표

(1) 배경

1. 그동안 도시교통은 자동차에 의한 이동성에만 지나치게 의존해 왔음
2. 이제 모든 시민이 다양한 방식으로 저비용으로 마음대로 이동할 수 있는 새로운 도시모빌리티(New Urban Mobility)패러다임 시대에 접어들고 있음
3. 세계도시에서 시민들의 이동성에 대한 관심이 크게 늘어나고 있음. 이에 따라 스마트 모빌리티에 대한 욕구(Needs)가 증가함
4. 도시는 경제적 효율성과 도시민들의 교통 복지, 쾌적성 추구를 위한 지속 가능한 스마트 모빌리티를 향상시켜야 함
5. 인터넷 초연결성에 바탕을 둔 플랫폼 도시 경제가 시민들로 하여금 빠르고, 접근 가능한 온디맨드(On-demand)형의 모빌리티서비스를 추구하게 만들고 있음

Sustainable Urban Mobility Plan, eltis.org

(2) 왜 도시이동성이 필요한가?

1. 도시 모빌리티는 접근성, 편리성, 안전성, 효율성, 지속가능성 및 경제적인 복합 이동성을 보장하면서 도시 공간의 공동 사용을 향상시키기 위한 해결책을 가속화하는 데 사용
2. 도시 모빌리티가 추구하는 비전은 도시와 시민을 포함한 모든 도시 이동수단의 사용자를 통합하여 사회적 포용과 공정이 살아 숨쉬는 도시를 조성하는 것임
3. 도시의 이동성이 자리잡게 되면 도시의 이동성 관련 ICT기술, 서비스 및 프로세스가 틀을 잡으면서 개인과 집단의 도시이동성이 향상됨
4. 도시 및 커뮤니티의 이동성 수요에 따라 이동성 욕구를 충족시키는 전략이 도출되어야 함. 예를 들어 이동성의 충족을 위해 카풀 서비스, 승차 공유 서비스, 게인 모빌리티 수단의 활성화가 이루어져야 함
5. 도시민들의 삶의 질이 높은 도시를 만들기 위한 생활 인프라가 더욱 지속 가능한 방향으로 나아가기 위해서는 도시에서 효율적이고 안전한 모빌리티가 구축되어야 함
6. 20세기 자동차 중심의 도시에서 21세기 사용자 중심의 지속 가능한 도시 이동성으로 패러다임을 전환하기 위한 고려가 필요한 시점임

(3) 도시 이동성 목표와 전략

도시이동성의 목표

1. 모든 도시공간에 걸쳐 지속 가능한 이동성의 계획 및 실천이 이루어질 수 있도록 거버넌스 체계를 구축.
2. 도시 설계 및 건축의 용도 규정, 주차 규정, 토지 사용에 관한 정책과 제도의 활용을 통해 통합적이고 효율적이며, 접근이 용이한 도시이동성을 구축.
3. 복합적 토지이용 정책을 통해, 토지 이용과 교통 계획의 통합.
4. 장단기 목표 설정, 의사결정 및 투자를 통해 지속 가능한 이동성 계획 수립
5. 다수의 대중의 이동을 위한 교통 방식(대중교통 수단)에는 혜택을 주는 반면에, 반대의 경우(개인적 이동을 추구하는 인프라)에는 혜택을 감소.

도시이동성의 전략

▮ 차량보다는 사람이 우선

1. 차보다 사람 및 물자의 이동을 우선 고려.
2. 보행자, 자전거, 대중교통 등 접근성을 높이는 여러 이동수단의 연계에 투자를 늘리고 1인승 차량의 이용을 줄임.
3. 차 없는 생활방식을 장려하고 도보 및 자전거 인프라를 구축함으로써 토지이용 및 이동성에 긍정적 변화를 초래.
4. 개인 자동차 이용이 지속가능 교통 수단(걷기, 자전거, 대중교통, 공유 교통)보다 적은 수송 분담률을 차지하도록 조절.
5. 교통 정온화(Traffic calming; 교통시설물에 의한 교통 통제)를 활용하여 차량 속도를 줄이고 보행자를 보호.

Building Sustainable Urban Mobility, The Atlantic

▮ 공간과 자원(이동수단, 토지, 도로 등)의 효율적 이용과 공유

1. 차량의 도심 내 통행 및 주차 수요 억제책을 도입
2. 에너지 및 자원 소비를 줄일 수 있는 경량의 소형 차량을 권장하고 SUV와 같은 대형 차량의 사용을 축소
3. 가볍고 작은 규모의 동력과 전기(수소 등 포함)를 기반으로 하는 차량 등의 사용을 권장
4. 노상 주차에 대한 요금을 옥외 주차장보다 높게 책정
5. 버스전용도로와 우선 신호 시스템을 통해 대중교통의 이동 시간을 단축시켜 대중교통이 보다 매력적인 교통 수단이 될 수 있도록 함
6. 주거 공간에서 보행이나 자전거로 쉽게 오갈 수 있는 쇼핑몰, 식당 및 농산물 직판장 등의 공공장소를 개인 모빌리티수단 중심으로 설계함으로써, 차량 이용 수요를 줄임

▌평등한 교통권

1. 나이, 성별, 소득수준, 신체 및 정신적 능력과 상관없이 누구나 공공장소 및 대중교통시설 또는 디지털 정보와 신호에 대해 접근이 용이
2. 대중교통 확충을 통해 안전하고 저렴하며 접근성이 좋은 지속 가능한 교통시스템을 어린이, 장애인 및 노약자와 같은 교통취약자들이 누릴 수 있어야 함
3. 모든 차량과 교통수단이 도로 사용, 혼잡, 오염에 대한 공정한 대가를 지불하도록 해야 함
4. 동력(내연기관) 기반의 개인 차량에는 유류세, 도로통행료, 주차비 등과 같은 억제책을 마련하고, 이를 통해 발생하는 자금을 활동적 이동수단 및 대중교통 인프라에 투자
5. 도심과 같은 지역에서는 교통혼잡 시간대에 차량운전자에게 혼잡통행세 부과 등으로 차량 수요를 조절
6. 차량으로 인해 발생하는 사회 환경적 비용을 충당할 수 있도록 혼잡 통행료를 도입
7. 통합적 이동성을 실현하기 위해 이동수단 간의 원활하고 통합적인 연결
8. 온오프라인 모두 교통편, 비용 및 접근성에 대한 교통서비스 정보를 제공함으로써 다양한 교통수단을 이용한 이동을 용이하게 함
9. 교통 수단 간의 긴밀한 상호 연결이 가능하도록 교통시설 계획, 운영, 유지보수 및 재원확보 과정 전반에 걸쳐 도시 간, 도시 내 협력을 강화
10. 공유 교통 서비스를 위한 데이터 인프라의 혁신이 가능하도록 함과 동시에 개인정보 보호, 보안 유지
11. 제로 차량배출가스를 추구하면서 재생 가능한 미래 에너지로의 전환을 선도
12. 소형의 경량 공유 전기차의 사용을 촉진. 모든 자율주행차량은 온실가스 제로 배출을 기본으로 함

2) MaaS(Mobility as a Service)

"MaaS를 풀어서 보자. 예컨데 MaaS App.에 본인이 가고자 하는 목적지를 입력한다고 하자. 그러면 앱에서 이동경로, 이동노선, 리얼타임 교통상황, 통행자의 선호도, 통행비용 등을 감안하여 그때그때 최적경로를 제시해 준다. 앱에서 제안해 주는 모빌리티 내용 중에서 통행자가 가장 마음에 드는 경로와 수단의 조합을 선택하게 되면 경로와 시간대별 소요되는 모빌리티 서비스의 예약과 결제를 해 주는 이동서비스이다."

MaaS 세계시장, 글로벌 오토뉴스

MaaS, Naver Post

▌MaaS 이해관계자

이해관계자	역할
소비자	MaaS서비스를 구매하여 소비
MaaS제공자	소비자의 수요를 충족시키기 위하여 MaaS의 가치 제안(Value Proposition)을 설계하여 제공함
자료 제공자	교통 운영자 및 MaaS 제공자의 정보 공유 요구사항을 충족시키기 위한 서비스를 제공함
교통운영자	대중교통 및 개인 교통 도로 용량, 주차공간, 전기차충전소, ITS인프라 등의 교통 자산 및 서비스를 제공함

자료: Datson, J. Mobility as a Service, 2016에서 재작성

(1) MaaS 배경

1. 공유경제의 부상과 함께 자전거 등 공유교통서비스 및 카셰어링이 자리잡기 시작하자 MaaS가 등장함
2. 개인교통과 대중교통의 사이의 공유교통인 우버(Uber)가 택시 서비스로 자리잡으면서 전 세계적으로 교통서비스가 다양해지는 교통서비스 패러다임 전환 시기를 맞고 있음
3. 국내에서도 버스, 지하철, 택시 같은 기존의 대중교통수단 외에 공유자전거, 전동킥보드 등 개인교통수단(PM, Personal Mobility)과 카카오택시, 타다, 마카롱 택시, 쏘카, 그린카 등의 교통서비스가 등장
4. 교통수요는 다양화되고 교통서비스별로 꾸준히 증가하고 있으나 이런 교통 욕구(Needs)를 제대로 충족시키지 못하고 있어서 이에 대한 대안으로서 MaaS가 등장함

한국형 MaaS 개념도

공유자전거-자율주행버스, 부산일보

▎MaaS 서비스 유형, 정의, 정책 및 적용사례, 도전과제

서비스	정의	정책 및 적용사례	도전과제
승차공유 (Ride Sharing)	• 차량호출서비스(Ride Hailing)라고도 함 • 사용자가 일방적으로 통행목적을 위해 차량 및 운전자를 빌릴 수 있는 서비스	• 퍼스트마일(First Mile)/라스트마일(Last Mile): 다른 교통수단에 연결하려는 통행자를 위한 연계 생성 • 장애인, 노인, 면허없는 통행자에게 이동성 제공	• 법제도의 미미로 운전자 및 탑승자 모두에게 안전에 대한 부담 • 기존의 운송 업체와 갈등과 대립 • 교통 혼잡의 증가

서비스	정의	정책 및 적용사례	도전과제
차량공유 (Car Sharing)	• 통행자가 정해진 시간 동안 개인 또는 업무 용도로 차량을 대여할 수 있는 서비스	• 퍼스트마일(First Mile)/라스트마일(Last Mile): • 시간별, 일별, 주별 등에 따라 유연한 차량 배치 가능 • 운전자의 차량 소유에 대한 욕구를 감소시키게 되므로 도시 통행량 감소 • 배달, 회의 참석 등 용도에 따라 다양한 차량 선택권 제공	• 다양한 차량 유지관리 및 운영 부담 • 다양한 차량공유시나리오를 감안한 차량 공유에 대한 규제와 정책 수립에 어려움 • 도시이동성 생태계의 통합
마이크로 모빌리티 (Micro-mobility)	• 통행자가 1~2명이 이용할 수 있는 소형의 단거리 전기 또는 인력 구동 차량을 대여할 수 있는 서비스	• 퍼스트마일(First Mile)/라스트마일(Last Mile): • 보도 및 전용도로로 이동이 전환되면서 도로교통체증 감소효과	• 이용자의 안전과 규제에 대한 대책 강구 • 내장된 보호장치 미흡으로 사용자 안전확보 어려움 • 불량 차량의 품질 관리 서비스 • 사회적 공감대 형성과 합의 부족 • 통합모빌리티 시스템 구축

자료: IDC, The Growth and Maturity of Mobility as a Service, 2018에서 재작성

(2) MassS란?

1. MaaS(Mobility as a Service)는 이용자와 공급자를 실시간으로 원하는 위치에 연결하는 플랫폼을 통해 교통서비스이용자를 연결(Seamless)시키는 플랫폼서비스임
2. 통행자가 필요로 하는 교통서비스를 하나의 플랫폼을 통해 서비스 제공자에 의해 받는 시스템임
3. MaaS란 버스, 지하철, 택시 등과 같은 대중교통수단과 카셰어링, 바이크셰어링, 전동킥보드 등과 같은 공유교통수단을 하나의 플랫폼에서 제공하는 서비스를 말함(한국정보화진흥원, 2020)
4. 이용자가 통행할 때 승용차와 같은 개인교통수단을 소유하여 이용하기보다는 교통서비스를 제공받아 이용하는 패러다임의 변화라고 정의(Rantsalia, 2015)

5. 통행수단들을 개별적으로 구입하는 대신 소비자의 요구를 기반으로 이동 서비스 전체를 하나의 이동서비스 상품으로 구입하는 것이라고 정의(UCL Energy Institute, 2015)
6. MaaS는 교통시설지향적인 교통 정책이 아니라 소프트웨어 중심의 교통서비스 제공 플램폼으로 볼 수 있음
7. 모든 이동수단을 하나의 서비스로 보고 이를 통합해 경로 검색 및 비교, 예약과 비용 결제까지 단일 플랫폼에서 이루어질 수 있도록 하는 시스템
8. 사용자는 하나의 플랫폼서비스(앱)에서 모든 교통 수단을 비교해 최적의 이동 경로를 선택할 수 있게 됨
9. 교통서비스로서의 모빌리티인 MaaS(Mobility as a Service)는 모든 이동 수단에 대한 통합 서비스로서 사용자가 목적지까지 도착하는 데 필요한 다양한 운송수단의 운행 정보와 관련 서비스들을 한 번에 제어하는 기능을 제공함
10. 통행자가 원하는 위치에서 원하는 시간대에 타고 싶은 욕구가 증가하였고, 이를 좀 더 편하게, 좀 더 끊김 없이 연결하는 솔루션으로 등장한 것이 MaaS임

다양한 수단으로 재편

마을버스, 도보, 따릉이 **마을버스, 도보, 따릉이, 나눔카, PM, 마이크로 트랜짓…**

서울형 MaaS 도입방안, 서울연구원

(3) 라스트 마일(Last Mile)전략

1. 라스트 마일은 목적지까지 남은 마지막 거리를 의미함. 라스트 마일 모빌리티는 이때 사용하는 교통수단을 의미
2. 라스트 마일은 사람이 지하철, 버스 등의 대중교통을 이용해 도착한 역, 정류장부터 사용자의 집까지 나머지 거리를 커버하는 교통

수단임

3. MaaS는 라스트 마일 모빌리티(Last Mile Mobility)에 적합함. MaaS가 완성되기 위해서는 라스트 마일(Last Mile)전략이 필요하게 됨
4. 걷기에는 멀어서 불편하고, 택시나 자가용 승용차를 이용하기엔 번거롭고 짧은 거리를 라스트마일이라고 함
5. 퇴근길에 동네 지하철이나 버스정류장에서 집까지 사용하는 전동킥보드는 라스트마일의 교통욕구(Needs)를 채워 주는 교통수단, 즉 모빌리티 교통수단임
6. 공유 전동 킥보드, 전기자전거, 전동 휠, 전기 자전거 같은 개인용 이동수단이 퍼스널 모빌리티(Personal Mobility)임
7. 라스트마일 모빌리티 공유 서비스는 인구가 밀집된 대도시에서 근거리 구간 이동에 활용. 지하철과 버스 등 대중교통수단들과 연계해 대기오염을 줄이는 친환경교통수단으로 자리 잡을 수 있음
8. 라스트마일 교통수단은 주로 대중교통과 환승용으로 이용되므로 대중교통의 이용률을 높일 수 있어서 승용차 차량 이용 감소와 더불어 대기오염도 치유할 수 있는 효과를 거두는 등 긍정적 측면이 많음

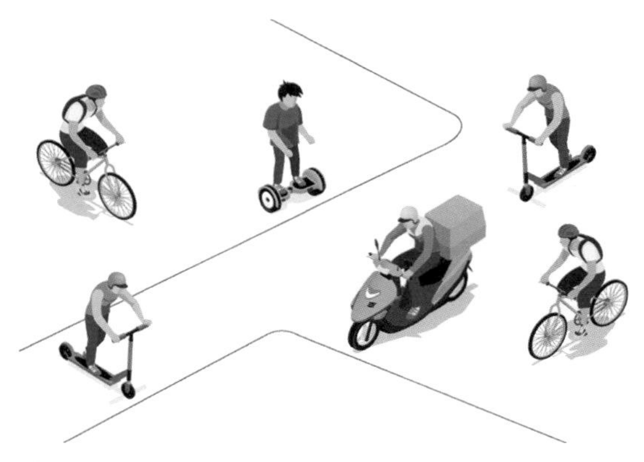

자료: HMG Journal 2019

(4) MaaS 플랫폼 사례

1. 플랫폼 구축을 위해 각 이동수단의 정보 통합 및 연계, 데이터 기반의 경로 제안, 선택 경로에 따른 예약·발권 및 결제 등의 솔루션이 반영됨
2. 대표적인 플랫폼으로는 교통 정책과 맞물려 있는 핀란드의 Whim과 독일의 Qixxit, 다임러 모빌리티의 Moovel 등이 있음

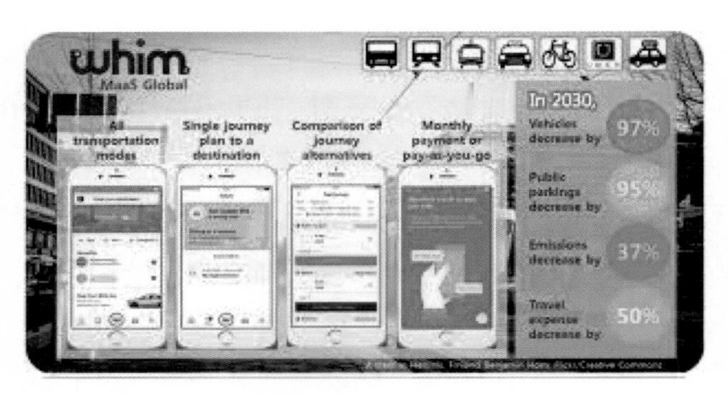

Whim, 건설기술정보시스템

(5) 퍼스널 모빌리티(Personal Mobility)

1. 공유 전동킥보드, 전기자전거, 전동 휠, 전기자전거 같은 개인용 이동수단이 퍼스널 모빌리티(Personal Mobility)임
2. 퍼스널 모빌리티(Personal Mobility, 이하 PM)는 상대적으로 단거리를 이동하는 것을 목적으로 하는 소형 이동 수단임
3. 퍼스널 모빌리티는 단거리를 이용하기 위한 소형 이동수단으로 이동성과 편리성을 향상시키는 교통수단임
4. 교통 체증과 대기오염 등 사회적 비용이 증가하고 있는 상황 속에서 이동성과 편리성을 향상시키는 퍼스널 모빌리티에 대한 수요가 점차 증가되면서 관련 시장 규모도 커지고 있음

Personal Mobility, CCTV뉴스

전동보드, 스마트전동보험플랜

43 ITS도시(Intelligent Transport Systems City: 지능형교통체계도시)

1) ITS의 개요와 효과

(1) ITS 개요

1. 지능형교통체계(ITS)란 교통수단 및 교통시설에 대하여 전자·제어 및 통신 등 첨단 교통기술과 교통정보를 개발·활용함으로써 교통체계의 운영 및 관리를 과학화·자동화하고, 교통의 효율성과 안전성을 향상시키는 교통체계를 의미(국가교통체계효율화법 제2조 정의)
2. ITS: 지능형 교통 체계라 함은 교통수단 및 교통시설에 전자·제어 및 통신 등 첨단 기술을 접목하여 교통 정보 및 서비스를 제공하고

이를 활용함으로써 교통 체계의 운영 및 관리를 과학화·자동화하고, 교통의 효율성과 안정성을 향상시키는 교통 체계를 말함

3. 우리 생활에서 접할 수 있는 ITS에는 버스정류장의 버스 도착 안내 시스템, 교차로에서 교통량에 따라 자동으로 차량 신호가 바뀌는 시스템, 내비게이션의 실시간 교통정보, 하이패스가 있음
4. ITS국가교통정보센터는 ITS 서비스 분야를 교통 관리, 대중 교통, 전자 지불, 교통 정보 유통, 여행 정보 제공, 지능형 차량·도로, 화물 운송 7개 분야로 나누어 개발하고 있음. ITS 이용으로, 물류비, 시설 유지 관리, 에너지 등을 절감하여 경제력이 강화되고, 교통 혼잡과 사고를 예방하는 등 교통안전을 개선시킴

(2) ITS서비스 유형별 특성과 효과

ITS서비스 유형별 교통체계에 미치는 효과

교통정보제공
실시간교통류제어
돌방상황관리
자동교통단속
주의운전구간관리
전자지불
지능형 차량도로
화물차량관리
대중교통운행관리
대중교통정보제공

통행의 시공간적 분석
도로용량 증가
지체 감소
도로위험요소 감소
운전편의성 향상
대중교통사고예방
운행의 정시성 제고
접근, 이용편의성 향상

통행시간 단축
오염물질배출 저감
에너지 소모 저감
교통사고피해 감소
교통사고발생 감소
승용차 이용감소
대중교통이용증가

ITS서비스의 주요 효과

교통혼잡 감소	• 실시간 교통상황과 우회경로정보 제공으로 빠른 운행가능 • 유로도로 톨게이트에서 정차 없이 요금 지불 • 도로상황에 따른 실시간 신호 변동으로 대기시간 감속, 쾌적한 주행
빠르고 편한 이동	• 최적경로 및 수단에 대한 이용자 맞춤정보 제공 • 실시간 교통정보 제공으로 여유로운 통행 제공 • 차량 자율운행으로 편리한 이동 • 버스 출·도착정보 제공으로 이용의 편리성 향상
교통사고 예방	• 교통법규 위반차량 자동단속으로 교통사고 방지 및 안전운행 유도 • 교통사고 발생에 대한 신속한 파악 및 대응으로 인명·재산 피해 감소 • 도로 취약점 및 기상악화를 자동으로 감지하여 제어하고 졸음·음주·과속운전에 대한 경고

2) ITS서비스의 유형

ITS 서비스는 크게 △ATMS(Advanced Traffic Management System) △ATIS(Advanced Traveler Information System) △APTS(Advanced Public Transportation System) △CVO (Commercial Vehicle Operation) △AVHS(Advanced Vehicle and Highway System)로 분류됨

(1) ATMS

도로상에 차량 특성, 속도 등의 교통 정보를 감지할 수 있는 시스템을 설치하여 교통 상황을 실시간으로 분석하고, 이를 토대로 도로 교통의 관리와 최적 신호 체계의 구현을 꾀하는 동시에 여행시간 측정과 교통사고 파악, 과적 단속 등의 업무 자동화를 구현. 예로 요금 자동 징수 시스템과 자동단속시스템이 있음

(2) ATIS

교통 여건, 도로 상황, 출발지에서 목적지까지의 최단 경로, 소요 시간, 주차장 상황 등 각종 교통 정보를 FM 라디오방송, 차량 내 단말기 등을 통해 운전자에게 신속, 정확하게 제공함으로써 안전하고 원활한 최적 교통을 지원한다. 예로 운전자 정보 시스템, 최적 경로 안내 시스템, 여행 서비스 정보 시스템 등을

들 수 있음

(3) APT

대중교통 운영체계의 정보화를 바탕으로 시민들에게는 대중교통 수단의 운행 스케줄, 차량 위치 등의 정보를 제공하여 이용자 편익을 극대화하고, 대중교통 운송 회사 및 행정 부서에는 차량관리, 배차 및 모니터링 등을 위한 정보를 제공함으로써 업무의 효율성을 극대화한다. 예로 대중교통 정보 시스템, 대중교통 관리 시스템 등을 들 수 있음

(4) CV

컴퓨터를 통해 각 차량의 위치, 운행상태, 차내 상황 등을 관제실에서 파악하고 실시간으로 최적운행을 지시함으로써 물류비용을 절감하고, 통행료 자동 징수, 위험물 적재 차량 관리 등을 통행 물류의 합리화와 안전성 제고를 도모한다. 예로 전자 통관 시스템, 화물차량 관리 시스템 등이 있음

(5) AVHS

차량에 교통상황, 장애물 인식 등의 고성능 센서와 자동제어장치를 부착하여 운전을 자동화하며, 도로상에 지능형 통신시설을 설치하여 일정 간격 주행으로 교통사고를 예방하고 도로소통 능력을 증대시킴

국토교통부, ITS지원지자체 44곳 선정, 차세대 구축도 본 사업 본격추진, 국화방송종합뉴스

3) C-ITS란?

(1) C-ITS(Cooperative-Intelligent Transport Systems: **협력지능형 교통체계**)**란 무엇인가?**

1. C−ITS는 ITS Station(Vehicle, Roadside, Central and Personal) 간 양방향 통신과 교통정보의 상호 공유를 통해 도로교통의 안전성, 지속성, 효율성 및 편리성을 향상시키는 목적의 독립형 시스템이 아닌 Open 플랫폼시스템을 말함(조순기, C−ITS구성요소, 한국지능형교통체계협회)
2. C−ITS(Cooperative−Intelligent Transport Systems)란 교통상황·도로위험정보를 실시간으로 공유해 교통사고 예방, 도로·교통관리 첨단화, 자율 주행 지원이 가능한 차세대 지능형 교통시스템
3. C−ITS는 차량과 차량, 차량과 도로 간의 데이터가 양방향으로 공유되면서 차량에 탑재된 다양한 센서와 측정 센서, 카메라 등으로 수집한 자료를 센터로 보냄
4. 센터에 수집된 정보는 다시 차량에게 피드백 되어 실시간 운전에 활용됨
5. C−ITS는 V2V, V2I, I2V 통신을 기반해 도로 위 돌발 상황을 대비하고 안정적인 운전을 도울 수 있는 첨단 교통 시스템임
6. C−ITS는 충돌 전 운전 지원이 필요한 정보제공(Information), 인식(Awareness), 경고(Warning)서비스에 초점을 맞춤. 추후 기술발달에 의해 차량의 자동제어와 연계되면 자율주행단계로 전개됨
7. 국내에서는 2013년 국토교통부의 'C−ITS 도입을 위한 정책연구'에서 "안전중심의 이동성, 지속성(친환경성)을 증진시키는 목표로 차량과 차량(V2V), 차량과 인프라간(V2I) 양방향 무선통신으로 정보를 교환 및 공유하는 오픈 플랫폼 기반의 서비스를 제공하는 독립형 시스템 이상의 차세대 ITS"를 Cooperative−ITS로 정의함

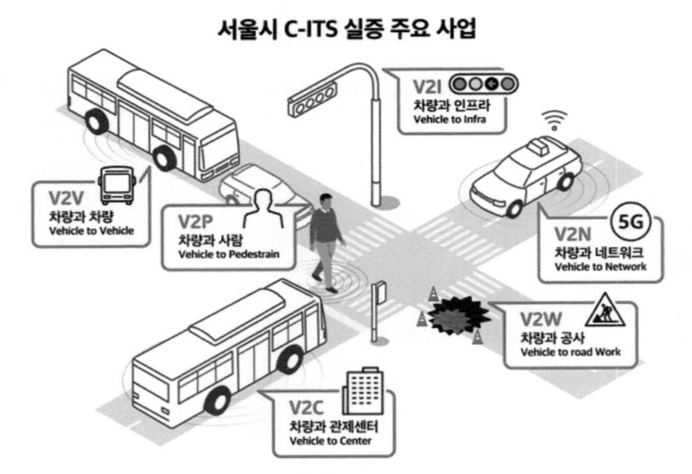

5G기반 서울시 C-ITS 주목해야, 전자신문

(2) C-ITS 왜 필요한가?

1. 현재의 ITS는 교통수단 및 시설에 전자제어 및 통신을 접목하여 교통정보와 맞춤형서비스를 제공하는 체계로서 실시간 교통정보나 교차로 제어, 하이패스 등이 ITS에 의해 구축되고 있음
2. 기존의 ITS 서비스가 일반 운전 환경과 사고 이후의 피해 감소에 주력함. C-ITS는 위험 상황과 사고 직전에 대책을 마련하여 충돌을 예방하거나 피하는 목적으로 개발이 진행되고 있음. 따라서 C-ITS는 이러한 충돌 상황이 예상되는 위험상황에 대한 주의와 경고 서비스를 제공하여 사고를 예방하고 회피하는 데 있음
3. C-ITS는 ITS보다 더욱 발전된 시스템으로 차량, 사물, 통신(Vehicle to Everything: V2X)을 활용해 차량과 차량, 차량과 인프라가 유무선으로 정보를 주고받아 하나의 거대한 정보인프라를 이룸.
4. 교통사고 예방을 통한 안전성과 이동성 향상V2V(차량간), V2I(차량-인프라 간) 통신 기반의 정보 공유' 실시간 정보 수집 · 제공 · 연계, 위치기반 서비스 제공

5. ITS: 즉시대응한계, 사후관리, 반면에 C-ITS: 사전 대응, 사고예방
6. 실시간 교통정보는 물론 보행자나 차량 위치 데이터 등을 공유해 실시간 자율주행에 활용하고, 전체 차량이 수집한 교통상황을 종합해 교통체증을 분산하는 등의 첨단교통체계를 의미함
7. 정보·통신 기술발전으로 인해 '고정식 검지 및 단방향 통신'을 활용하는 ITS에서 → '차량 위치기반의 이동형 검지 및 양방향 통신'에 기반을 둔 C-ITS로 지능형교통체계가 진화됨
8. 차량이 주행 중 운전자에게 주변 교통상황과 급정거, 낙하물 등의 사고 위험 정보를 실시간으로 제공하는 시스템

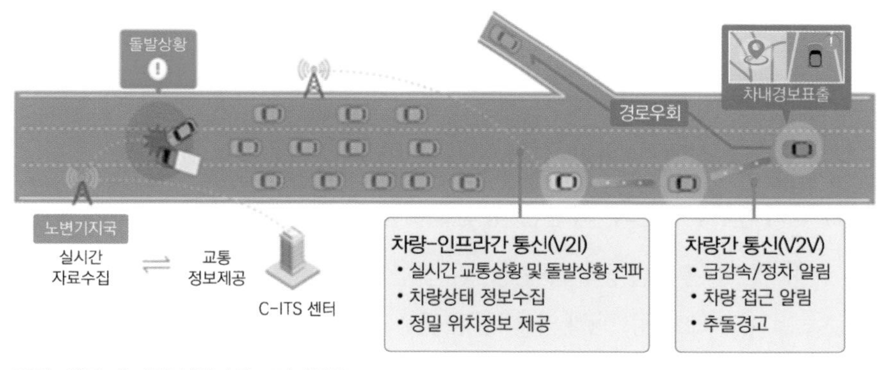

대전-세종 C-ITS시범사업, 전자신문

가. 자율주행차와 C-ITS 간의 관계

1. 자율주행차량의 한계 극복을 위한 도로 인프라 지원
2. [CV(Connected Vehicle)+AV(Autonomous Vehicle)]=[차량-인프라 간 통신(V2I)+차량 간 통신(V2V)]
3. 향후 자율주행 시대를 대비하여 C-ITS의 역할 중요

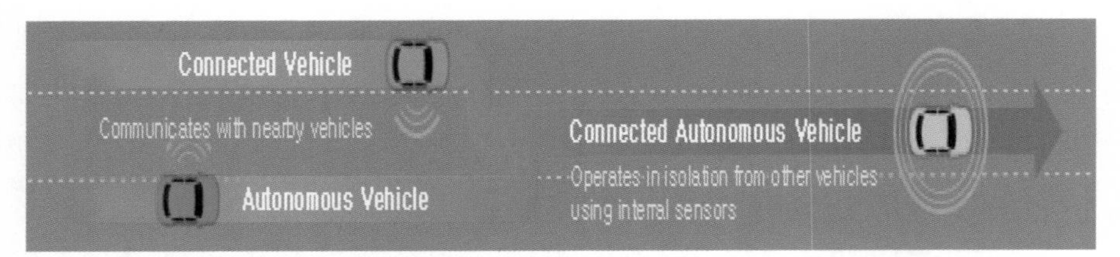

국토교통부 · 한국도로공사, 자율주행차와 C-ITS 간의 관계

나. C-ITS의 구성요소인 ITS Station

1. 도로교통의 효율을 도모하는 ITS의 주체들인 차량(Vehicle)
2. 보행자를 포함한 사람(Person)
3. 도로변 각종 센서와 노변 장치(Road side)
4. 정보를 생산 관리 배포하는 정보관리센터(Information)

4) C-ITS가 정착되기 위한 정책기술지원과제

(1) 단거리무선통신과 최첨단 통신플랫폼이 필요

1. V2X 통신환경의 구성을 위한 단거리 무선통신(예 WAVE, DSRC 등)과 3G, LTE 등 광대역 이동통신을 수용하는 통신 플랫폼이 필요함
2. 인공지능(AI)로 제어되는 C-ITS가 접목된다면 안전한 자율 주행이 이루어지는 통합시스템이 구축될 것임(남시현, 교통정보계의 빅데이터, C-ITS란? 2021, 참조)
3. 주변 차량 사고 시 사고차량의 데이터를 실시간으로 받기 위해서는 본인의 차량이 통신 기능이 장착된 자율차량이어야 하고, 통신 역시 초저지연성을 지원하는 5G네트워크가 기반이 되어야 함
4. 아직 C-ITS를 활용할 정도의 통신 및 자율주행차량이 개발되지 않은 만큼 현 단계는 완벽한 자율주행차량 환경을 구축하기 위한 준비단계임

(2) ITS Station인프라 구축

1. ITS Station을 구성하는 차량 단말(OBE), 인프라(RSE), 센터들은 오픈 플랫폼 환경으로 구성되어야 함
2. 시스템의 확대와 확산을 위해서는 개방형 구조를 가져야 하고 이러한 환경만이 자유로운 정보 교환과 다양한 어플리케이션을 구현할 수 있을 것임(조순기, C-ITS구성요소, 한국지능형교통체계협회)

(3) C-ITS 차량자동화와 '차량-도로 자동화'시스템의 구축

1. 차량 위치기반의 이동형 검지 및 양방향 통신'에 기반을 둔 C-ITS로 지능형교통체계가 진화함
2. C-ITS의 도입으로 인해 자료의 수집 주체와 정보를 표출하는 주체의 불일치가 빈번하게 발생할 수 있으며, 각 운영 주체의 독립성과 주체 간 상호 신뢰가 중요해짐
3. 운전자의 안전 향상을 위한 첨단운전지원시스템을 통해 차량 간 간격 유지, 차로 유지, 비상 제동 등 낮은 수준의 자동화 서비스가 이미 상용화됨
4. C-ITS와 차량자동화를 접목한 협력형 자율주행시스템인 '차량-도로 자동화'를 구현하기 위한 연구개발 및 시범사업이 요구됨

(4) 통신 플랫폼 기반의 정보 수집, 가공 및 제공

1. C-ITS 및 '차량-도로 자동화'의 활성화를 위해 대상 서비스에 적합한 통신기술이 선택되어야 함
2. 단거리 무선통신(예 WAVE, DSRC 등)과 5G, LTE 등 광대역 이동통신을 수용하는 통신 플랫폼이 필요
3. 자료의 수집 주체와 정보의 제공 주체가 다른 상황이 발생될 가능성이 있음
4. 개방형 통신방식을 기반으로 한 자료 및 메시지 교환 표준이 필요함
5. 개별 차량으로부터의 정보 수집이 확대됨에 따라 해킹 또는 개인정

보 침해에 대응하기 위한 정보·통신 보안 인증 및 네트워크 관리의 강화가 요구됨(김광호, ITS의 패러다임 변화를 고려한 첨단도로인프라 관리방안, 국토정책 Brief, No.593, 2016)

6. 정적인 기하 구조 정보와 교통 정보, 노면 기상 등의 동적 정보에 관한 데이터베이스들을 연계하여 지도 관련 정보들을 통합적으로 수집 및 가공할 수 있는 시스템을 구축·운영할 필요가 있음
7. 교통관리센터의 성능개선 및 용량 확충이 요구되며, 안전 위협요인에 대한 신속한 대응을 위해서 차량 간 또는 차량과 노변 인프라 간 국지적(즉, 센터를 매개로 하지 않는) 통신도 가능해야 함

About C-ITS, CAR 2CAR Communication Consortium

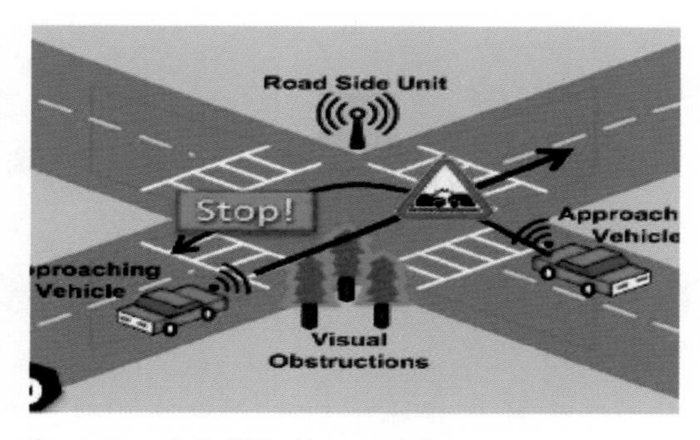

Security of C-ITS, ReaearchGate

▌C-ITS 안전 애플리케이션(예시)

구분	애플리케이션	개념
V2V (Vehicle to Vehicle)	교차로에서 이동 지원	대상 차량이 교차로에서 다른 차량과 충돌할 확률이 큰 경우 교차로에 진입할 시점에서 운전자에게 경고 제공
	좌회전 지원	대상 차량이 교차로에 진입할 때 반대편에서 차량이 접근해오는 경우 죄회전 금지 경고 제공
	긴급 전자 제동등	대상 차량이 전방에 있으나 바로 옆은 아닌 곳에 위치한 V2V장착차량이 급감속한 경우, 제동등(Brake Light)을 통해 대상 차량의 운전자에게 경고 제공
V2I (Vehicle to Infrastructure)	정지 표지 위반 경우	운전자가 다가올 정지 표지를 위반할 수 있다는 경고서비스를 현재 차량속도 및 정지 표지까지의 거리에 근거하여 제공
	철도 건널목 위반 사고	철도 건널목에서 철도 차량의 교차 및 접근에 대비하여 정지하라는 경고 제공
	지점 기상 정보 제공	독립적인 기상시스템을 사용하여 운전자에게 악천후에 대한 경고 제공
	초과 규격 차량 경고	터널, 교량들 시야확보가 어려운 구간에 접근하였을 때 초과 규격 차량이 존재하면 운전자에게 경고
	감속 구간 경고	감속 구간(예: 학교 구간, 작업 구간 등)에서 속도제한 및 기하구조를 감안하여 대상 차량의 속도가 높을 때 해당 운전자에게 경고

자료: 김광호, 제4차 산업혁명으로 인한 교통운영관리의 변화, 국토 2017 2월호 참고하여 재작성

PART

03

계획이론 (Planning Theory)

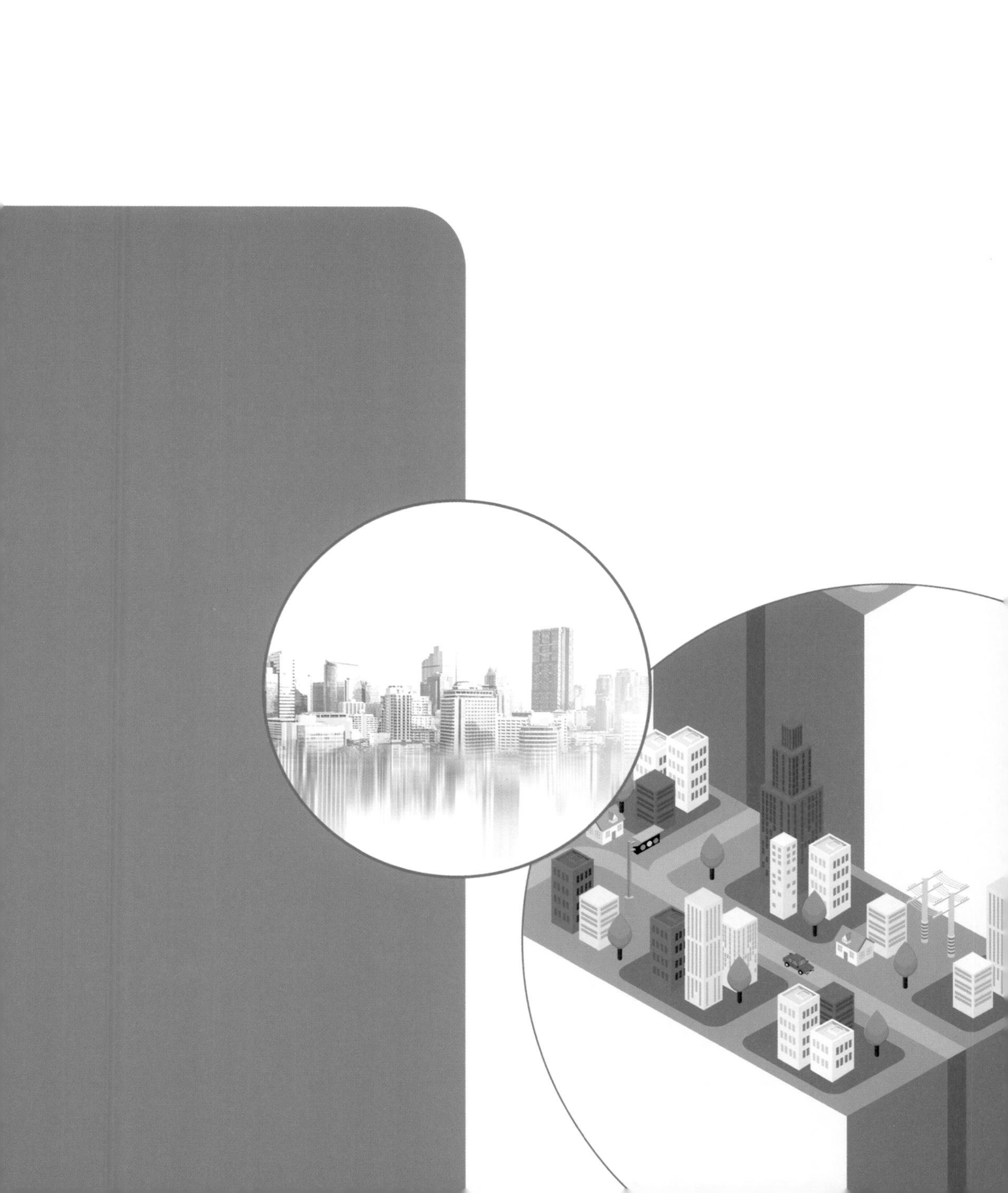

CHAPTER 01

계획이란?

01 계획이란 무엇인가?

1) 왜 계획하는가?

1. 사람들의 이기심 때문에
2. '최대다수의 최대효용(벤담)'을 실현하기 힘들기에
3. 어떤 사회가 가장 합리적인 사회인가? 최대 다수가 최대 효용을 얻는 사회이다(벤담).

벤담(Bentham)

4. 누구나 혜택을 누려야 할 도시 공공재(지하철, 도로, 교육 등)이므로
5. 분배를 제대로 하기 위해서－"모든 사람은 기본적 자유에 대하여 동등한 권리를 갖는다."(정의론, 1971)

롤스(John Rawls)

2) 어떤 때 계획이 설 땅이 없는가?

1. 계획이 과잉 규제나 자원배분의 왜곡을 가져올 때
2. 법제도가 계획보다 우선할 때
3. 계획보다 정치논리가 앞설 때
4. 관료주의와 제도가 계획의 발목을 잡을 때

3) 계획을 보는 시각은?

1. 계획(planning)은 미래 방향을 제시해 주는 과정이다.
2. 계획(planning)은 정치적인 행위이다.
3. 계획(planning)은 지역사회, 조직, 이해집단의 목표를 실현시켜 주는 과정이다.
4. 계획(planning)은 합리적 사고의 과정이다.
5. 계획(planning)은 우리가 살고 있는 공간의 형태, 기능 그리고 미(美)를 제공하는 과정이다.
6. 계획(planning)은 끊임없는 질문과정이다.
7. 계획(planning)은 학습과정이다.
8. 계획(planning)은 옹호과정이다.
9. 계획(planning)은 중재과정이다.
10. 계획(planning)은 문제해결 과정이다.

4) 계획관련사상가의 계획 사상과 철학

▌계획사상가와 그들의 계획사상과 철학

Simon	계획은 정치로부터 자유로워야 하고, 계획은 계량화된 수치로 표현해야 한다.
Comte	계획은 미래예측을 통해 사회적 힘을 통제하는 도구, 실증적 과학주의
Veblen	전문가(계획가)를 동원하여 산업발전과 공동체 복지향상을 도모
Hoover	군수물품 생산과정에 계획개념 도입
Tugwell	계획은 현재보다 나은 정책(실천수단)을 찾아 주어진 목표에 도달하기 위한 행위
Perloff	계획은 과학적 노력, 계획가의 과학적 지혜로 종합적 계획안과 예산안 작성 가능
Habermas	의사소통론
Giddens	구조화이론
Bentham	'최대다수의 최대행복론'의 공리주의
Mill	'최다수의 사람들에게 최대의 행복을 가져다주는 것이라면 선이다.'
Durkheim	사회속에서 합의의 가치와 유기적 결속력 주장
Weber	합리성은 합리적 계획의 사상적 토대를 낳는다.
Manheim	사회의 비합리성을 비판하면서 합리적 계획의 당위성을 주장 '계획은 추상적인 앎보다는 실천(praxis)이다.'
Simon	의사결정에서 행정합리성이란 극히 제한적이다. 몇 개의 정책대안에 국한시켜 대안평가를 하여 의사결정에 도달할 수밖에 없다.
Dror	체계이론을 정책분석에 접목. 체계이론은 인간관계에 대한 기존의 관점을 변화시켰다. 즉 A → B와 같은 선형관계를 A ↔ B라는 환류관계로 대체시켜 놓았다.
Allison	'쿠바 미사일 위기'의 사례를 통해 정책분석의 한계를 분석. 정부의 전략은 합리적 선택이 아니라 밀고 당기는 정치행동에 의존한다.
Dewey	'행동함으로써 배워라'. '새로운 것은 밝히고 옛것은 뒤에 남겨 놓는 것이다'
Mumford	'계획은 행동을 자극하여 도시사회에 좋은 관계망을 만드는 것이다.'
Owen	근대적 의미의 이상주의 주창. 사람들의 삶의 환경을 바꿈으로써 행동의 변화를 가져오고, 새로운 세상을 창조할 수 있다.
Proudon	이상적 공동사회촌의 건설. 무정부 상태는 주민들이 만든 자치제도에 의해 형성되고 유지되는 사회적 질서를 의미한다.
Kropotkin	무정부주의. 이상적인 정부조직은 정부기능이 최소로 축소된 상태여야 한다.
Durkheim	계획은 사람들에게 합리적이고 구체적으로 알려져야 하고, 알려진 후에는 사람들의 판단과 동의를 구해야 한다.

Pressman & Wildavsky	집행은 과거 · 현재 · 미래 축상의 과정 속에서 이해되어야 한다. 정책안을 집행시킬 환경에 대해 미리 분석해야 한다.
Churchman	체계이론은 환류과정, 블랙박스, 반복성, 안정상태 등의 속성을 지니면서 정책과 같은 결과물을 산출한다.
Marx	급진적 개혁을 통해 기존 권력체계의 변화를 위한 혁명적 실천을 추구한다.
Friedmann	계획가가 직접 주민을 만난서 그들이 원하는 사항과 의식을 파악하여 계획과정에 반영시키는 교류적 계획을 주창
Davidoff	옹호계획은 소외집단에 초점을 맞추고 있다. 옹호계획은 강제에 대해 약자의 이익을 보호하는 계획철학이다.
Rawls	정의구현을 위해 개인의 권익을 제한하는 정치사회적 협상이나 타협이 허용되어서는 안 된다.
Healy	계획은 참여자 간 상호교류 작용이다. 계획은 계획환경(구조) 속에서 도출된 하나의 거버넌스로 보아야 한다.

02 실체적 이론과 절차적 이론(Faludi의 구분 및 정의)

1) 실체적 이론(Substantive Theory)

1. 도시경제이론이나 사회이론처럼 경제 또는 사회구조나 현상을 설명하고 예측하여 문제의 해결대안을 제시하는 이론 → 계획현상이나 계획대상에 관한 이론
2. 다양한 계획활동에 있어 각 주체가 필요로 하는 전문지식에 관한 이론
   예 토지이용계획이론, 도시경제론, 교통계획론 등

2) 절차적 이론(Procedural Theory)

1. 효율적이고 합리적인 계획을 수립하고 실행하기 위한 계획의 과정에 관한 이론
2. 계획 자체가 어떤 과정을 거쳐 어떻게 작동하는가에 관한 이론
3. 계획대상과 관계없이 계획 자체가 추구하는 이념이나 목표에 따른 절차 및 제도에 관련된 이론

CHAPTER 02

계획이론의 유형과 내용

01 종합적 · 합리적 계획(Synoptic Planning): Simon and Arrow

1. 종합계획은 도시계획 및 도시개발에 대한 도시정책의 로드맵으로서 시정부의 도시에 대한 비전과 정책을 담은 보고서
2. 종합적 계획을 합리적 계획(rational Planing)으로 부르는 이유는 합리성(rationality)이 계획과정에 녹아들어 있기 때문임
3. 계획수립의 단계: 목표의 설정 → 정책대안의 설정 → 수단의 규명 → 결정의 집행
4. 체계적 접근, 계략분석 등 정교하고 과학적인 방법을 활용
5. 현재의 문제와 목표, 수단(대안) 평가와 제약조건 등이 종합적으로 제시된다는 장점이 있음
6. 조직내부정보와 자료를 구하기 힘듦
7. 목표에 대한 지역주민들의 합의 도출이 어려움

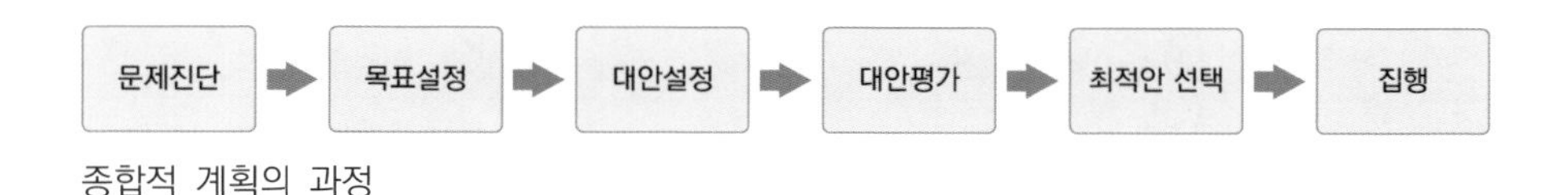

종합적 계획의 과정

02 점진적 계획(Incremental Planning): Lindblom

1. 종합적 계획이 갖는 종합성의 비현실성에 대한 비판과 보완에서 출발된 이론
2. 최적의 정책대안 도출보다는 지속적인 조정과 개선을 통해 정책목표에 도달하는 점진적 계획이 보다 현실적임
3. 계획과정에서 다양한 대안의 분석은 어려우므로 제한된 수의 대안만 고려해야 하므로 점진적 계획이 필요함
4. 공공정책은 미래 지향적인 과정의 결과라기보다는 현재 상황에서 점진적

으로 일어난 부산물임

5. 시장경제체계와 민주주의 정치체계에서의 의사결정은 분권화된 협상과정과 상호절충과정을 통해 이루어지는 것이 바람직하다는 입장

Lindblom's Incrementalism, Atlas of Public Management

▎종합적 · 합리적 계획과 점진계획의 비교

종합적 · 합리적 계획	점 진 계 획
새로운 문제, 이슈	과거문제, 이슈의 수정
풍부한 자원 가정	자원의 제약 인식
충분한 연구시간 가정	제한된 연구 시간
다양한 정책 수용 가능	정책대안이 제한적임

03 섞어 짜기 계획(Mixed Scanning): Etzioni

1. 에치오니는 종합적 계획과 점진계획의 단점을 줄일 수 있는 섞어 짜기(Mixed Scanning) 계획을 발표
2. 종합적 계획과 점진주의를 혼합하는 계획의 필요성 주장(Etzioni)
   - 계획대상을 종합적 시각으로 훑어보고, 그것을 토대로 구체적인 부분을 철저히 분석하는 계획방법의 필요
   - 계획실무에서 계획가들이 짧은 시간 내에 거시적으로 살펴보고, 정책

대안을 좁혀나가면서 몇 가지 소수의 대안만을 집중적으로 분석하고 있기 때문에 '섞어 짜기 계획'의 중요성을 인식

A. Etzioni, Elliot School of International Affairs

04 교류적 계획(Transactive Planning): Friedmann

1. 인간의 존엄성을 토대로 하는 신인도주의적 사상에서 유래
2. 계획가와 고객집단간의 접촉과 상호학습의 필요
3. 불확실한 계획의 목표를 추구하기보다 계획에 의해 직접적인 영향을 받는 고객집단과의 상호교류에 의한 계획수립의 필요
4. 현장조사나 자료분석보다는 대화를 통한 사회적 학습과정의 필요 (Hudson, 1979)
5. 계획과정은 개인간의 끊임없는 상호연계를 통해 지식을 행동으로 전환시킬 필요성 대두(Friedmann, 1973)
6. 공익이라고 정의되는 불분명한 목표를 추구하기보다는 계획의 집행에 직접적으로 영향을 받는 사람들 간의 상호교류와 대화를 통하여 계획을 수립하여야 한다는 이론
7. 인간의 존엄성에 기초를 두고 있는 New Humanism의 철학적 사고에서 파생됨

J. Friedmann, ACSP

05 옹호적 계획(Advocacy Planning): Davidoff

1. 1960년대 미국의 저소득층과 불이익을 당하는 집단을 대변하기 위한 법적인 옹호운동으로부터 출발
2. 계획이 일방적으로 공공과 다수의 이익만을 대변하는 관행을 탈피하려는 사상적 시도
3. 소외계층의 이익과 관점을 대변하는 계획철학의 필요성 대두
4. 1960년대 계획분야에서 '누구를 위해 계획하는가?', '어디에 초점을 맞추어 계획하는가?' 등의 성찰 속에서 탄생된 계획철학
5. 계획과 정책결정과정에서 형평성과 공평성이 제대로 실천되지 않는 현실에 대한 대안적 계획사고로서의 출현

▎옹호계획의 장단점

장 점	• 대안 선택 시 주민들에게 상세한 정보를 제공해 줌 • 정치적 · 행정적 지원을 위해 계획과정에 참여하는 집단(actor) 간의 선의의 경쟁을 유도함 • 소외된 집단을 위해 우선적으로 계획을 수립함 • 주민들에게 계획과정과 의사결정과정에 참여를 유도함 • 빈곤, 소외계층이 원하는 정책 및 개선책을 파악할 수 있음 • 계획이 정치에 관여할 수 있는 토대를 마련하였음.
단 점	• 누구의 목표를 대변하는지 종종 혼란이 발생될 수 있음 • 누가 계획대상지의 리더(장)가 되는지 분명치 않음 • 권력과 자원의 불균형을 시정하는 사회적 문제와 이슈에 대해 근본적인 해결책을 제시하기 힘듦

06 급진적 계획(Radical Planning): Heskin and Fainstein

1. 미국에서 1970년대의 전반적인 계획활동이 좌파 지식인들로부터 비판을 받자 대안적 계획철학으로 등장
2. 1970~1980년대 신막스주의(Neo−Marxism)의 부각으로 공공정책과 계획에 대한 급진적 사고의 출현
3. 자본주의 시장의 빈부격차가 존재하고, 자본주의에 토대를 둔 계획은 자본가들의 이익을 위한 계획이 될 수밖에 없다는 구조에서 탈피하려는 움직임
4. 계획가가 국가계획이나 정책의 당위성을 전문적으로 연구하고 지원하며, 옹호하는 집단으로 자리매김한 데 대한 비판적 사고의 출현
5. 국가나 자본가들이 계획가를 통해 그들의 이해관계에 부합하는 계획(안)을 작성하는 관행에 대한 저항의식의 표출
6. 국가나 지역의 주요 정책입안 과정에 민중의 소외됨으로써 그들의 권리회복을 위해 기존체계나 계획관행을 타파하기 위해 집단행동이나 투쟁의 필요성 대두
7. 급진적 계획은 단편적인 문제해결보다는 사회, 경제 전반에 대한 근본적인 개혁을 시도하는 계획 철학임

A.Heskin,UCLA

S. Fainstein, GIDN

07 협력적 계획(Collaborative Planning): Healey

1. 계획대상(주제, 이슈 등)을 참여자간의 상호교류작용으로 접근
2. 계획을 의사소통의 과정으로 이해
3. 상호 학습에 토대를 두고 합의를 도출하는 과정
4. 계획을 계획주변환경(또는 구조) 속에서 도출된 하나의 거버넌스 관점으로 접근(Healey, 1996)
5. 사회학습, 합의도출, 참여자 간의 네트워크가 중요한 방법이자 결과물
6. 모든 참여자들의 적극적 참여와 상호 간의 의사소통을 토대로 합의를 구하는 과정을 중시
7. 의사소통 합리성(Communicative Rationality)에 입각한 계획 방법 즉, 사람들의 협의와 동의를 통해 계획의 기능성을 수행할 수 있다는 주장

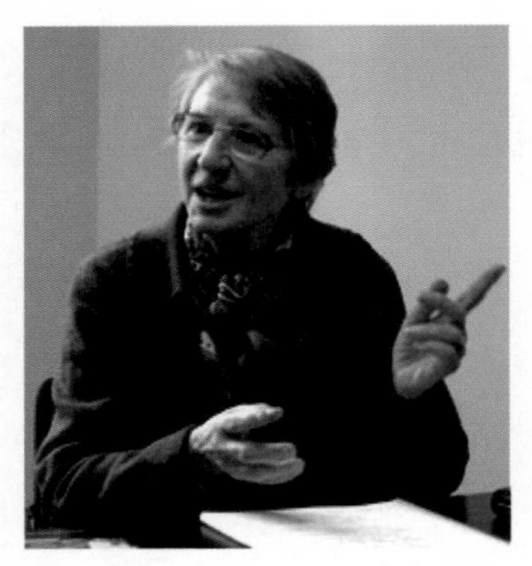

힐리(Patsy Healy), Young Academics Network

참고문헌

국내 문헌

강동진, 근대역사환경 보전의 패러다임 모색, 국토계획, Vol. 100, 1999

강동진, 역사 경관 재활용은 새로운 창조 작업, 문화 도시 문화복지, Vol. 166 2005

강영조, 풍경의 발견, 효형출판, 2005

강홍빈 외(M. Carmona), 도시설계-장소 만들기 여섯 차원, 대가, 2010

강홍빈, 도시계획의 이상과 현실, 공간 2울호, 1985

건축미학연구회, 한국건축미학 연구, 대건사, 1987

건축운동연구회, 한국근대건축개론, 대건사, 1992

골드버거, 윤길순 옮김, 건축은 왜 중요한가? 미메시스, 2011

국토연구원, 공간이론 석학과의 대화, 한울아카데미, 2005

국토연구원, 세계의 도시, 한울, 2005

국토연구원, 현대 공간 이론의 사상가들, 한울아카데미, 2005

김경수, 한국건축비평의 논리와 당위, 공간 7월호, 1984

김광호, 제4차 산업혁명으로 인한 교통운영관리의 변화, 국토 2017 2월호

김동욱, 모더니즘과 포스트모더니즘, 현암사, 2004

김미향. 2019. "우리지역도 마을 호텔, 전국 10곳에서 추진중." 『한겨레신문』(2월 9일)

김민수. 한국 도시디자인 탐사 그린비, 2009

김병모 외, 역사도시 경주, 열화당, 1984

김봉렬, 개발의 양면성과 전통의 굴레, 플러스, 8월호, 1995

김세용, "도시커뮤니티 보전과 지역재활성화" 건설 기술인, 2007

김수미, 양재혁, "가로공간 개선을 통한 도심재생방안에 관한 연구", 대한건축학회, 제25권 제 1호, 2005

김영기, 김승희, 난부 시세키, 도시재생과 중심시가지의 활성화, 한울아카데미, 2009

김영한, 르네상스의 유토피아 사상, 탐구당, 1983

김영환 외, 영국 쉐필드 시 도심재생계획의 특징에 관한 연구, 대한건축학회논문집, 제19권 제9호, 2003

김용운 · 김용국, 동양의 과학과 사상, 일지사, 1985
김재석, 도영준, 도시학 사전, 기문당, 2005
김철수, 55세계도시 건축문화, 기문당, 2018
김철수, 한국성곽도시의 형성 발전과정과 공간구조 연구, 홍익대 대학원 박사학위논문, 1984
김형국, 땅과 한국인의 삶, 나남출판, 1999
김흥순, 뉴라이트 계획은 가능한가? 한국지역개발학회지, 17(4), 2005
대한국토 · 도시계획학회, 국토와 도시, 보성각, 2019
대한국토 · 도시계획학회, 도시개발론, 보성각, 2006
대한국토 · 도시계획학회, 포스트 코로나 도시가 바뀐다, 보성각, 2021
대한국토 · 도시계획학회. 도시설계 – 이론편, 보성각. 2007
레비스키, 최현주 옮김, 모두를 위한 예술? 두성북스, 2013
리드, 박용숙 옮김, 예술의 의미, 문예출판사, 2004
리제배로, 오덕성 옮김, 서양 건축 이야기, 한길 아트, 1998
마일스, 박삼철 옮김, 미술, 공간, 도시: 공공미술과 도시의 미래, 학고재, 2000
문화관광부, 공공디자인 정책의 기본 방향, 한국문화관광정책연구원, 2006
박경원, 도시거버넌스의 협력적 계획모형, 대한국토도시계획학회지, 제 36권 5호, 2001
박병주, 한국의 도시, 열화당, 1996
박영춘, 류중석, 뉴 어바니즘 도시설계의 가능성과 한계성에 관한 연구, 대한건축학회논문집, 2000
박영춘, 임경수, 뉴어바니즘 도시설계에 관한 고찰, 한국지역개발학회지, 2000
박인권, 도시 커먼즈와 사회적부동산, 국토 제478호, 2021
박희병, 한국의 생태 사상, 돌베개, 1999
백기영, 황희연, 변병설, "도시생태학과 도시공간구조", 2002, 보성각
보토모아(T. Bottomore), 진덕규 역, 프랑크푸르트 학파의 사회비판이론, 학문과 사상사, 1984
송진희. 문화 도시와 경쟁력, 기문당, 2007
안건혁, 분당에서 세종까지 – 대한민국 도시설계의 역사를 쓰다, 한울아카데미, 2020
안건혁, 온영태 역, 뉴어바니즘 헌장, 한울아카데미, 2003

안영배, 흐름과 더함의 공간, 다른세상, 2008
안태환, 계획이론 연구, 대구대학교 출판부, 2001
안태환, 포스트모던의 계획에의 적용 논의, 한국지역개발학회지, 2004
안휘준, 환국회화의 전통, 문예출판사, 1988
양도식, 영국 도시재생의 유형별 성공사례 분석, 서울연구원 연구보고서, 2008
양윤재 역(스피로 코스토프 저), 역사로 본 도시의 형태, 공간사, 2011
양윤재, 도시의 민주화 건축의 자유화, 유디포럼, 2015
양윤재, 저소득층 주거지 형태 연구, 열화당, 1991
양윤재, 한국인의 이상향과 서구의 이상도시, 터전, 1988
양재섭·김정원, 도시재생정책의 국제비교 연구 −영국과 일본을 중심으로−, 서울시정개발연구원, 2006,
원동석, 몽유도원도, 환경과 조경, 3호. 1983
원제무 외, 글로벌 시대의 도시정책론, 박영사, 2000
원제무, 녹색으로 읽는 도시계획, 도서출판 조경, 2010
원제무, 도시공공시설론 보성각, 2010
원제무, 도시에 이론이 흐르게 하라, 보성각, 2021
원제무, 마음으로 읽는 도시, 삶의 공간을 가꾸는 도시계획, 도서출판 조경, 2008
원제무, 창조계급과 창조도시, 보성각, 2021
원제무, 탈근대 도시재생, 도서출판 조경, 2012
웨스턴, 김광현 옮김, 건축을 뒤바꾼 아이디어 100, SPEEDPOST, 2011
윤상조·이주형, 도시재생과 주거단지 확립 방안에 관한 연구, 한국생태 환경건축논문집, Vol.8 No.4, 2008
윤장섭 역, Amos Chang, 건축 공간과 노자 사상, 기문당, 2006
윤정섭, 도시계획사 비교 연구, 건우사, 1984
은기수, "네트워크사회의 사회 해체", 정보통신정책연구원, 2005
이규목, 도시와 상징, 일지사, 1988
이규목, 한국의 도시경관, 열화당미술책방 17, 2002
이규목, 한국의 얼이 담긴 장소에 관한 고찰, 환경과 조경 창간호, 1982
이삼수, 도시패러다임의 변화의 의의, 도시정보, 제295호, 2006

이삼수, 최근 일본의 도시재생정책 동향과 한국에의 시사점, 토지와 기술, 제2호 통권 제76호, 2008
이석환, 도시 가로의 장소성 연구, 서울대 환경대학원 박사학위 논문, 1997
이석환, 황기원, 장소와 장소성의 다의적 개념에 관한 연구, 국토계획 Vol. 32 no.5, 1997
이주형, 21세기 도시재생의 패러다임, 보성각, 2009
이주형, 도시형태론, 보성각, 2001
이중원, 건축으로 본 보스턴 이야기, 사람의 무늬, 2012
임길진, 21세기의 도전: 계획과 전략, 나남출판, 2001
임길진, 미래를 향한 인간적 계획론, 나남, 1995
임두빈, 세계관으로서의 미술론, 범조사, 1988
임서환, "도시재생사업에 대한 제언", 도시정보, 대한국토도시계획학회, p23~24
임석재, 건축과 미술이 만나다, 1945－2000, 휴머니스트, 2008
임창호, 협력적 계획－분절된 사회의 협력과 거버넌스, 대한국토도시계획학회, 제30권 2호, 2004
임흥순, 도시계획가를 위한 계획 이론, 박영사, 2021
장욱, 비판 이론과 후기구조주의 그리고 계획이론, 국토계획, 31(6), 1996
전광식, 세상의 모든 풍경, 학고재, 2010
정강화, 도시 공공디자인의 해외 성공사례, 도시문제, 10월호, 2007
정병두, CITY 50: 지속가능한 녹색도시 교통, 한숲, 2016
정병두, 도시와 교통, 크레파스북, 2020
정창무, 제4차 산업혁명 시대의 도시구조변화 전망과 정책과제, 국토, 424, 2017
정환용, 도시계획학원론, 박영사, 1999
조순기, C－ITS구성요소, 한국지능형교통체계협회
조요한, 예술철학, 법문사, 1974
조요한, 한국미의 조명, 열화당, 1999
조재성, 미국의 도시계획, 한울아카데미, 2004
주관수, 도시정비에서 도시재생으로: 재개발의 패러다임 전환을 위하여, HURI FOCUS 제27호, 2008,

주미진, 4차 산업이 지역경제에 미치는 영향분석, 2021
진시원, 영국의 지속가능한 도시재생정책: 역사적 발전과정과 한국에의 시사점, 국제정치연구, 제9권 제2호, 2006
최인규, 도시디자인 프로젝트, 시공문화사, 2008,
파푸리, 김일현 옮김, 건축의 이론과 역사, 동녘, 2009
페브스너, 권재식, 김장훈, 안영진 옮김, 모던디자인의 선구자들: 윌리엄 모리스에서 발터 그로피우스 까지, 비즈앤비즈, 2013
포미어, 장지인, 여혜진, 김광중 옮김, 활기찬 도심만들기: 도시설계와 재생 원칙, 도서출판 대가, 2018
폴 김, 사고와 진리에서 태어나는 도시, 시대의 창, 2009
피터 홀(임창호 역), 내일의 도시, 한울사, 2000
하성규, 지속가능한 도시론, 보성각, 2003,
한국건설교통기술평가원. 2006. 도시재생사업단 사전기획연구 최종보고서. p.6.
한국도시지리학회, 한국의 도시, 법문사, 1999,
허균, 전통 미술의 소재와 상징, 교보문고, 1991
현대경제연구원, 4차 산업혁명의 핵심 촉진자와 수 용, 2017
형시영, 지속가능한 성장 관리형 도시재생의 전략, 한국학술정보, 2006
황기원, 경관의 해석－그 아름다움의 앎, 서울대학교 출판문화원, 2011
황기원, 유병림, 양윤재, 김기호, 도시경관 해석 기법의 비교분석에 관한 연구, 환경논총, Vol. 15 1984
황기원, 책 같은 도시 도시 같은 책, 열화당, 1995
힐리, 팻치(권원용, 서순탁 역), 협력적 계획, 한울아카데미, 2003

국외 문헌

Amason, H, H, History of Modern Art, New York Harry Abrams, 1986

Alexander, C. Ishkawa, S. and Silverstein, M., A Pattern Language: Towns, Buildings, Construction, Oxford University Press, 1977

Allmendinger, P. 2001, Planning in Postmodern Times.London : Routledge.

Alonso, W., Location and Land Use, Publication of Joint Center for Urban Studies of MIT and Harvard University,2013

Baldwin, David A.(ed.), Neorealism and Neoliberalism: The Contemporary Debate, New York: Columbia University Press, 1993

Bosselmann, P., Representation of Places: Reality and Realism in the City Design, UC Press, Berkeley, 1998

Blowers, A., Planning for a Sustainable Environment, Earthscan publication, 1993

Boyer, R., The Eighties: The Research for Alternatives to Fordism, in the Politics of Flexibility, ed. Jessop, B. Kastendiek, H and Nielsen, K., Petersen, I. K. Aldershot, Hants: Edward Elgar, 1991

Breheny, M., 1The Compact City: An Introduction, Built Environment, 18(4), 1992

Bocola, Sandro, The Art of Modernism, Prestel, 1999

Buchanan, P., What City? Plea for Place in the Public Realm, Architectural Review, No. 1101, 1988

Calthorpe, P.,The Next American Metropolis, New York: Princeton Architectural Press, 1993

Calthorpe, P. The New Urbanism: Toward on Architecture of Community, Written by P. Katz, New York: McGraw－Hill, 1994

Carmona, M., Heath, T., Taner, O. & Tiesdell, Public Places, Urban Spaces: The Dimensions of Urban Design. Oxford: Architectural Press, 2003

Childs, M., Urban Composition, 2012

Collings, Mathew, This is Modern Art, Watsom－Guptil Publications, 2000

Cullen, G., The Concise Townscape, Architectural Press, 1971

Day, C., Places of the Soul, Routledge, 2014

Dear, M. Prolegomena to a Postmodern Urbanism, ed P. Healy et al Managing Cities, Chichester: John Wiley, 1995,

Dear, M. The Postmodern Challenge, Transactions of the Institute of British Geographers. 13, 1988

Ellin, N. Postmodern Urbanism, Cambridge: Blackwell Publishers, 1996

Fond Edward, The Details of Modern Architecture, The MIT Press, 1994

Ford, L. Lynch Revisited: New Urbanism and Theories of Good City Form, Cities, 16(4) 1999,

Friedmann, J., Re-tracking America: A Theory of Trans-active Planning, Doubleday, 1973

Friedmann, The Good Society, MIT Press, 1979

Friedmann, Planning in the Public Domain: From Knowledge to Action, Princeton University Press, 1985

Florida, The Flight of the Creative Class, Collins, 2007

Gans, H.J., People and Planning: Essays on Urban Problem and Solutions, Penguin, 1968

Ghirando, Diane, Architecture After Modernism, Thames and Hudson, 1996

Graham, Stephen, Telecommunication and the City: Electronic Spaces, Urban Places, Routledge, 1996

Green, B., The Smart Enough City, MIT Press, 2019

Harbermas, J., Toward a Rational Society, Beacon Press, 1971

Harbermas, J., Legitimation Crisis, Beacon Press, 1973

Harbermas, J., Theory and Practice, Beacon Press, 1974

Harvey, D. The Condition of Postmodernity. Oxford Basil Blackwell, 1989

Harvey, D. The Condition of Postmodernity, Oxford: Basil Blackwell, 1990

Huxley, A., Brave New World, Harper Press, 1958

Jacobs, J., The Death and Life of Great American Cities, Vintage Books, 1961

Jacobs, J., Great Streets, MIT Press, Cambridge, 1993

Jencks, The New Paradigm in Architecture, Yale University Press, 2002

Jonas and Simpson, The Possibility of changing Meaning in light of Space and Place, Nursing Science Quarterly, 19, 2006

Kacobus, John, Twentieth–Century Architecture, The Middle Years 1940–1965, Fredrick Praeger, 1966

Kuhn, T., The Structure of Scientific Revolution, University of Chicago Press, 1971

Lynch, K., The Image of the City, MIT Press, 1960

Lynch, K., A Theory of Good City Form, Cambridge, MA: M.I.T. Press, 1981

Lynch, K., What Time is This Place? MIT Press, Cambridge, 1972

Madanipour, A. Design of Urban Space: An Inquiry into a Social–Spatial Process. Chichester: John Wiley, 1996.

Mumford, Lewis, The Urban Prospect, Brace Press, 1968

Mumford, Lewis, The City in History, Penguin Press, 1961

Montgomery,J., Making a City: Urbanity, Vitality, and Urban Design, Journal of Urban Design, 3, 93–116, 1998

Nasar, J. The Evaluative Image of the City, Thousand Oaks, CA: Sage, 1998

Pawley, M. Architecture vs. Housing, 최상민 · 이영철 역, 근대 주거 이론의 위기, 서울 : 태림문화사, 1996

Paytok, M. and Martha Stewart, New Urbanism and Inner Cities Neighborhoods That Work, Sage Urban Studies Abstracts, 29(1), 2001

Peter Roberts & Hugh Sykes, Urban Regeneration: A handbook, SAGE Publication, 2000

Perry, C., The Neighborhood Unit, in Lewis, H.M. (ed.), Regional Plan for New York and its Environ, Vol. 7, Neighborhood and Community Planning, 1929

Rawls, J. A., A Theory of Justice, Cambridge, Harvard University Press, 1971

Relph, E., Place and Placeness, Pion, London 1976

Roberts, P. and Sykes, H (eds). Urban Regeneration, SAGE Publication, 2000

Rossi, A., The Architecture of the City, MIT Press, 1982

Seraino, Pierluigi, Modernism rediscovered, Taschen, 2000

Smith, O.F., Urban Aesthetics, in Mikellides, B., Architecture and People, Studio Vista, London, 1980

Soja, E., Postmodern Geographies, London: Verso, 1989

Talen, E., Sense of Community and Neighborhood Form: An Assessment of the Social Doctrine of New Urbanism, Urban Studies, 36(8) 1999

Tiesdell, S, Oc, T. and Heath, T., Revitalizing Historic Urban Quarters, Oxford Press, 1996

Whittick, A., European Architecture in 20 Century, Abelard Schuman, 1974

Whyte, W. H., City: Rediscovering the Center, Doubleday, New York, 1988

색인

A

B

C

D

I

L

M

N

P

R

색인

ㅁ

ㅂ

색인

ㅈ

색인

ㅊ

ㅋ

ㅌ

ㅍ

ㅎ

저자소개

원제무

원제무 저자는 한양대 공대, 서울대 환경대학원, 미국 UCLA 도시건축대학원을 졸업하고, MIT 도시건축대학원에서 도시 및 지역계획박사학위를 받았다.
저자는 귀국 후 KAIST 도시교통연구본부장, 서울시립대 도시공학과 교수, 서울연구원 선입연구위원 등을 거쳐 국토도시계획학회장과 한양대 도시대학원장을 지냈다. 현재는 한양대 명예교수로 재직하면서 연구와 강의를 해오고 있다.

원홍식

원홍식 저자는 위스콘신 대학교 경영학과를 졸업하고, 미시간 주립대 도시대학원에서 도시계획석사를 받은 후 위스콘신대학교 법학전문대학원에서 법학박사학위를 취득하였다. 세계적인 법률사무소인 K&L Gates의 파트너 변호사로서 인수합병(M&A), 소송, 국제통상, 공정거래, 지적재산권, 재생에너지 관련 업무를 수행해오고 있다.
미시간주립대에서 도시계획석사과정을 하면서 도시와 관련된 계획, 정책, 법률 분야에도 지적호기심과 전문성의 지평을 넓힌 것이 계기가 되어 미국과 한국에서 도시 부동산 정책에 대한 집필 활동 등을 통해 도시와 관련된 지식을 꾸준히 학습해 오고 있다.

도시계획·도시설계 패러다임

초판발행 2022년 5월 3일

지은이 원제무·원홍식
펴낸이 안종만·안상준

편 집 전채린
기획/마케팅 이후근
표지디자인 이영경
제 작 고철민·조영환

펴낸곳 (주)박영사
서울특별시 금천구 가산디지털2로 53, 210호(가산동, 한라시그마밸리)
등록 1959. 3. 11. 제300-1959-1호(倫)
전 화 02)733-6771
f a x 02)736-4818
e-mail pys@pybook.co.kr
homepage www.pybook.co.kr
ISBN 979-11-303-1530-0 93540

정 가 23,000원